《食品质量管理》编写人员

主　　编　南海娟

副 主 编　郝亚勤　赵文献　高雪丽

参编人员　张令文　张永生

中等职业学校食品类专业“十一五”规划教材

食品质量管理

河南省漯河市食品工业学校组织编写
南海娟　主编
郝亚勤　赵文献　高雪丽　副主编

化学工业出版社
·北京·

本书是《中等职业学校食品类专业“十一五”规划教材》中的一个分册。

全书从我国食品质量的实际出发，阐述了食品质量管理的基本概念、理论和方法，介绍了食品质量的控制与改进以及对确保食品质量必不可少的法规、标准、组织、管理体系、规范，重点介绍了以保证食品安全质量为目的的食品良好操作规范（GMP）、食品卫生标准操作规范（SSOP）、食品质量控制的 HACCP 系统及 ISO 22000：2005 食品安全管理体系等。在阐明理论的同时还列举了大量的案例，以便于读者实际应用。

本书可作为中等职业学校及农业院校相关专业的学生、老师的教学及参考用书，也可作为食品企业质量管理的培训教材，还可供社会上对食品质量有兴趣的消费者参考。

图书在版编目(CIP)数据

食品质量管理/南海娟主编．—北京：化学工业出版社，2007.10（2023.9 重印）

中等职业学校食品类专业“十一五”规划教材

ISBN 978-7-122-01237-1

Ⅰ．食…　Ⅱ．南…　Ⅲ．食品-质量管理-专业学校-教材　Ⅳ．TS207.7

中国版本图书馆 CIP 数据核字（2007）第 151735 号

责任编辑：陈　蕾　侯玉周　　　　文字编辑：李　曦

责任校对：宋　夏　　　　装帧设计：郑小红

出版发行：化学工业出版社（北京市东城区青年湖南街 13 号　邮政编码 100011）

印　　装：北京建宏印刷有限公司

720mm×1000mm　1/16　印张 15　字数 294 千字　2023 年 9 月北京第 1 版第 10 次印刷

购书咨询：010-64518888　　　　售后服务：010-64518899

网　　址：http://www.cip.com.cn

凡购买本书，如有缺损质量问题，本社销售中心负责调换。

定　　价：35.00 元

序

食品工业是关系国计民生的重要工业，也是一个国家、一个民族经济社会发展水平和人民生活质量的重要标志。经过改革开放 20 多年的快速发展，我国食品工业已成为国民经济的重要产业，在经济社会发展中具有举足轻重的地位和作用。

现代食品工业是建立在对食品原料、半成品、制成品的化学、物理、生物特性深刻认识的基础上，利用现代先进技术和装备进行加工和制造的现代工业。建设和发展现代食品工业，需要一批具有扎实基础理论和创新能力的研发者，更需要一大批具有良好素质和实践技能的从业者。顺应我国经济社会发展的需求，国务院做出了大力发展职业教育的决定，办好职业教育已成为政府和有识之士的共同愿望及责任。

河南省漯河市食品工业学校自 1997 年成立以来，紧紧围绕漯河市建设中国食品名城的战略目标，贴近市场办学、实行定向培养、开展“订单教育”，为区域经济发展培养了一批批实用技能型人才。在多年的办学实践中学校及教师深感一套实用教材的重要性，鉴于此，由学校牵头并组织相关院校一批基础知识厚实、实践能力强的教师编写了这套《中等职业学校食品类专业“十一五”规划教材》。基于适应产业发展，提升培养技能型人才的能力；工学结合、重在技能培养，提高职业教育服务就业的能力；适应企业需求、服务一线，增强职业教育服务企业的技术提升及技术创新能力的共识，经过编者的辛勤努力，此套教材将付梓出版。该套教材的内容反映了食品工业新技术、新工艺、新设备、新产品，并着力突出实用技能教育的特色，兼具科学性、先进性、适用性、实用性，是一套中职食品类专业的好教材，也是食品类专业广大从业人员及院校师生的良师益友。期望该套教材在推进我国食品类专业教育的事业上发挥积极有益的作用。

食品工程学教授、博士生导师　李元瑞

2007 年 4 月

前 言

食品质量管理是质量管理学科在食品行业中的应用。在全球食品市场的竞争中，食品质量已成为决定胜负的关键因素。消费者对食品质量的关注，对健康和安全的高度重视，迫使食品行业的从业人员在研发和生产时，把质量管理提到了一定的战略高度。

食品质量安全问题目前已成为国际贸易中的技术壁垒，严重影响我国经济的发展，加之目前我国食品行业大量乡镇及民营企业的蓬勃发展与食品加工实用技能型人才极度短缺的矛盾，使得我国食品专业已有的高校本科及大专毕业生远不能满足和适应形势发展的需要。因此，食品质量管理学对于提高食品专业学生的业务素质和管理水平显得极为重要，许多中等职业学校、高职高专院校相继开设了食品质量管理课程。然而，目前国内尚缺乏一套适合中等职业学校食品加工专业学生使用的教材，为此，在漯河市食品工业学校的组织下，由化学工业出版社出版了一套《中等职业学校食品类专业“十一五”规划教材》。本书作为该系列教材之一，可作为中等职业学校相关专业的教学用书，也可作为食品企业质量管理的培训教材，还可供社会上对食品质量感兴趣的消费者参考。为使读者加深并掌握食品质量管理的相关理论知识，本书列举了大量的案例。本书与同类书籍的最大不同点在于引入了最新的 ISO 22000：2005 食品安全管理体系标准，使读者能够从中了解最新的食品质量管理标准，紧跟学科发展的步伐。

本书由河南科技学院南海娟主编，河南科技学院郝亚勤、漯河市食品工业学校赵文献、许昌学院高雪丽副主编。本书的第一章由郝亚勤、赵文献编写；第二章由赵文献、高雪丽编写；第三章、第七章由南海娟编写；第四章由河南科技学院张令文编写；第五章由河南科技学院张永生编写；第六章由郝亚勤编写。全书由南海娟、郝亚勤校核。

本书编写过程中，得到化学工业出版社和漯河市食品工业学校的大力支持，在此深表感谢！

由于学科内容广泛和发展迅速，加之编者知识和视野所限，书中疏漏和不妥之处在所难免，望诸位同仁和读者赐教惠正，使本书能够不断完善提高。

编 者

二〇〇七年六月

目　录

第一章 绪 论

第一节 质 量

一、质量的定义及派生术语

1. 质量的定义及概念

自从有了商品生产，质量概念也就随着出现了，人们对质量的认识是随着生产的发展而逐步深化的。商品生产的目的是要进行商品交换，商品是用来交换的劳动产品，它具有两大重要特性，即价值和使用价值。使用价值是商品能满足人们某种或多种需要的特性，从某种意义上可以这样说，商品使用价值对人们需要的满足程度就构成了商品质量的高低。关于质量的定义有如下方面。

(1) 戴明的质量观点。"质量是从客户的观点出发加强到产品上的东西。"质量必须从客户的观点出发加以考虑，质量的一个重要成分是改进其一致性。有些质量特征容易被辨认，例如：工作性、可靠性、耐久性、操作性等，但有些质量特征不易被辨认。总之，要改进质量的一致性，使其更好地集中到满足客户的需求，做出超过客户期望的东西。关心客户，知道他们需要什么，而做出超过他们期望的东西，才是真正的质量。

(2) 现代质量定义。世界著名质量专家塔古奇博士（Dr. Genichi Taguchi）是戴明奖获得者，是强劲设计（Robust Engineering）和实验设计（Design of Experiment）的创始人。他对质量的定义被世界工商界广泛应用。

塔古奇将质量定义为："质量是客户感受到的东西"。

这个质量定义的重要性在于揭示了一个事实：传统的生产导向型企业，产品质量通常只与公司账面财务损失联系到一起；以返工成本、废品、保修和服务成本来测量产品质量。在塔古奇的质量定义中，客户是生产系统最重要的一部分，由于高质量的产品和服务可以确保以后客户的返回，因此就能改善公司声誉并且增加市场份额。

世界著名统计工程管理学专家道里安·舍宁（Dorian Shainin）是统计工程管理学（Statistical Engineering）和红 X 策略（Red X Strategy）创始人。他的质量定义也被世界广泛应用。

他将质量定义为："质量是客户的满意、热情和忠诚"。

通用汽车的质量观是："质量是创造客户的满意、热情、忠诚。"

一个"好的设计"要具有高质量、长期可靠性和终生耐久性。质量可以被描述为：与要求一致，全面的顾客满意，适合使用。不管怎么样定义质量，产品必须用一种态度和方式被设计、模拟、制造和组装，来最大限度地满足潜在的客户满意和财务成功。

戴明和塔古奇认为："质量是客户感受到的东西，客户是生产线中最重要的一部分。"

海尔集团总裁张瑞敏认为："质量是产品的生命，信誉是企业的灵魂，产品合格不是标准，用户满意才是目的。"

质量是质量管理工作中最基本也是最重要的概念之一，国际标准化组织也先后给其下了定义。在经济全球化和我国加入 WTO 的今天，我们应该按国际标准 ISO 8402：1994 来讨论质量和质量管理的基本概念。

质量的定义是"反映实体满足明确和隐含需要的能力的特性之总和"。

定义中的"实体"是指"可单独描述的研究的事物"，实体可以是产品、活动或过程，也可以是组织、体系或人，还可以是上述各项的组合。

定义中的"需要"，是指顾客的需要，也可指社会的需要及第三方（政府主管部门、质量监督部门、消费者协会等）的需要。"明确需要"包括以合同契约形式规定的顾客对实体提出的明确要求以及标准化、环保和安全卫生等法规规定的明确要求。"隐含需要"是指顾客或社会对实体的期望，虽然没有通过一定形式给以明确的要求，但却是人们普遍认同的无须事先申明的需要。因此供方必须比照国内外的先进标准和通过市场调研了解顾客或社会有哪些期望。

"质量"的 1994 年版定义比 1986 年版定义更加广泛和科学，其对象从"产品或服务"扩展到"实体"，即"可单独描述和研究的事务"，包括活动或过程，产品、组织、体系或人，以及这些项的任何组合，说明 20 世纪 90 年代以来质量工作领域比 80 年代扩大了。

2. 质量定义的派生术语

(1) 定义中派生的术语"产品"。"产品"可以是有形的（如零部件、流程性材料等），也可以是无形的（如知识产权、服务等）。

产品可分为如下 4 类。

① 硬件，即具有特定形状可分离的有形产品。

② 流程性材料，即把原材料转化成有形的待加工的半成品。

③ 软件，即以承载媒体的表达形式的信息知识。

④ 服务，即供方为满足顾客需要而提供的活动。

(2) 定义中派生的术语"组织"。是指"具有其自身职能和行政管理的公司、集团公司、商行、企事业单位或社团或其组成部分，不论其性质是股份制、公营还是私营的。”

(3) 定义中派生的术语“顾客”。是指“供方提供产品的接受者”，顾客既可以是组织内部的，也可以是组织外部的；既可以是采购方，也可以是最终消费者、使用者或受益者。

(4) 定义中派生的术语“供方”。是指“向顾客提供产品的组织”。在合同情况下，供方称为“承包方”。供方既可以是组织内部的，也可以是组织外部的；既可以是生产者、组装者，也可以是进口商、批发商、服务组织。

二、产品质量的形成规律

长期以来，人们认为产品质量是制造出来的，或者是检验出来的，或者是宣传出来的。产品的质量固然离不开制造和检验，但仅仅依靠制造和检验是不可能生产出满足明确和隐含需要的产品的。产品质量是产品生产全过程管理的产物。全过程包括各种质量职能的环节。质量科学工作者把影响产品质量的主要环节挑选出来，研究它们对质量形成的影响途径和程度，提出了各种质量形成规律的理论。

1. 朱兰质量螺旋模型

美国质量管理专家朱兰（I. M. Juran）认为：产品质量形成的全过程包括了13个环节。市场研究、产品计划、设计、制订产品规格、制订工艺、采购、仪器仪表配置、生产、工序控制、检验、测试、销售、售后服务。这13个环节按逻辑顺序串联，构成一个系统。系统运转的质量取决于每个环节运作的质量和环节之间的协调程度。产品质量的提高和发展过程是一个循环往复的过程，这13个环节构成一轮循环，每经过一轮循环往复，产品质量就提高一步，这种螺旋上升的过程叫做“朱兰质量螺旋”。

朱兰质量螺旋模型可进一步概括为3个管理环节，即质量计划、质量控制和质量改进。通常把这3个管理环节称为朱兰三部曲，如图1-1所示。

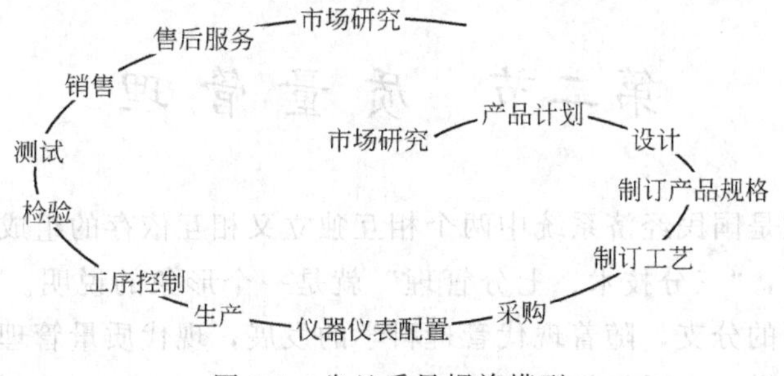

图1-1 朱兰质量螺旋模型

① 质量计划包括在前期工作的基础上制订战略目标、中长远规划、年度计划、新产品开发和研制计划、质量保证计划、资源的组织和资金筹措等。

② 质量控制是根据质量计划制订有计划、有组织、可操作性的质量控制标准、技术手段、方法，保证产品和服务符合质量要求。

③ 质量改进是不断了解市场需求，发现问题及其成因，克服不良因素，提高产品质量的过程。质量的改进使组织和顾客都得到更多收益。质量改进，依赖于体系整体素质和管理水平的不断提高。

2. 戴明质量圆环

W. E. Deming（1958）把关联产品质量的活动分为调查、设计、制造、销售 4 个环节，4 个环节构成 1 个圆环，无始无终，如图 1-2 所示，把品质第一和品质责任感的观念不断贯彻其中，以此改善工艺和装备，提高产品品质，促进企业的进步和发展。

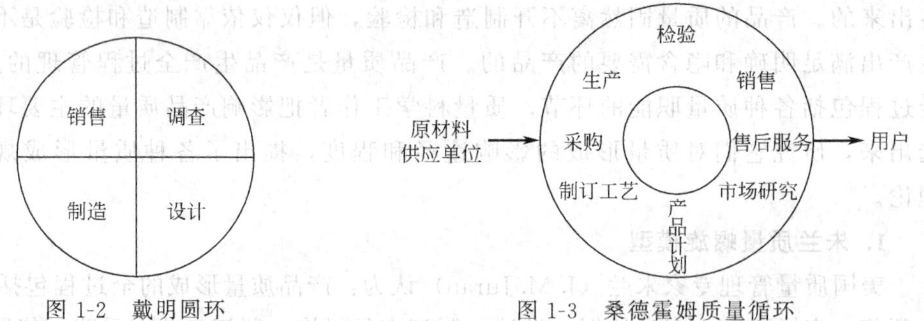

图 1-2　戴明圆环　　　图 1-3　桑德霍姆质量循环

3. 桑德霍姆质量循环模型

瑞典质量管理学家桑德霍姆用另一种表述方式阐述产品质量的形成规律，提出质量循环图模式。由图 1-3 中可以看出，与朱兰质量螺旋相比，两者的基本组成要件极为相近，但桑德霍姆模型更强调企业内部的质量管理体系与外部环境的联系，特别是和原材料供应单位及用户的联系。食品质量管理与原材料供应和用户（如超市）的质量管理关系极大，因此一些从事食品质量管理的工作人员比较倾向于应用桑德霍姆质量循环模型来解释食品质量的形成规律。

第二节　质 量 管 理

技术和管理是国民经济系统中两个相互独立又相互依存的组成部分。技术很重要，管理更重要，“三分技术、七分管理”就是一个形象的说明。质量管理是管理科学中一个重要的分支，随着现代管理科学的发展，现代质量管理也已发展成为一门独立的管理科学——质量管理工程。

一、质量管理的概念及派生术语

质量管理（quality management）是“确定质量方针、目标和职责并在质量体系中通过诸如质量策划、质量控制、质量保证和质量改进使其实施的全部管理职能的所有活动。”

该定义中的派生术语分别定义如下。

1. 质量方针

质量方针（quality policy）是指“由组织的最高管理者正式发布的该组织总的质量宗旨和质量方向”。质量方针是企业的质量政策，是企业全体职工必须遵守的准则和行动纲领。它是企业长期或较长时期内质量活动的指导原则，反映了企业领导的质量意识和质量决策。质量方针是企业总方针的组成部分，它由企业的最高管理者批准和正式颁布。

2. 质量体系

质量体系（quality system）是指“为实施质量管理所需的组织结构、程序、过程和资源”。

定义中的组织结构（organization structure）是指“组织行为使其职能按某种方式建立的职责、权限及其相互关系”，包括各级领导的职责权限、质量机构的建立与分工；各部门的职责权限、质量机构的建立与分工；各部门的职责权限及其相互关系框架、质量工作的网络架构、质量信息的传递架构等。

定义中的程序（procedure）是指“为进行某项活动所规定的途径。”

质量体系是质量管理的核心和载体，是组织的管理能力和资源能力的集合。质量体系有两种形式：质量管理体系和质量保证体系。质量管理体系是组织根据或参照 ISO 9004 标准提供的指南所构建的，用于内部质量管理的质量体系。而质量保证体系则是供方为履行合同或贯彻法令提供的证明材料。毫无疑问，质量保证体系的基础是质量管理体系。

质量体系是一个组织的管理系统。组织在构建管理系统时也必然和必须积累形成该体系的文件系统。质量体系文件通常包括质量手册、程序性文件、质量计划和质量记录等。

3. 质量策划

质量策划（quality planning）是指“确定质量目标以及采用质量体系要素的活动”。

质量策划包括收集，比较顾客的质量要求，向管理层提出有关质量方针和质量目标的建议，从质量和成本两方面评审产品设计，制订质量标准，确定质量控制的组织机构、程序、制度和方法，制订审核原料供应商质量的制度和程序，开展宣传教育和人员培训活动等工作内容。最高管理者应对实现质量方针、目标和要求所需的各项活动和资源进行质量策划，质量策划的输出应该文件化。质量策划是质量管理中的筹划活动，是企业领导和管理部门的质量职责之一。企业要在市场竞争中处于优胜地位，就必须根据市场信息、用户反馈意见、国内外发展动向等因素，对老产品改进和新产品开发进行筹划，确定研制什么样的产品，应具有什么样的性能，达到什么样的水平，提出明确的目标和要求，并进一步为如何达到这样的目标和实现这些要求从技术，组织等方面进行策划。

4. 质量控制

质量控制（quality control）是“为达到质量要求所采取的作业技术和活动”。“作业技术”包括专业技术和管理技术，是质量控制的主要手段和方法的总称。“活动”是运用作业技术开展的有计划、有组织的质量职能活动。

质量控制的目的在于监视过程并排除质量环节所有阶段中导致不满意的原因，以取得经济效益。质量控制一般采取以下程序：

① 确定质量控制的计划和标准；

② 实施质量控制计划和标准；

③ 监视过程和评价结果，发现存在的质量问题及其成因；

④ 排除不良或危害因素，恢复至正常状态。

5. 质量改进

质量改进（quality improvement）是指“为向本组织及其顾客提供更多的效益，在整个组织所采取的旨在提高活动和过程的效益和效率的各种措施。”

质量改进是通过改进产品或服务的形成过程来实现的。因为纠正过程输出的不良结果只能消除已经发生的质量缺陷，只有改进过程才能从根本上消除产生缺陷的原因，因而可以提高过程的效率和效益。质量改进不仅纠正偶发性事故，而且要改进长期存在的问题。为了有效地实施质量改进，必须对质量改进活动进行组织、策划和度量，并对所有的改进活动进行评审。通常质量改进活动由以下环节构成：组织质量改进小组，确定改进项目，调查可能的原因，确定因果关系，采取预防或纠正措施，确认改进效果，保持改进成果，持续改进。

6. 质量保证

质量保证（quality assurance）是指“为了提供足够的信任表明有实体能够满足质量要求，而在质量体系中实施并根据需要进行证实的全部有计划和有系统的活动。”也就是说，组织应建立有效的质量保证体系，实施全部有计划有系统的活动，能够提供必要的证据（实物质量测定证据和管理证据），从而得到本组织的管理层、用户、第三方（政府主管部门、质量监督部门、消费者协会等）的足够的信任。

质量管理涵盖了质量方针、质量体系、质量控制和质量保证等内容。其中质量方针是管理层对所有质量职能和活动进行管理的指南和准则。而质量体系是质量管理的核心，对组织、程序、资源都进行了系统化、标准化和规范化的管理和控制。

质量控制和质量保证则是在质量体系的范围和控制下，在组织内采取的实施手段。质量保证对内取得管理层的信任，为内部质量保证，对外取信于需方则为外部质量保证。

二、质量管理的发展历史

质量管理的产生和发展过程经历了漫长的道路，可以说是源远流长。人类历史上自有商品生产以来，就开始了以商品的成品检验为主的质量管理方法。随着社会生产力的发展，科学技术和社会文明的进步，质量的含义也不断丰富和扩展，从开始的实物产品质量发展为产品或服务满足规定和潜在需要的特征与特性之总和，再发展到今天的实体，即可以单独描述和研究的事物（如某项活动或过程，某个产品，某个组织、体系或人以及他们的任何组合）的质量。来源于传统手工业的质量检验管理引入了数理统计方法和其他工具之后，就进入了“统计质量管理”阶段，后来质量管理与系统工程结合又迈进了“现代质量管理”阶段，进而逐步完善并从管理科学体系中脱颖而出，派生出“质量管理工程”。

按照质量管理所依据的手段和方式，可以将质量管理发展历史大致划分为以下四个阶段。

1. 传统质量管理阶段（20 世纪 20 年代之前）

这个阶段从开始出现质量管理一直到 19 世纪末资本主义的工厂逐步取代分散经营的家庭手工业作坊为止。产品质量主要依靠工人的实际操作经验，靠手摸、眼看等感官估计和简单的度量衡器测量而定。工人既是操作者又是质量检验员和质量管理者，检验的标准是依靠经验。质量标准的实施是靠“师傅带徒弟”的方式口授、手教进行，因此，又称为“操作者质量管理”。

2. 质量检验管理阶段（20 世纪 20～30 年代）

1918 年前后，美国出现了以泰勒为代表的“科学管理运动”，泰勒引入了产品检验的概念，并确立了产品检验的地位。1940 年以前，由于企业的规模扩大，这一职能又由工长转移给专职的检验人员，大多数企业都设置专职的检验部门并直属厂长领导，负责全厂各生产单位和产品检验工作，又称为“检验员的质量管理”。此时质量管理的核心是通过严格检验来控制和保证出厂或转入下道工序的产品质量。

3. 统计质量管理阶段（20 世纪 40～50 年代）

统计质量管理形成于 20 世纪 20 年代，完善于 40 年代第二次世界大战时，以 1924 年美国 Shewart 研制第一张质量控制图为标志。1950 年美国专家 W. E. Deming 到日本推广品质管理，使统计质量管理趋于完善。其主要特点是：事先控制，预防为主，防检结合。把数理统计方法应用于质量管理，建立抽样检验法，改变全数检验为抽样检验。制订公差标准，保证批量产品在质量上的一致性和互换性。统计质量管理促进了工业的发展，特别是军事工业的发展，保证了规模工业生产产品的质量。统计质量管理对制造业的发展起了巨大的推动作用，做出了历史性的贡献。但该阶段只关注生产过程和产品的质量控制，没有考虑影响质量的全部因素。

4. 全面质量管理阶段（20世纪60年代至今）

20世纪60年代以后生产力和科学技术迅猛发展，高新技术不断涌现，产品品种、质量、服务的要求越来越高，促使了全面质量管理理论的形成与发展。全面质量管理（total quality control，TQC）是“一个组织以质量为中心，以全员参与为基础，目的在于通过让顾客满意和本组织所有成员及社会受益而达到长期成功的管理途径。”我国质量管理协会也给以相近的定义：“企业全体职工及有关部门同心协力，综合运用管理技术、专业技术和科学方法，经济地开发、研制、生产和销售用户满意产品的管理活动。”

全面质量管理有以下基本特点。

① 全面质量管理是研究质量、维持质量和改进质量的有效体系和管理途径，是在新的经营哲学指导下以质量为核心的管理科学，不是单纯的专业的管理方法或技术。

② 全面质量管理是市场经济的产物，以质量第一和用户第一原则为指导思想，以顾客满意作为经营者对产品和服务质量的最终要求，以对市场和用户的适用性标准取代传统的符合性标准。

③ 全面质量管理以全员参与为基础。质量管理涉及5大因素：人（操作者）、机（机器设备）、料（原料、材料）、法（工艺和方法）和环（生产环境）。各因素相互作用，相互依赖，但“人”处于中心地位，起着关键的作用。人的工作质量是一切过程质量的保证，因此一个企业必须有一个高素质的管理核心和一支高素质的职工队伍，通过系统的质量教育和培训，树立质量第一和用户第一的质量意识，同心协力，开展各项质量活动。

④ 全面质量管理强调在最经济的水平上为用户提供满足其需要的产品和服务，在使顾客受益的同时本组织成员及社会方面的利益也得到照顾。全面质量管理的经济性就体现在兼顾用户、本组织成员及社会三方面的利益。任何以损害其他方利益为代价的单方利益（通常是企业方）获利行为都是与全面质量管理的经营观念背道而驰的。

⑤ 全面质量管理学说只是提出了一般的理论，各国在实施全面质量管理时应根据本国的实际情况，考虑本民族的文化特色，提出实用的可操作性的具体方法，逐步推广实施。

回顾质量管理的发展历史，可以清楚地看到，人们在解决质量问题中所运用的方法、手段，是在不断发展和完善的；而这一过程又是同社会科学技术的进步和生产力水平的不断提高密切相关的。同样可以预料，随着新技术革命的兴起，以及由此而提出的挑战，人们解决质量问题的方法、手段必然会更为完善、丰富，质量管理的发展已进入一个新的阶段——现代质量管理工程阶段。

三、企业质量管理的基础工作

企业质量管理是在生产全过程中对质量职能和活动进行管理。企业质量管理包括质量管理的基础工作，论证和决策阶段的质量管理，产品开发设计阶段的质量管理、生产制造阶段的质量管理、产品销售和售后服务阶段的质量管理。

开展企业质量管理必须有长远的规划，统一的领导，健全的组织，强有力的资源和技术支撑。质量管理基础工作包括建立质量责任制、开展标准化工作、开展质量培训工作、开展计量管理工作、开展质量信息管理工作等。

1. 建立质量责任制

企业质量责任制是明确规定各部门或个人在质量管理中的质量职能及承担的任务、责任和权力。第一步，企业最高行政管理将质量体系各要素所包含的质量活动分配到各部门，各部门制订各自的质量职责并对相关部门提出质量要求，经协调后明确部门的质量职能。第二步，部门将质量任务责任分配到每个员工，做到人人有明确的任务和职责，事事有人负责。建立质量责任制要体现责权利三者统一，与经济利益挂钩；要科学、合理、定量化、具体化，便于考核和追究责任。部门和个人在本能上都是趋利避责的，因此要公平公正地处理各部门和个人的关系，责权对等，特别要明确部门之间接合部的职能关系、避免推诿扯皮。建立企业质量责任制是一个长期艰苦的工作，经过一定时间的磨合，才能形成覆盖全面、层次分明、脉络清楚、职责分明的健全的责任制。

2. 开展标准化工作

企业的标准化工作是以提高企业经济效益为中心，以生产、技术、经营、管理的全过程为内容，以制订和贯彻标准为手段的活动。企业标准必须具有科学性、权威性、广泛性、明确性，并以文件形式固定下来。有国际先进标准或国标时，企业应尽量采用或部分采用先进标准。企业组织制订企业标准时，应在反复试验的基础上，按标准化的原理、程序和方法，用标准的形式把原材料、设备、工具、工艺、方法等重复性事物统一起来，作为指导企业活动的依据。企业应将企业标准报质量管理部门审查。一好报备，此标准即为该企业质量管理的最高难则，在企业生产经营活动的各个环节中严格执行。

3. 开展质量培训工作

质量培训工作是对全员职工进行增强质量意识的教育、质量管理基本知识的教育以及专门技术和技能的教育。企业应设置分管教育培训的机构，应有专职师资队伍或委托高等院校教师进行此项工作，应制订企业教育培训计划，定期和不定期地开展教育工作，应建立员工的教育培训档案，制订必要的管理制度和工作程序。

4. 开展计量管理工作

计量工作是保证量值统一准确的一项重要的技术工作。在质量管理的每个环节都离不开计量工作。没有计量工作，定量分析和质量考核验证就没有依据。企业计量工作的任务是贯彻国家的计量法规、监督核查执行情况。企业应设置与生产规模相适应的专职机构，配置计量管理、检定、技术人员，建立计量人员岗位责任制、计量器具鉴定和管理制度。计量器具应妥善保管使用，定期检定。计量单位应采用统一的国际单位制（SI）。

5. 开展质量信息管理工作

质量信息管理是企业质量管理的重要组成部分，主要工作是对质量信息进行收集、整理、分析、反馈、存储。企业应建立与其生产规模相适应的专职机构，配备专职人员，配备数字化信息管理设备，建立企业的质量信息系统（quality information system，QIS）。QIS是收集、整理、分析、报告、储存信息的组织体系，把有关质量决策、指令、执行情况及时、正确地传递到一定等级的部门，为质量决策、企业内部质量考核、企业外部质量保证提供依据。质量信息主要包括：质量体系文件、设计质量信息、采购质量信息、工序质量信息、产品验证信息、市场质量信息等。

四、产品质量形成过程的质量管理

按照朱兰的质量螺旋模型，产品质量形成过程可归纳为以下4个阶段：可行性论证和决策阶段、产品开发设计阶段、生产制造阶段、产品销售和使用阶段。必须明确每个阶段质量控制的基本任务和主要环节。

1. 可行性论证和决策阶段的质量管理

在新产品开发以前，产品开发部门必须做好市场调研工作，广泛收集市场信息，进行市场调查，认真分析国家和地方的产业政策、产品技术、产品质量、产品价格等因素及其相互关系，形成产品开发建议书，包括开发目的、市场调查、市场预测、技术分析、产品构思、预计规模、销售对象、经济效益分析等，供决策机构决策。开发部门提供的信息应全面、系统、客观、有远见、有事实依据和旁证材料，有评价和分析。高层决策机构应召集有关技术、管理、营销人员对产品开发建议书进行讨论，按科学程序做出决策，提出意见。决策部门确定了开发意向以后，可责令开发部门补充完整，形成可行性论证报告。可行性论证报告包括概述、项目计划目标、技术先进性分析、产品市场调查、竞争能力预测、资金预算、资金筹措、风险评估、经济效益分析、支撑条件分析、编制说明等内容。决策机构在广泛征求企业内部意见的基础上，还可邀请高等院校、科研院所、政府、商界、金融界专家对可行性论证报告进行讨论，使之更加完善、科学和符合实际，利于做出正确果断的决策。接着决策机构向产品开发部门下达产品开发设计任务。

可行性论证和决策阶段质量管理的任务是通过市场研究，明确顾客对质量的需求，并将其转化为产品构思，形成产品的“概念质量”，确定产品的功能参数。

此阶段质量管理的主要环节可以概括为如下方面。

(1) 市场研究。收集市场信息，分析市场形势，明确顾客质量要求。

(2) 产品构思。将顾客的质量要求与社会、经济和技术的发展趋势有机地结合起来，求得质量、成本、价格水平上的统一。

(3) 决策。综合考虑市场、质量、技术、经济 4 个因素，做出科学性和前瞻性的决策。

2. 产品开发设计阶段的质量管理

整个产品设计开发阶段包括设计阶段、试制阶段、改进设计阶段、小批试制阶段、批量生产阶段、使用阶段。

产品开发部门应根据新产品开发任务书制订开发设计质量计划，明确开发设计质量目标，严格按工作程序开展工作和管理，明确质量工作环节，严格进行设计评审，及时发现问题和改正设计中存在的缺陷。同时应加强开发设计过程的质量信息管理，积累基础性资料。企业领导应在开发设计适当的关键阶段（如初步设计、技术设计、试制、小批试制、批量生产）组织有关职能部门的代表对开发设计进行评审。开发设计评审是控制开发设计质量的作业活动，是重要的早期报警措施。评审内容包括设计是否满足质量要求，是否贯彻执行有关法规标准，并与同类产品的质量进行比较。

产品开发设计阶段质量管理的任务是把产品的概念质量转化为规范质量，即通过设计、试制、小批试制、批量生产、使用，把设计中形成技术文件的功能参数定型为规范质量。

此阶段质量管理的主要环节可概括为如下方面。

(1) 产品设计。主要管理产品质量计划，明确开发设计的质量目标的内容和职责。

(2) 试制和小批试制。主要验证工艺和产品质量的稳定性。

(3) 设计评审。主要验证技术先进性和产品适用性之间的一致程度，使产品既符合用户需要和国家的法规，又符合生产的工艺（如自动化、连续化、可检验检测）。

3. 生产制造阶段的质量管理

生产制造阶段是指从原材料进厂到形成最终产品的过程，生产制造阶段包括工艺准备和加工制造两个内容，是质量形成的核心和关键。工艺准备是根据产品开发设计成果和预期的生产规模确定生产工艺路线、流程、方法、设备、仪器、辅助设备、工具，培训操作人员和检验人员初步核算工时定额材料消耗定额、能源消耗定额，制订质量记录表格、质量控制文件与质量检验规范。加工制造过程中生产部门必须贯彻和完善质量控制计划，确定关键工序、部位和环节，严肃工艺纪律，执行三自一控（自检、自分、自做标记，控制自检正确率）；做好物资供应和设备保障；设置工量控制点，建立工序质量文件，加强质量信息管理，落实检验制度，加强考核；生产制造阶段质量管理的任务是实现设计质量向产品实物质量的转化，具体质量职能是严格执行制造质量计划，严格贯彻设计意图和执行技术标准，使产品达到质量标准；实施各个环节的质量保证，保证工序职员处于受控状态，确保工序质量水平；建立稳定生产的加工制造系统，控制生产节拍，保证均衡生产和文明生产；及时处理质量问题，分析质量波动原因，控制不合格品率；进行制造过程的质量经济分析。

此阶段质量管理的主要环节可概括为如下方面。

(1) 制订生产制造质量控制计划。工艺部门必须在研究产品制造工艺性的基础上，确定生产制造过程质量控制方案，使产品制造质量稳定地符合设计要求和控制标准。

(2) 工序能力验证。在工序处于受控状态时，在样本容量足够大时检测工序的实际加工能力，确定工序的质量保证能力。

(3) 采购质量控制。采购部门应根据部门提供的采购文件、技术资料，选择合格的供货方，签订质量保证协议、验证方法协议、进货检验程序和争议解决方案，确保供货方的资质和原材料的质量。

4. 产品销售和售后服务阶段的质量管理

产品销售过程包括实施和监控产品包装、储运、防护；确定营销策略，建立营销渠道和销售网点；实施广告策划宣传，提高产品的知名度和信誉度；培训营销人员；建立营销质量文件，建立质量信息反馈系统等工作。售后服务过程包括访问用户、履行产品质量责任（包修、包退、包换、赔偿）、组织维修、供应配件、收集、整理、分析利用质量信息等工作。

产品销售和售后服务阶段质量管理的任务是完成生产后职能，保证产品在到达用户手时具有原有的质量水平；根据营销策略，完善质量保证，实施质量承诺，树立市场信誉，增加产品市场竞争力；建立质量信息反馈系统，收集质量信息，改进产品质量和服务质量。

此阶段质量管理的主要环节可概括为如下方面。

(1) 产品包装和储运。严格执行产品包装和储运管理制度，确保产品安全、清洁、准确、及时到达用户手中。

(2) 产品销售。帮助用户正确选择适用产品，答复用户对技术、质量的询问，提供质量保证文件，履行产品质量承诺。

(3) 售后服务。征询用户意见，开展用户满意度调查，及时整理分析，改进产品质量，用户满意度是用户实际感受值与用户期望值之比值。当用户满意度为1时，表明用户实际感受与期望值相一致。用户满意度<1，说明用户的期望值没有

完全实现。用户满意度>1，说明超过用户的期望值。一些国家建立了计量经济模型，以用户满意度指数来评价用户对产品质量和服务质量的满意程度。

五、企业质量管理的方法

（一）PDCA 循环

PDCA 循环是由美国统计学家戴明博士提出来的，它反映了质量管理活动的规律。P（Plan）表示计划；D（Do）表示执行；C（Check）表示检查；A（Action）表示处理。

PDCA 循环是提高产品质量，改善企业经营管理的重要方法，是质量保证体系运转的基本方式。PDCA 表明了质量管理活动的四个阶段，每个阶段又分为若干步骤。

在计划阶段，要通过市场调查、用户访问等，摸清用户对产品质量的要求，确定质量政策、质量目标和质量计划等。它包括现状调查、原因分析、确定要因和制订计划四个步骤。

在执行阶段，要实施上一阶段所规定的内容，如根据质量标准进行产品设计、试制、试验，其中包括计划执行前的人员培训。它只有一个步骤：执行计划。

在检查阶段，主要是在计划执行过程之中或执行之后，检查执行情况，看是否符合计划的预期结果。该阶段也只有一个步骤：效果检查。

在处理阶段，主要是根据检查结果，采取相应的措施，巩固成绩，把成功的经验尽可能纳入标准，进行标准化，遗留问题则转入下一个 PDCA 循环去解决。它包括两个步骤：巩固措施和下一步的打算。

由上可知，PDCA 管理法的核心在于通过持续不断的改进，使企业的各项事务在有效控制的状态下向预定目标发展。

（二）QC 小组活动

QC 小组，即质量管理小组，是指在生产或工作岗位上从事各种劳动的职工，围绕企业的方针目标和现场存在的问题，以改进质量、降低消耗、提高经济效益和人的素质为目的组织起来，运用质量管理的理论和方法开展活动的群众组织。

QC 小组活动起源于日本。现在，QC 小组在世界上发展十分迅速，已遍及五大洲的 40 多个国家和地区。

QC 小组活动在质量管理中，人的作用表现在知识技能和积极性两个方面，是产品质量的决定因素。工人群众处于生产第一线，他们对影响制造质量的因素最清楚。因此，要用一定形式将从事某一生产的操作工人和有关人员组织在一起，共同管理产品质量，研究影响质量的问题，采取措施加以解决。

1. QC小组的分类

根据工作性质和内容的不同，QC 小组大致可以分为如下四种类型。

(1) 现场型。主要以班组、工序、服务现场职工为主组成，以稳定工序，改进产品质量，降低物质消耗，提高服务质量为目的。

(2) 攻关型。一般由干部、工程技术人员和工人三结合组成，以解决有一定难度的质量关键为目的。

(3) 管理型。以管理人员为主组成，以提高工作质量，改善与解决管理中的问题，提高管理水平为目的。

(4) 服务型。由从事服务性工作的职工组成，以提高服务质量，推动服务工作标准化、程序化、科学化、提高经济效益和社会效益为目的。

2. QC 小组的成员

为了便于活动，小组人员不宜过多，一般为 3～10 人较合适。小组成员要牢固树立“质量第一”的思想，努力学习全面质量管理基本知识和其他现代管理方法，熟悉本岗位的技术标准和工艺规程，具有一定的专业知识和技术水平，并能积极参加活动。QC 小组组长是小组的带头人。组长一般由全体组员选举产生，也可在成员同意的前提下，由行政领导提名。对于自愿结合的班组 QC 小组来讲，组长通常由小组的发起人担任。QC 小组组长应是全面质量管理的热心人，事业心强，技术水平和思维能力较高，能善于团结周围群众，发挥集体智慧，掌握了全面质量管理的基本知识和常用数理统计方法，并有一定组织活动的能力。

3. QC 小组的注册登记

QC 小组组建以后，要填写“QC 小组活动登记表”，经小组所在单位报企业 QC 小组主管部门进行注册编号，以利企业对小组活动的日常管理和帮助指导。

4. QC 小组的活动程序

QC 小组组建以后，从选择课题开始，开展活动。活动的具体程序如下：

(1) 选题。QC 小组活动课题选择，一般应根据企业方针目标和中心工作、现场存在的薄弱环节以及用户（包括下道工序）的需要。从广义的质量概念出发，QC 小组的选题范围涉及到企业各个方面工作。因此，选题的范围是广泛的，概括为 10 大方面：提高质量；降低成本；设备管理；提高出勤率、工时利用率和劳动生产率，加强定额管理；开发新品，开设新的服务项目；安全生产；治理“三废”，改善环境；提高顾客（用户）满意率；加强企业内部管理；加强思想政治工作，提高职工素质。

(2) 确定目标值。课题选定以后，应确定合理的目标值。目标值的确定要注重目标值的定量化，使小组成员有一个明确的努力方向，便于检查，活动成果便于评价；注重实现目标值的可能性，既要防止目标值定得太低，小组活动缺乏意义，又要防止目标值定得太高，久攻不克，使小组成员失去信心。

(3) 调查现状。为了解课题的目前状况，必须认真做好现状调查。在进行现状调查时，应根据实际情况，应用不同的 QC 工具（如调查表、排列图、折线图、柱状图、直方图、管理图、饼分图等），进行数据的搜集整理。

（4）分析原因。对调查后掌握到的现状，要发动全体组员动脑筋，想办法，依靠掌握的数据，通过开“诸葛亮”会，集思广益，选用适当的QC工具（如因果图、关联图、系统图、相关图、排列图等），进行分析，找出问题的原因。

（5）找出主要原因。经过原因分析以后，将多种原因，根据关键、少数和次要多数的原理，进行排列，从中找出主要原因。在寻找主要原因时，可根据实际需要应用排列图、关联图、相关图、矩阵分析、分层法等不同分析方法。

（6）制订措施。主要原因确定后，制订相应的措施计划，明确各项问题的具体措施，要达到的目的，谁来做，何时完成以及检查人。

（7）实施措施。按措施计划分工实施。小组长要组织成员，定期或不定期地研究实施情况，随时了解课题进展，发现新问题要及时研究、调查措施计划，以达到活动目标。

（8）检查效果。措施实施后，应进行效果检查。效果检查是把措施实施前后的情况进行对比，看其实施后的效果，是否达到了预定的目标。如果达到了预定的目标，小组就可以进入下一步工作；如果没有达到预定目标，就应对计划的执行情况及其可行性进行分析，找出原因，在第二次循环中加以改进。

（9）制订巩固措施。达到了预定的目标值，说明该课题已经完成。但为了保证成果得到巩固，小组必须将一些行之有效的措施或方法纳入工作标准、工艺规程或管理标准，经有关部门审定后纳入企业有关标准或文件。如果课题的内容只涉及本班组，那就可以通过班组守则、岗位责任制等形式加以巩固。

（10）分析遗留问题。小组通过活动取得了一定的成果，也就是经过了一个PDCA循环。这时候，应对遗留问题进行分析，并将其作为下一次活动的课题，进入新的PDCA循环。

（11）总结成果资料。小组将活动的成果进行总结，是自我提高的重要环节，也是成果发表的必要准备，还是总结经验、找出问题，进行下一个循环的开始。

以上步骤是QC小组活动的全过程，体现了一个完整的PDCA循环。由于QC小组每次取得成果后，能够将遗留问题作为小组下个循环的课题（如没有遗留问题，则提出新的打算），因此就使QC小组活动能够持久，深入地开展，推动PDCA循环不断前进。

（三）质量目标管理

质量目标管理是企业管理者和员工共同努力，通过自我管理的形式，为实现由管理者和员工共同参与制订的质量总目标的一种管理制度和形式。开展质量目标管理有利于提高企业包括管理者在内的各类人员的主人翁意识和自我管理、自我约束的积极性，提高企业的质量管理水平和总体素质，提高企业的经济效益。

开展质量目标管理的程序如下。

（1）制订企业质量总目标。企业管理者和员工在学习国际国内同类产品质量先进水平的基础上，制订一年或若干年的质量工作目标，此目标必须具有先进性、科学性、可行性、具体化、数量化的。

(2) 分解企业质量总目标。根据企业质量总目标制订部门、班组、人员的目标，明确它们的责任和指标，最后以文字形式固定在质量责任制、业绩考核制、经济责任制中。任务和指标必须数量化、具体化，具有可操作性和可考核性。

(3) 实施企业质量总目标。建立质量目标管理体系，运用质量管理的方法，有计划、有组织地实施质量总目标和分目标。

(4) 评价考核企业质量总目标。通过定期检查、考核、奖惩等方法对企业、部门和个人的实施质量目标的情况进行评价。

六、质量管理的数学方法与工具

(一) 质量管理中的数据及统计方法

1. 质量管理中的数据

数据是反映事物性质的一种量度，全面质量管理的基本观点之一就是“有效的决策是建立在数据和信息分析基础之上”。组织活动（组织是指两个或两个以上的个人为了实现共同的目标组合而成的有机整体，包括提供有形产品的生产性企业和提供无形产品的服务性企业）中会碰到很多与质量有关的数据，例如生产过程中的工序控制记录，半成品、成品质量的检测结果等。这些数据按其性质可以把它们分为 2 类：计量值数据和计数值数据。

(1) 计量值数据。计量值数据是指用测量工具可以连续测取的数据，即通常可以用测量工具具体测出小数点以下数值的数据，例如产品的长度、电压、质量、温度、时间、硬度等。

(2) 计数值数据。计数值数据是不能连续取值的、只能以整数计算的数据。如合格品与不合格品件数、质量检测的项目数、疵点数、故障次数等，它们都是以整数出现，都属于计数值数据。

需要注意的是，当数据以百分率表示时，要判断它是计数值数据还是计量值数据，取决于得出数据计算公式的分子、分母，当分子、分母是计数值数据时，即使得到的百分率不是整数，它也属于计数值数据。

计量值数据和计数值数据的性质不同，它们的分布也不同，所用的控制图和抽样方案也不同，所以必须正确区分。

2. 数据的搜集

(1) 搜集数据的目的

① 掌握和了解需要控制的过程的现状。

② 通过数据分析，可以发现问题，并找到产生问题的原因。

③ 通过对控制参数进行分析，判断工序是否稳定，以便采取措施。

④ 调节生产条件，使之达到规定的标准状态。

⑤ 对产品质量进行评价和验收。

（2）数据收集的方法

数据收集一般采用抽样检查的方法，通过对样品进行测试，就可得到若干数据。通过对这些数据的分析整理，便可判断出总体是否符合质量标准。

数据收集的方法主要有以下 4 种。

① 简单随机抽样。就是对总体中的全部个体不做任何分组、排队、完全随意地抽取个体作为样本的抽样方法，通常采用抽签的方法或者随机数值表的方法取样。

② 分组（层）随机取样。将整批产品按某些特征或条件（如原材料批次、操作者、设备、作业班次等）分组（层）后，在各组（层）内分别用简单随机抽样法抽取产品组成样本。

③ 整群随机抽样。在 1 次随机抽样中，不是只抽 1 个单位的产品，而是抽取若干个单位产品组成的样本，如小包装食品取样时每次取一整箱的产品等。

④ 系统随机抽样。按一定的时间或空间间隔，从总体中抽取样品作为样本的抽样方法。这种方法适用于流水线生产过程，多用于工序质量控制。

3. 产品质量的波动

在生产过程中，经常可以观察到这样的现象：由同一个工人，在同一台设备上，用同一批原材料、同一种方法生产出的同一种产品的质量具有波动性。例如某火腿肠生产企业，某工人在同一台机器上用同一批馅料生产 100g/支的火腿肠，检验员在检验时测得的数据并不是一个定值，而是在 99.0～101.0g/支的范围内上下波动。

造成质量波动的原因主要来自以下 5 个方面因素。

人（man）：员工的质量意识、技术水平及熟练程度、身体素质等。

机器（machine）：机器设备的加工、测量精度和维护保养状况等。

材料（material）：材料的成分含量、物理性能和化学性能等。

方法（method）：加工工艺、工艺装备、操作规程、测试方法等。

环境（environment）：工作地点的温度、湿度、照明、噪声和清洁条件等。

这 5 个方面的因素通常称为 5 大因素，或称 4M1E。可以根据造成波动的原因，把波动划分为两大类：一类是正常波动；另一类是异常波动。

（1）正常波动。正常波动是由偶然性、不可避免的因素造成的波动。这些因素在技术上难以消除，经济上也不值得消除。常见的如原材料中的微量杂质或性能上微小差异、生产条件的微小变化、设备的正常磨损和轻微振动、测量过程中的误差等，这些微小的无法排除的因素被称为偶然性原因。偶然性原因引起的波动的数据数值和正负偏差是不确定的，但有一定的规律，服从正态分布，即数值偏离平均值越大的数据出现的概率越小，越靠近平均值的数据的概率越大，正负偏差出现的概率相等。在一般情况下，正常波动是质量管理中允许的波动，不过在确定控制参数时，也要考虑偶然性原因对质量控制过程的影响，如仪器仪表的测量精度等。

(2) 异常波动。异常波动是由系统性、随机性原因造成的质量数据波动。如原材料质量不合格、设备过度磨损、工艺参数不符合要求和计量仪器故障等。这类质量波动往往向固定方向偏离或按一定的规律变化，出现的偏差比较大。生产中如果出现这种状态，称它为不正常状态。在一般情况下，发生异常波动时，产品质量特性值会超出控制范围。

质量管理的一项重要工作内容就是通过搜集、整理数据、分析数据，找出质量波动的规律，把正常波动控制在最低限度，尽量避免异常波动的发生，一旦发生异常波动，就要立即采取纠正措施。

(二) 质量管理的工具

质量管理中常用的统计方法有矩阵图法、相关图法、流程图法、主次因素排列图法、因果图法、直方图法、控制图法、分层法和调查表法，各种质量管理方法相互结合，灵活运用，可以有效地服务于控制和提高产品质量。

1. 矩阵图法

矩阵图法就是把搜集到的原始数据按照不同的目的加以分类整理，然后用一定形式的统计图表记录下来，以便分析影响产品质量的具体因素。由于它简便易用，直观清晰，所以在质量管理活动中得到广泛的应用。主要用途如下。

① 确定产品开发、质量改进的着眼点。

② 过程控制活动的展开。

③ 明确产品质量与各项操作及管理活动的关系，便于全面进行质量管理。

④ 发现产生不合格品的原因。

⑤ 了解产品与市场需求的关系，为制订市场发展战略提供依据。

⑥ 明确项目与相关技术之间的关系。

⑦ 探讨现有材料、仪器设备、技术之间的应用新领域。

2. 相关图法

相关图也叫散布图法。变量之间的相关关系可以用相关图来表示，相关图由 1 个纵坐标、1 个横坐标、很多散布的点子组成。当 2 个随机变量之间有相关关系时，可以用来研究、判断 1 个随机变量随另一个随机变量变化情况的分析方法。当 1 个随机变量可以用一个包含另一个随机变量的数学关系式表达出来时，称这 2 个随机变量之间有相关关系。

3. 流程图法

流程图就是将一个过程（如工艺过程、检验过程、质量改进过程等）的各个步骤用图的形式表示出来。通过对过程中各步骤之间关系的研究，发现问题存在的原因，从而明确哪些环节需要进行质量改进。流程图可以应用于从原材料到产品销售直至售后服务的全过程，不仅可以描述现有的过程，也可以用来设计新的过程，在质量管理活动中有着广泛的应用。

4. 主次因素排列图法

主次因素排列图（简称排列图）又称巴雷特图（Pareto），是寻找主要问题或影响质量的主要原因所使用的图。它是由 2 个纵坐标、1 个横坐标、几个按高低顺序依次排列的长方形和 1 条累计百分比折线所组成的图。

主次因素排列图法对影响质量的各种因素按发生的频数（或不合格数）从高到低进行排列，通过区分最重要的与较次要的因素，可以用最少的努力取得最佳的改进效果，成为质量管理活动中常用方法之一，并广泛应用于其他的专业管理。目前在仓库、物资管理中常用的 ABC 分析法就出自主次因素排列图的原理。

5. 因果图法

因果图是表示质量特性与影响因素之间关系的图。影响产品质量的因素往往不是一两种，而常常是多种复杂因素影响的结果。在这些错综复杂的影响因素中，找出其中真正起主导作用的因素往往比较困难，因果图就是能系统地分析和寻找影响产品质量的主要因素简单而有效的方法。因果图又叫特性要因图、石川图、树枝图、鱼骨图等，是一种系统分析方法，也是质量管理活动中常用的一种分析方法，其基本形式如图 1-4 所示。

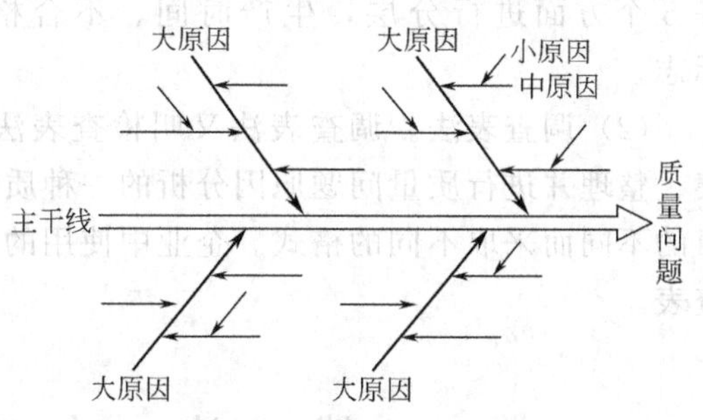

图 1-4　因果图的基本形式

（引自　张建军编．现代企业经营管理）

6. 直方图法

直方图是频率直方图的简称，是通过对数据的加工整理，从而分析和掌握质量数据的分布状况和估算工序不合格品率的一种方法。将全部数据按其顺序分成若干间距相等的组。以组距为底边，以该组距相应的频数为高，按比例而构成的若干矩形，即为直方图。

7. 控制图法

控制图又叫管理图，它通过对过程质量特性值进行测定、记录、评估，从而监控过程是否处于正常状态。控制图的基本形式如图 1-5 所示。控制图上有 2 个坐标。纵坐标为质量特性值，横坐标为抽样时间或样本序号。图上有 3 条线：上面 1 条实线叫上控制界限线（简称上控制限），用符号 UCL（upper control limit）表示；中间 1 条线叫控制中心线，用符号 CL（central line）表示；下面 1 条实线叫下控制界限线（简称下控制

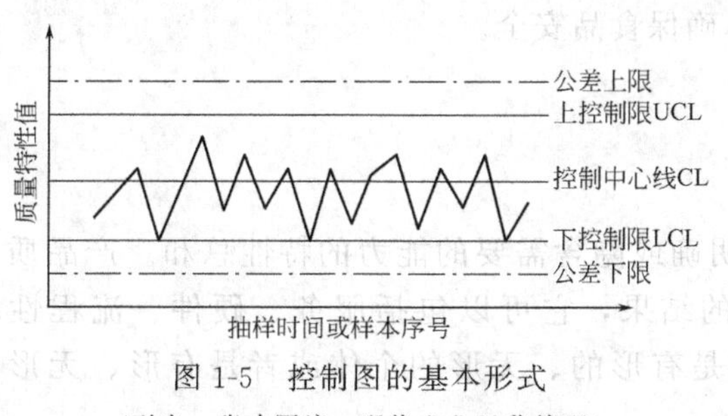

图 1-5　控制图的基本形式

（引自　张建军编．现代企业经营管理）

限），用符号 LCL（lower control limit）表示。这 3 条线是通过搜集在生产稳定状态下某一段时间的数据计算出来的。使用时，定时抽取样本，把所测得的质量特性数据用点子一一描在图上。根据点子是否超越上、下控制线和点子排列情况来判断生产过程是否处于正常的控制状态。

8. 分层法和调查表法

（1）分层法。分层法也叫分类法、分组法，就是把收集的质量数据按照与质量有关的各种因素加以分类，把性质相同、条件相同的数据归为一组，每一组即为一个“层”。分层的目的是从不同的角度、不同方面分析质量问题，把影响质量的各种因素分析清楚，使质量数据能够反映客观、真实的质量状况，从而有利于质量控制。

分层的要求是，同一层内的质量数据波动幅度要尽可能的小；层与层之间的差别尽可能的大。通常从人（操作者、技术水平等）、机器设备（型号、新旧程度等）、原材料（产地、批次、等级、成分等）、加工和检测方法以及环境因素等 5 个方面进行分层，生产时间、不合格项目、生产部门等也常作为分层的标志。

（2）调查表法。调查表法又叫检查表法，是利用统计图表进行质量数据的收集、整理并进行质量问题原因分析的一种质量控制方法。在应用时，可根据调查项目的不同而采取不同的格式。企业中使用的各种统计报表，很多都可以作为一种调查表。

第三节　食品质量管理

食品工业是人类的生命产业，是一个最古老而又永恒不衰的产业。食品产业是世界制造业的第一大产业。我国有近 13 亿人口，应当成为食品工业的大国和强国。发展食品工业是我国经济发展的一大战略，食品工业已成为整个工业中为国家提供积累和就业人数最多的产业。目前，中国食品工业总体发展水平还比较低，农产品加工率不高，产品结构不合理，生产技术水平有待继续提高，为此我国还应建立健全食品工业质量安全监督监测体系，确保食品安全。

一、产品的质量特性

产品质量，就是反映产品满足明确或隐含需要的能力的特性总和。产品质量中的“产品”是指某一活动和过程的结果，它可以包括服务、硬件、流程性材料、软件以及它们的组合，也可以是有形的、无形的个体或者是有形、无形的组合。

产品质量特性是指满足顾客对产品的需要的程度。不同种类的产品具有不同的质量特性。根据产品的种类，可分为有形产品的质量特性、服务质量的质量特性、过程质量的质量特性和工作质量的质量特性 4 类。

1. 有形产品的质量特性

有形产品质量特性包括功能性、可信性、安全性、适应性、经济性和时间性 6 个方面。这 6 个方面的综合水平能反映出有形产品的内在质量特性，体现产品的使用价值。

(1) 功能性。指产品满足使用要求所具有的功能，包括外观性功能和使用功能 2 个方面。外观功能包括产品的状态、造型、光泽、颜色、外观美学等。食品对外观功能的要求很高。外观美学价值往往是消费者在决定购买时首要的决定因素。使用功能包括包装物的储藏功能、食品的营养功能、感官功能、保健功能等。

(2) 可信性。指产品的可用性、可靠性、可维修性等，即产品在规定的时间内具备规定功能的能力。一般来说，食品应具有足够长的保质期。在正常情况下，在保质期内的食品具备规定的功能。有良好品牌的产品一般有较高的可信度。

(3) 安全性。指产品在制造、储存、流通和使用过程中能保证对人身和环境的伤害或损害控制在一个可接受的水平。例如在使用食品添加剂时按照规定的使用范围和用量，即可保证食品的安全性。又如对啤酒的包装物进行定时检查，即可保证其安全性。

(4) 适应性。指产品适应外界环境的能力，外界环境包括自然环境和社会环境。企业在产品开发时应使产品能在较大范围的海拔、温度、湿度下使用，同样也应了解使用地的社会特点，如政治、宗教、风俗、习惯等因素，尊重当地人民的宗教文化，切忌触犯当地社会和消费者的习俗，引起不满和纠纷。

(5) 经济性。指产品对企业和顾客来说经济上都是合算的。对企业来说，产品的开发、生产、流通费用应低。对顾客来说，产品的购买价格和使用费用应低。经济性是产品市场竞争力的关键因素。经济性差的产品，即使其他质量特性再好也卖不出去。

(6) 时间性。指在数量上、时间上满足顾客的能力。顾客对产品的需要有明确的时间要求。对许多食品来说，时间就是经济效益，如早春上市的新茶、鲜活的海鲜等。

2. 服务质量的质量特性

服务质量是指服务满足明确和隐含需要的能力的总和。

定义中的服务既包括服务行业提供的服务，也包括有形产品在售前、售中和售后的服务，以及企业内部上道工序对下道工序的服务。在后一种情况下，无形产品伴生在有形产品的载体上。

服务质量的质量特性包括功能性、经济性、安全性、时间性、舒适性和文明性

6个方面。

(1) 功能性。指服务的产生和作用，如航空餐饮的功能就是使旅客在运输途中得到便利安全的食品。

(2) 经济性。指为了得到服务顾客支付费用的合理程度。

(3) 安全性。指供方在提供服务时保证顾客人身不受伤害、财产不受损失的程度。

(4) 时间性。指提供准时、省时服务的能力。餐饮外卖时准时送达是非常重要的服务质量指标。

(5) 舒适性。指服务对象在接受服务过程中感受到的舒适程度，舒适程度应与服务等级相适应，顾客应享受到他所要求等级的尽可能舒适的规范服务。

(6) 文明性。指顾客在接受服务过程中精神满足的程度，服务人员应礼貌待客，使顾客有宾至如归的感觉。

3. 过程质量的质量特性

质量的形成过程包括开发设计、制造、使用、服务4个过程，因此过程质量是指这4个过程满足明确和隐含需要的能力的总和。保证每一个过程的质量是保证全过程的质量的前提。

(1) 开发设计过程。指从市场调研、产品构思、试验研制到完成设计的全过程。开发设计过程的质量是指所研制产品的质量符合市场需求的程度。因此开发部门首先必须进行深入的市场调研，提出市场、质量、价格都合理的产品构思，并通过研制形成具体的产品固有质量。

(2) 制造过程质量。指按产品实体质量符合设计质量的程度进行衡量。

(3) 使用过程质量。指产品在使用过程中充分发挥其使用价值的程度。

(4) 服务过程质量。指用户对供方提供的技术服务的满意程度。

4. 工作质量的质量特性

工作质量是指部门、班组、个人对有形产品质量、服务质量、过程质量的保证程度。良好的工作质量取决于正确的经营、合理的组织、科学的管理、严格可行的制度和规范，操作人员的质量意识和知识技能等因素。

二、食品质量管理概述

食品质量管理是质量管理的理论、技术和方法在食品加工和储藏工程中的应用。食品是一种与人类健康有着密切关系的特殊有形产品，它既符合一般有形产品质量特性和质量管理的特征，又具有其独有的特殊性和重要性。因此食品质量管理也有一定的特殊性。

1. 食品质量管理在空间和时间上具有广泛性

食品质量管理在空间上包括田间、原料运输车辆、原料储存车间、生产车间、成品储存库房、运载车辆、超市或商店、运输车辆、冰箱、再加工、餐桌等环节的各种环境。从田间到餐桌的任何一环的疏忽都可使食品失去食用价值。在时间上食品质量管理包括 3 个主要的时间段：原料生产阶段、加工阶段、消费阶段，其中原料生产阶段时间特别长，任何一个时间段的疏忽都可使食品丧失食用价值。对于加工企业而言，对加工期间的原料、在制品和产品的质量管理和控制能力较强，而对原料生产阶段和消费阶段的管理和控制能力往往鞭长莫及。

2. 食品质量管理的对象具有复杂性

食品原料包括动物、植物、微生物等。许多原料在采收以后必须立即进行预处理、储存和加工，稍有延误就会变质或丧失加工和食用价值。而且原料大多为具有生命机能的生物体，必须控制在适当的温度、湿度和 pH 等环境条件下，才能保持其鲜活的状态和可利用的状态。食品原料还受产地、品种、季节、采收期、生产条件、环境条件的影响，这些因素都会很大程度上改变原料的化学组成、风味、质地、结构，进而改变原料的质量和利用程度，最后影响到产品的质量。因此，食品质量管理对象的复杂性增加了食品质量管理的难度，需要随原料的变化不断调整工艺参数，才能保证产品质量的一致性。

3. 食品质量管理对产品功能性和适用性有特殊要求

食品的功能性除了内在性能、外在性能以外，还有潜在的文化性能。内在性能包括营养性能、风味嗜好性能和生理调节性能。外在性能包括食品的造型、款式、色彩、光泽等。文化性能包括民族、宗教、文化、历史、习俗等特性。因此在食品质量管理上还要严格尊重和遵循有关法律、道德规范、风俗习惯的规定，不得擅自做更改。例如清真食品在加工时有一些特殊的程序和规定，也应列入相应的食品质量管理的范围。

4. 在有形产品质量特性中安全性放在首位

食品的质量特性同样包括功能性、可信性、安全性、适应性、经济性和时间性等主要特性，但其中安全性始终放在首要考虑的位置。一个食品产品其他质量特性再好，只要安全性不过关，则丧失了作为产品和商品存在的价值。2000 年在日内瓦召开的第 53 届世界卫生大会首次通过了有关加强食品安全的决议，将食品安全列为世界卫生组织的工作重点和最优先解决的领域。

食品安全性的重要性决定了食品质量管理中安全质量管理的重要性。江泽民同志在《全面建设小康社会，开创中国特色社会主义事业新局面》的报告中把健全农产品质量安全体系作为我国经济建设和经济体制改革重要内容之一，足见食品的安全性受到了全社会和政府的高度重视。可以说食品质量管理以食品安全质量管理为核心，食品法规以安全卫生法规为核心，食品质量标准以食品卫生标准为核心。

5. 在食品质量监测控制方面存在着相当的难度

食品的质量检测包括化学成分、风味成分、质地、卫生等方面的检测。一般来说，常量成分的检测较为容易，微量成分的检测就要困难一些，而活性成分的检测在方法上尚未成熟。感官指标和物性指标的检测往往要借用评审小组或专门仪器来完成。食品卫生的常规检验一般采用细菌总数、大肠菌群、致病菌作为指标，而细菌总数检验技术较落后，耗时长，大肠菌群检验既烦琐又不科学，致病菌的检验准确性欠佳。对于转基因食品的检验更需要专用的实验室和经过专门训练的操作人员。

6. 食品质量管理的水平需要极大提高

食品加工和储藏是古老的传统产业，基础较为薄弱，部分大中型食品企业的技术设备先进，管理水平较高，但也有一些食品企业产品老化，设备陈旧，科技含量低，从业人员素质低，管理不善。行政管理部门也存在法规不健全以及执行和监督不力，设置准入门槛过低等问题。因此食品行业的质量管理总体水平与医药、电子、机械等行业相比有一定差距，食品行业应向其他行业学习，不断提高管理水平。

三、食品质量管理的主要研究内容

食品质量管理包括 4 个方面：质量管理的基本理论和方法，食品质量管理的法规与标准，食品卫生与安全的质量控制，食品质量检验的制度和方法。

1. 质量管理的基本理论和方法

食品质量管理是质量管理在食品工程中的应用。因此质量管理学科在理论和方法上的突破必将深刻影响到食品质量管理的发展方向。相反，食品质量管理在理论和方法上的进展也会促进质量管理学科的发展。

质量管理基本理论和方法主要是研究质量管理的普遍规律、基本任务和基本性质，如质量战略、质量意识、质量文化、质量形成规律、企业质量管理的职能和方法、数学方法和工具、质量成本管理的规律和方法等。

2. 食品质量管理的法规与标准

在经济全球化时代，食品质量管理必然走标准化、法制化、规范化管理的道路。国际组织和各国政府制定了各种法规和标准，旨在保障消费者的安全和合法利益，规范企业的生产行为，促进企业的有序公平竞争，推动世界各国的正常贸易，避免不合理的贸易壁垒。

食品质量法规和标准是保障人民健康的生命线，是各行各业生产和贸易的生命线，是企业行为的依据和准绳。对于我国政府、企业和人民来说，食品质量法规与标准的研究更有着重要的现实意义。我国社会主义市场经济正处于建立、逐步完善和发展阶段，法制建设也处于完善发展阶段，企业在完成原始积累以后正朝着现代企业目标前进，生活水平得到提高的广大人民群众十分强烈地关注食品质量问题，因此我国管理部门、学术机构和企业都应十分关注和研究食品质量法规与标准。

3. 食品卫生与安全的质量控制

食品卫生与安全问题是全球性的问题，发达国家存在着严重的食品卫生和安全问题，如英国的疯牛病、日本的大肠杆菌 O157 事件、比利时的二噁英事件等。发展中国家问题更加严重，只不过影响面较小。食品卫生与安全质量控制无疑是食品质量管理的核心和工作重点。世界卫生组织（WHO）认为食品安全是该组织的工作重点和优先解决的领域。

食品良好操作规范（GMP）、危害分析关键控制点（HACCP）系统和 ISO 9000 标准系列都是行之有效的食品卫生与安全质量控制的保证制度和保证体系。这些保证制度和体系已被实践证明对确保食品卫生与安全是行之有效的。GMP、HACCP、ISO 9000 标准三者在内容上重复之处颇多，因此学术界认为应推行一种针对性强、易于操作的规范制度。

食品企业在构建食品卫生与安全保证体系时，首先要根据自身的规范、生产需要和管理水平确定适合的保证制度，然后结合生产实际把保证体系的内容细化和具体化，这是一个艰难的试验研究的过程。

4. 食品质量检验的制度和方法

食品质量检验是食品质量控制的必要的基础工作和重要的组成部分，是保证食品卫生安全和营养风味的重要手段，也是食品生产过程质量控制的重要手段。食品质量检验主要是根据法规标准建立必需的检验项目，选择规范化的切合实际需要的采样和检验方法，根据检验结果提出科学合理的判定。

食品质量检验的主要热点问题如下。

(1) 根据实际需要和科学发展，提出新的检验项目和方法　食品质量检验项目和方法经常发生变动，例如基因工程的出现就要求对转基因食品进行检验。随着人们对食品卫生与安全问题的关注和担心，食品进口国对农残和兽残的限制越来越严格，因此要求检验手段和方法进一步提高，替代原有的仪器和方法。

(2) 研究新的快速简便的方法　传统的或法定的检验方法往往比较繁复和费时，在实际生产中很难及时指导生产，因此需要寻找在精度和检出限上相当而又快速简便的方法。

(3) 在线检验（on line QC）和无损伤检验　现代质量管理要求及时获取信息并反馈到生产线上进行检控，因此希望质量检验部门能开展在线检验。无损伤检验，如红外线检测等手段已经在生产中得到应用。

四、食品质量管理在我国的地位和作用

质量管理是生产力发展到一定水平的产物，质量管理水平和受重视程度也随着经济和社会发展而提高。在一般情况下，发达国家的质量管理水平较高，一个

国家内经济发达地区的质量管理水平较高，同一地区内实力雄厚有竞争力企业的质量管理水平较高。因此质量管理水平是国家、地区、企业发展水平的反映和标志。

食品质量管理牵涉到居民的消费安全、牵涉到居民的物质和文化生活水平，牵涉到全民健康水平。食品质量管理与食品的国际贸易关系极大。加强食品质量管理有助于企业按国际通用标准生产出高质量的产品。海关等部门依照我国的法规对进口食品质量和安全进行严格管理，对保护我国人民的健康是必不可少的。在加入WTO以后，我国的对外贸易经常面对进口对象国的贸易技术壁垒。我们一方面要加强食品质量管理，提高出口食品的质量，促进食品出口；另一方面也要提高我们的检测检验水平，提供有力的质量保证，推动食品的出口。

总之，食品质量管理对国民经济和人民生活关系极大，必须引起政府、农户和企业、全社会的关注和重视，共同努力，确保我国的食品安全和高品质。

五、我国食品质量管理工作展望

1. 食品质量管理将越来越受到重视

美国质量管理学家朱兰在1994年美国质量管理学会年会上指出，20世纪以生产力的世纪载入史册，未来的21世纪将是质量的世纪。我国要实现国民经济持续快速健康发展，必须切实提高国民经济的整体素质，优化产业结构，全面提高农业、工业、服务业的质量、水平和效益。农业和农村经济结构调整，要求农民按市场需求生产优质安全的农产品或食品加工原料。

随着我国经济的增长，我国食品质量管理的整体水平逐年提高。国内外食品贸易的增长也要求加强对食品的质量和安全的监督、管理的力度。

2. 食品质量管理将加快法制化进程

伴随着我国法制化建设进程，我国将逐步完善食品质量与安全的法律法规，建立健全管理监督机构，完善审核、管理、监督制度，制订农产品及其加工品的质量安全控制体系和标准系统，对破坏食品质量安全的违法经营行为将增加打击力度。我国的法规标准将与国际先进水平进一步接轨，有逐步趋同的走势。

3. 食品质量管理学科建设走向成熟

食品质量管理将随着食品工业和国际食品贸易的发展而逐步成熟完善。食品质量管理专业教育和科研队伍不断壮大，学术水平将不断提高，特别是中青年学术骨干将肩负起发展食品质量管理学科的重任。

超严质量管理、零缺陷质量控制稳健设计等理论及其在食品中的应用将会有突破性的进展。无损伤检验、传感器技术、生物芯片、微生物快速检测等技术及其应用将加快发展步伐。我国食品质量与安全专业的本科教育已经有了好的开端。食品管理的国际学术交流活动和研讨活动呈现上涨趋势。

复　习　题

1. 质量的定义是什么？
2. 简述产品质量的形成规律。
3. 简述质量管理的发展史。
4. 企业质量管理的基础工作及方法是什么？
5. 质量管理中的数据有哪些类型，各有什么特点？
6. 质量管理的工具有哪些？
7. 简述食品质量管理的地位和作用。
8. 为什么食品质量管理特别强调食品的卫生安全质量控制？

第二章 质量控制

第一节 食品质量控制

质量控制的目的，一方面是将产品质量控制在一定范围之内，另一方面是提高产品质量。一般来说质量控制包含技术和管理两个方面，典型的技术质量控制包括统计方法的使用和仪器的使用；典型的管理质量控制是指明确质量控制的责任，与供应商及销售商建立互利的关系，以及对员工进行教育和指导，使其能够实施质量控制等。

质量控制是连续性的过程，被用来评估生产结果以及产品质量波动较大时采取何种纠正措施。在本章中，主要讨论的是对加工过程的质量控制。首先，介绍质量控制的主要过程以及其应用于食品生产中的主要方面；其次，详细讲述了应用于实施质量控制的技术工具和方法，包括抽样、统计过程控制、分析和测量等；随后介绍控制过程的管理；最后将介绍控制活动在食品生产过程中技术管理的现状。

在食品加工过程中，需要对整个生产过程进行控制。控制不仅仅表示对过程的监督，还包括操作不符合要求时所应采取的纠正措施。因此，非常有必要深入了解引起质量波动的原因。如果生产过程不稳定或者质量波动较大，产品很难被消费者接受，而且质量不会有任何提高。

一、食品加工过程中的质量控制

1. 质量控制的主要原理

所有的控制过程都包括以下几部分：测量或监督单位、操作标准或规范及其目标值（如重量、规格、尺寸和目标等）、必要的纠正措施等，此过程又可称为“控制周期”。控制周期可以被认为是质量控制的主要原则。控制周期不仅仅被应用于生产过程，还可以应用于管理过程。本节主要讨论的是控制周期在生产过程方面的应用。

控制周期通常包括以下四部分的内容：①测量。测量生产过程的参数，例如温度、时间、压力等。②检验。将测量到的数值与规定的数值进行比较，看是否在规定误差范围内。③调整。决定应该采取何种措施以及实施多大幅度。④纠正措施。

控制周期有不同的形式，但是其基本原理是一致的。反馈控制周期和前反馈控制周期是常见的两种控制周期，如图 2-1 所示。在反馈控制周期中，生产过程的问题发生后，采取纠正措施使过程恢复正常；在前反馈控制周期中，生产过程的问题在发生前就已被发现。前反馈控制基于早期过程中的测量，例如，在番茄酱生产企业，对购入的原料番茄的成分（如糖分）进行分析，以便在生产前修改配方，进而得到符合要求的番茄酱。

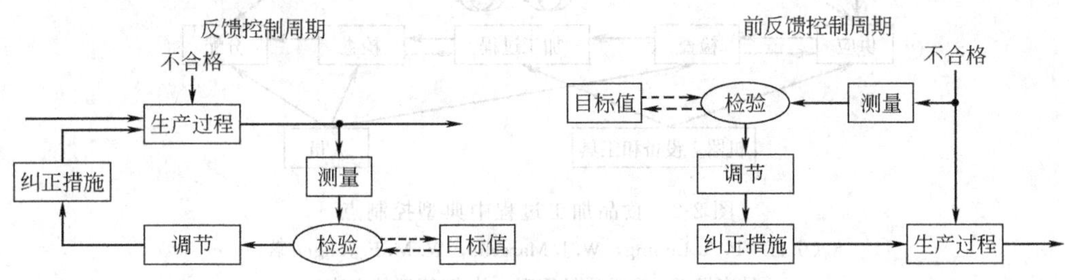

图 2-1 反馈控制周期和前反馈控制周期

（引自 P. A. Luning，W. J. Marcelis，W. M. F. Jongen 著，吴广枫译．食品质量管理 技术-管理的方法）

为了使控制周期更好地发挥作用，首先要准确地调整基本参数。只有对生产过程有深刻的了解，才能恰当地确定与产品质量相关的控制参数。组成控制周期的所有基本参数，必须在使用前进行现场检验。另外，还要注意控制周期的运行时间。生产过程的稳定性表现在规定运行时间内不出现无法接受的问题。

生产过程中一旦出现问题使产品不能被接受时，就要采取纠正措施。纠正措施的实施需要注意以下两点。

① 测量或检验和实施纠正措施之间的时间。

② 生产过程的类型：批次生产或连续生产。

要使生产过程被控制在正常范围内，就必须了解质量波动的来源。一般情况下，生产过程中的波动主要来源于人、材料、机器和工具、测量手段和方法以及环境等因素。

2. 食品加工过程中的波动

要保持生产过程的稳定性，就要对产生波动的可能来源进行控制。食品加工过程中典型控制点如图 2-2 所示。

第一，食品加工过程中，原辅材料通常是波动的一个重要来源。它可以分为以下几个方面：首先，植物或动物性原料受季节、气候或饲料的影响而产生较大的波动；其次，由于采收、破碎或加工等过程中会发生各种反应，而使得原料质量通常是不稳定的；再次，不同批次的原材料质量通常是不一致的；最后，原料的来源通常是未知的，由于这些质量波动因素的存在，使得质量控制更加困难和复杂。设定误差的范围时要综合考虑以上因素，避免不合格产品的产生。

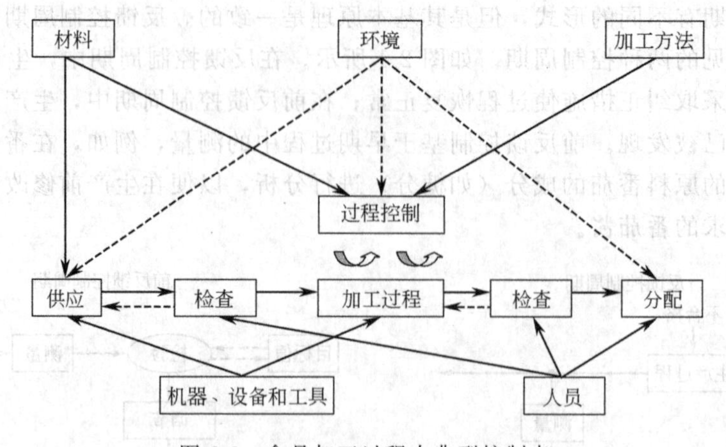

图 2-2 食品加工过程中典型控制点

（引自 P. A. Luning，W. J. Marcelis，W. M. F. Jongen 著，吴广枫译．食品质量管理 技术-管理的方法）

第二，原材料的巨大波动对所采用的测量手段和加工方法提出了更高的要求。对于控制过程来说，样品采集的位置和数量以及制备方法显得尤其关键。某些控制参数需要耗费很长时间才能得出结果，使得很难及时发现生产过程中的问题。并且，有些时候所采取的测量方法通常是破坏性的，这意味着实际消费的产品在有些方面并没有经过控制。在测量和加工过程中采样的方法和手段，尤其是取样的途径，也可以引起巨大的波动。

第三，波动的另一个重要来源是人的因素。一方面，食品行业属于劳动密集型行业，雇佣的人员多，导致产生质量波动的风险增大，而且从业人员所受教育的程度偏低，对质量控制的重要性认识不足，也会造成生产过程中的波动；另一方面，许多食品加工过程控制需要人的参与，比如感官评价项目，由于测量的主观性和低准确度，很容易导致质量波动。

第四，食品加工过程中所使用的许多仪器和设备通常都有专门的用途，是成套使用的，一旦其中一部分被更换，就会形成潜在的波动来源。并且，食品加工过程中使用的设备和仪器在设计上必须考虑食品安全的问题。仪器、设备和工具设计的不合格、不适当的清洗引起的微生物污染，也是生产过程中产生波动的主要来源。

食品加工过程中的质量控制主要在 3 个方面实施：原材料或半成品的验收、加工过程和产品分配前。通过对生产过程的各个关键点的品质参数进行测量、检验，来实现质量控制的目的。要使质量控制过程正确地发挥作用，还需要应用统计学原理，使用控制图表来监督生产过程。

HACCP 质量管理体系就是通过控制生产过程的关键控制点代替检查终端产品，从而控制产品质量的质量控制体系。

二、质量控制和业务行为

狭义的质量控制过程仅仅是对生产过程和产品质量的控制，广义上的质量控制是一个综合的管理控制系统，它涉及一个组织的各种工作活动和业务行为，能够用来评估组织（或某一过程）是否运转正常，也能够帮助组织适应条件的变化，并且有助于降低经营成本。

质量控制过程是一种有计划的管理系统，有效执行的质量控制活动必须与相应计划融为一体，以便将实际结果与计划目标进行比较。特别需要注意的是，设计控制计划时要对控制活动的能力予以考虑。质量控制的对象不仅是有关产品质量的目标参数，还包括许多主观的和难以量化的行为，如厂方的形象、工人的道德及顾客满意度等。计划和控制之间的关系类似于一个长时间的循环，计划是制订任务，而控制是对与计划相关的组织活动进行评估。如果控制系统表明生产进程如同计划一样，那么现阶段计划可以维持；如果控制系统表明的结果与计划不符，则需制订新的计划。这种关系可从控制过程的3个基本方面进行分析。

投入——供应控制。

转化——生产控制。

产出——分配控制。

(一) 供应控制

在一个组织里，采购部门负责原料和设备及配件的采购，有时还包括和产品生产有关的服务。一般情况下，成品中60%的成本投入来自于原料和设备及配件的采购，因此采购的重要性不言而喻。在零售或批发公司中，有时甚至会超过90%。但对食品企业而言，重要的不仅仅是成本，原料的质量和交付时间都会显著影响生产。尤其是鲜食产品的生产，原料的质量几乎完全左右了终端产品的质量。供应管理的控制流程如图2-3所示。

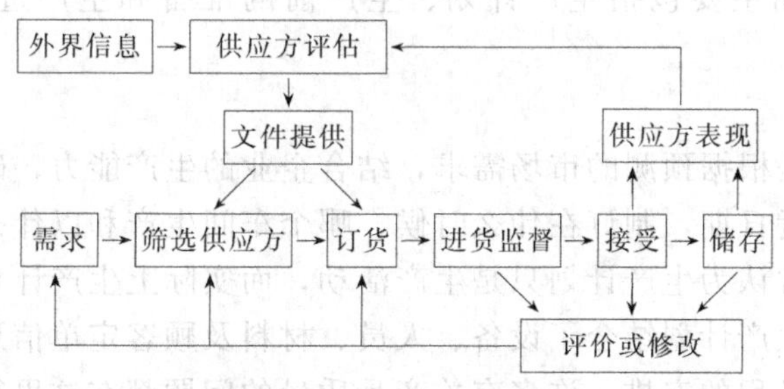

图2-3 供应管理的控制流程

（引自 P. A. Luning，W. J. Marcelis，W. M. F. Jongen 著，吴广枫译．食品质量管理 技术-管理的方法）

采购开始于组织内部提出材料、设备、服务或其他需要由外部机构提供的需求。当采购部门被告之所采购的物品质量符合要求并且被适当地储存，可以保证生产所需时采购即告终止。采购过程的主要步骤如下。

(1) 接受需求信息（要求）。需求信息包括：

① 所需物品的描述。

② 必须达到的质量和数量。

③ 希望交付的时间。

(2) 筛选供应方。采购部门要寻找具有能够提供所需物品能力的供应商。如果现有的供应商无法提供满足需要的产品，必须找新的供应商。

(3) 发出订单。

(4) 监测指令。订单发出后，尤其是对于大宗或长期订单，采购部门应当能够预测是否延迟供应，并将此信息告知相关生产部门。同样，采购部门一定要把生产方有关数量和交付需求的变化及时通知供应商，以便他们能及时调整计划。

(5) 接受订单。接受订单是供应商对要提供的货物在质量和数量方面的确认。无论在何种情况下，如果收到的货物不能满足要求，就必须退货或予以更换，或再进行详细的检验。采购部门必须把这一信息及时通知财务部门和生产单位。

(6) 储存。货物收到后在生产使用之前必须妥善保管（例如食品储存必须控制温度），而对储存的货物或储存条件也需要进行质量控制。

（二）生产控制

质量控制的目的在于保证生产活动按照可以接受的方式进行。组织运用统计学的方法测量产品，如果结果是可以接受的，则不需要采取进一步的措施；如果结果不能被接受，则需要采取纠正措施。并且，越来越多的组织强调将产品质量控制融入过程控制之中，因而大大降低了对终端产品检测的需要。在过程控制中，前反馈机制可以最大限度地避免质量波动，在控制系统中的应用要优于后反馈机制的应用。不过，产品的检验在实施过程控制之后仍然是必需的，但是检验结果已经趋向于证实生产过程是否在符合标准的情况下运行。

生产控制活动主要包括生产计划、生产前的准备和生产过程控制等几方面内容。

1. 生产计划

生产计划就是根据预测的市场需求，结合企业的生产能力，确定生产的产品的品种、数量和交货日期，制订在什么时候、哪个车间生产和以什么方式生产最经济合理的计划。通常认为生产计划只是生产活动，而实际上生产计划在很大程度上影响产品的质量。生产计划结合了设备、人员、材料及顾客定单信息，包括产品规格等都进入了生产日程的安排。许多有关产品质量的问题都在这里得以体现。当成本和交付时间决定生产计划时，时间紧张将导致产品质量无法得以保证。

2. 生产前的准备

生产前的准备是指企业为了保证日常生产的进行，顺利完成生产作业计划而进行的各项准备活动，其内容包括：技术准备、机械设备的准备、物资的准备、劳动力的配备和调整、工作场地的准备。在准备工作进行过程中，企业应强化准备工作的计划性，明确规定准备的具体内容、进度要求、具体措施及责任部门和责任者。

3. 生产过程控制

生产过程控制主要指根据生产过程的组织类型对从原料投入到成品入库的全部过程所进行的控制。

(1) 生产过程的组织类型。常见类型有以下几种。

① 大量连续生产。大量生产的产量大，但产品品种比较少，经常重复生产一种或少数几种相类似的产品；生产条件稳定，专业化程度较高，生产过程的机械化、自动化水平比较高；员工的作业范围小，只固定地完成有限的工序，因而易于掌握加工工艺，迅速提高操作熟练程度；大量连续生产的计划编制工作比较细致，计划要求精确，对其执行情况易于检查和控制。

② 成批生产。在成批生产条件下，产品的数量比大量连续生产要小，而生产的产品品种比较多，在计划期内要生产若干品种的产品，大多数工作场地要负担多种工序作业。在成批轮番生产时，由一批产品的制造改变为另一批产品的制造时，工作场地上的设备和工具就要做相应的调整。所以，合理地确定生产的批量，组织好多品种的轮番生产，是成批生产类型生产管理的重要问题。由于品种较多，员工的操作熟练程度要比大量生产类型低，经常更换品种，这就要求员工掌握比较广泛的技术知识和操作技能，以适应成批生产的需要。

③ 单件生产。单件生产时产品品种繁多，而每一种产品的产量很少（如餐饮企业），在生产过程中所采用的设备和工艺装备多是通用的，而且要求员工具有较高的生产技术水平和广泛的生产知识，以适应多品种生产的要求。单件生产时由于品种多、产量小、复杂多变，生产计划不可能编得过细，计划编制有较大的灵活性，生产进度的调整一般在生产场地现场进行。

(2) 生产过程控制。生产过程控制包括以下几个方面。

① 投入控制。投入控制是指对产品（或原料、半成品）开始投入的日期、生产所用原材料或毛坯、零部件的投入及投入量的控制。若计划内还有新增设备、劳动力和新技术措施等项目，还必须控制是否按计划的日期投入使用。

② 产出控制。产出控制是指对产品（或原料、半成品）的出产日期、出产提前期、产出量、产出平衡性和成套性进行控制。

③ 工序进度控制。工序进度控制是指对产品（或原料、半成品）生产过程中经过的每道加工工序的进度进行控制。

(3) 在制品管理。在制品管理是指对在制品在生产过程中的各个环节上实物和账务的管理。在制品管理通常包括车间在制品和库存在制品管理。

① 车间在制品管理。它是指在车间内部尚未完工的，正在进行加工制造、检验、运输和停放的在制品。管理手段有：建立台账、加贴标示单和（或）加工路线

单等，以控制在制品的流转情况。

② 库存在制品管量。车间之间的在制品，一般存放在原料库和半成品库中，仓库是车间之间在制品控制的枢纽。其手段和车间在制品管理一样，在库存在制品管理工作中应做好出入库的验收工作，严格办理出入库手续，使在制品库存中的账、卡、物、资金相符，在制品的存放要合理，有利于先入先出，并注意定期盘点等。

质量控制活动显然不同于任何一种组织过程。生产过程中，职业技能是非常重要的，员工们通过检查自己的工作进行质量控制，这在很大程度上是将他们的经验和对过程的理解同组织对产品的规定相结合的过程，因而，员工的质量控制对最终产品的质量起着非常重要的作用。

4. 测量

在生产前、生产中和生产后进行测量。生产前检测的目的是确信生产过程中的输入是可以接受的；生产中检查目的是确信生产过程中从输入到输出的转化在正常运行；生产后检查目的是在产品传递给消费者之前最后证实产品质量的可靠性。

在进行测量的过程中需要解决以下问题：

① 检验的样本有多大？

② 检验的频率是多少？

③ 应该在哪一点上进行检测？

5. 评估和纠正行为

产品的规格和质量参数都有明确的标准和允许发生波动的范围，即使过程按既定程序进行，仍然有可能生产出不合格的产品，比如那些过程本身的自然变化（尤其是在用生物原料进行加工的食品行业中）。因此，必须有对失控状态进行管理的措施和制度。质量控制的主要任务是对发生的质量波动进行评估，以确定生产过程是否处于受控状态。当过程被判断为失控时，则需要查明原因并采取纠正措施。

6. 过程能力的分析

过程能力即在一定时间内、在规定的条件下过程处于稳定状态时的实际加工能力。当评估指出过程失控时，需要进行过程能力分析，即判断过程中发生质量波动时产生的误差是否在可以接受的范围之内。

对输出过程而言，当误差超出允许的范围即过程失控时可采取的解决方法如下。

① 重新设计过程以得到正常的输出。

② 利用代替过程以得到正常的输出。

③ 保存现有加工过程，利用100％的检测方法剔除不合格的产品。

④ 对判断依据进行检查以确定其是否能够满足需要。

7. 设备评估

设备评估是通过重新设计设备、提高设备性能和改变维修程序等实验，以评价设备改进的可能性。设备改进的目的是为了提高生产过程运行的可靠程度，对食品行业而言，主要就是提高产品的卫生质量和加工能力。系统装备如果不能正常运转，将会使生产过程中断，即使故障不是非常严重，也会给生产带来不便，造成浪费和额外的损耗。对设备的维修包括所有保持系统装备正常运转的全部活动，可以分为两类：即预防性维修和事故维修。

预防性维修包括执行例行检测、保养和保持设备在良好的状态下运行。预防性维修的目的在于发现潜在的系统故障，并进行修理以防止故障发生。预防性维修不仅仅是在于保持机器和设备的正常运转，还包括保证生产过程不至于过度疲劳，能够在规定的范围内正常运行。事故维修是一种纠正修复，当设备无法正常操作而必须紧急修复或在使用之初需要进行此类维修。图 2-4 显示了设备在使用年限内出现机器故障的不同概率分布。

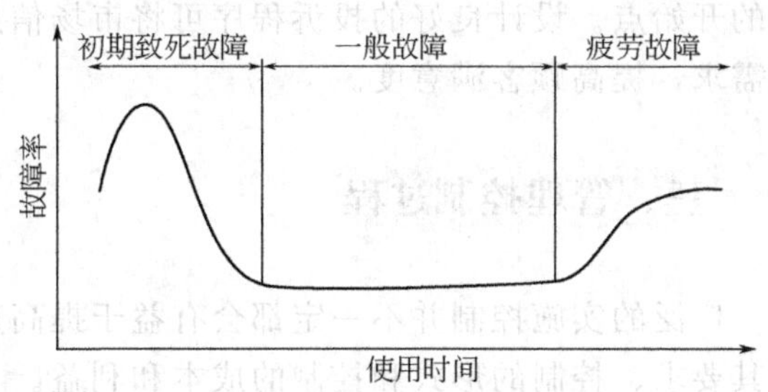

图 2-4　设备在使用年限内出现故障的概率
［引自　国家质量监督检验检疫总局质量管理司、全国质量专业技术人员职业资格考试办公室编．质量专业理论与实务（中级）］

设备投入使用的初始阶段，发生故障的几率较高，但会迅速下降。投入使用一段时间后，故障率降低到一个较低的水平，且趋于稳定，近似为一定值，此阶段主要有一些偶然因素导致设备故障，称为偶然故障期或一般故障期。设备投入使用很长一段时间后，各部件老化、疲劳，就进入疲劳故障期，这一时期设备故障大量增加直至报废。良好的设备维修程序可以使维持费用保持在较低的水平，然而故障维修活动在很大程度上依赖于管理因素。

通过设备评估，改进设备性能，可以缩短初始故障期和疲劳故障期，延长一般故障期和产品使用寿命。

（三）分配控制

分配控制包括从制造商到顾客以及从批发商到零售商的物流管理，同时包括产品的储存和运输。合理的分配可为组织拓宽市场，增大产品流通的时间和地域，提高产品的利润率。分配过程中的质量控制包括产品运输、储存直到顾客使用的整个过程。

分配控制的主要步骤如下。

(1) 销售和接受订单。在食品行业里，销售是建立在每年合同之上的，而在合同中，订单上的产品都是得到确认的，这就意味着如果产品质量不稳定，交易则不会成交或长期进行。

(2) 运输和储存。食品的分配链很长，其中运输和储存是十分复杂的过程。在运输和储存期间的产品控制是通过监控产品质量并在必要时采取纠正措施来实现的。温度、湿度和卫生条件是非常重要的控制参数。

(3) 购买和消费者使用。此阶段的质量控制常常限制于包装、宣传单和杂志上的信息。

(4) 投诉、市场信息和分析。顾客投诉和市场研究可以提供许多有关产品质量的信息，这些信息可以用于质量改进。首先，从短时间利益考虑，处理投诉可以立即解决消费者的问题。第二，从长远的观点来看，消费者的投诉可以是产品重新设计的开始点。设计良好的投诉程序可将市场信息转向产品设计，使产品能够适应市场需求，提高顾客满意度。

三、管理控制过程

广泛的实施控制并不一定都会有益于提高产品质量。在本节主要讨论有效控制及其要求、控制的形式和控制的成本和利益。

1. 有效控制

有效控制是指有针对性地进行控制活动才能取得应有的效果。有效控制系统必须与计划整合为一体，具有灵活性、精确性和及时性。

有效的控制系统应当鼓励员工积极参与质量控制活动，将组织的目的变成员工个人的目的。为此，员工必须接受有关控制的目的和功能的教育，以及他们本身的活动与控制目的的关系。

2. 组织中存在的控制形式

管理控制通常有两种类型，即内部控制和外部控制。实行内部控制的组织中，管理者所依靠的是那些能够自我控制行为的人，组织允许甚至激励个人和小组锻炼自我约束力，以完成所期望的工作；实行外部控制的组织中是利用制度监督和正式的管理系统进行管理。

有效控制的组织通常同时利用两种方式的优势，然而现在倾向于增加内部或自我控制，两类控制类型典型的不同点如下。

(1) 外部控制（僵化控制）。通过正式的、机械的、结构化的制度对整个组织进行全面控制。僵化控制要求员工遵守各种严格的管理制度、原则和程序，它对控制系统的回报是限制雇员实施有组织的活动，使雇员遵从已经实施或已经编写好的行为规范。

(2) 内部或自我控制（有机的控制）。通过非正式的组织结构安排调控整个组织的机能。它鼓励员工积极参与控制活动，而不是制订严格的行为准则。组织的控制依赖于自我控制和非正式的小组活动创造有效的、宽松的、重点突出的工作环境。

3. 管理控制的成本和收益

与其他的组织活动一样，管理控制所带来的收益要超出其成本的支出才可以进行下去。图 2-5 为管理控制的成本支出与收益之间模式图。横坐标表示组织控制的程度，从低到高分布。纵坐标表示的是控制的成本和收益，从零到高分布。管理者在选择组织控制的程度时必须考虑收益与成本的折中。如果控制程度过低，成本超出收益，组织控制就无效。当控制程度加大时，有效性也会增加到一定值。在这个点以下，进一步增加控制程度将会导致有效性降低。例如，组织可通过选择良好的取样程序来加强终端产品检验，降低流通领域次品出现的数量，从而增加收益。然而，继续增加更多的检验，虽然次品检出率增加，但相应的检验成本也会增加，最终结果反而会造成损失。最优点非常难于确定，有效的管理只是比无效管理更接近这一点。

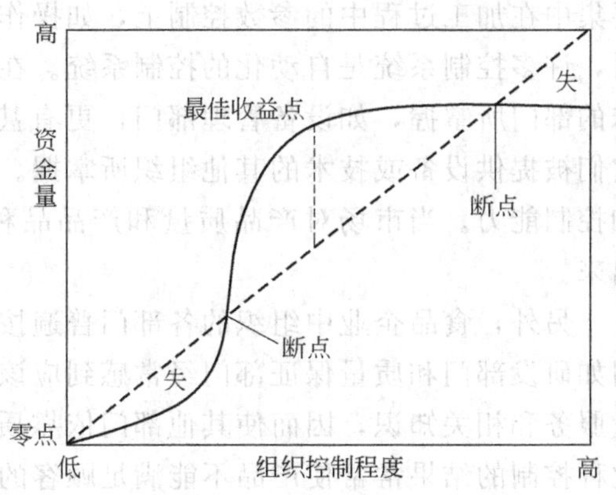

图 2-5 管理控制的成本与收益模式
［引自 （荷兰）P. A. Luning，W. J. Marcelis，W. M. F. Jongen 著，吴广枫译．食品质量管理 技术-管理的方法］

四、食品行业的质量控制

由于食品是由生物原料制造的，因此，食品生产的典型特点就是容易变化，尤其是对于初级农产品（水果、蔬菜、牛奶、肉品等）加工企业来说，原料品质的变化范围是非常明显的。而且，对于新鲜的水果和蔬菜来说，这种变化存在于整个生产链条甚至包括消费过程中。食品加工的这种变化性使产品的品质不容易保持稳定性，只能通过采取适当的控制系统得到部分的克服。

对食品行业来讲，另外一个复杂的典型因素是后勤。后勤指生产工厂中物质的流动，以及货物和原料的输入和输出。食品行业的后勤学相当复杂，对后勤学知识的需求在不断增加，其复杂性主要来自于大量的供应点及多类型的产品运输。从这些供应点出发，通过储存库和生产工厂以及配送中心，产品被运送到大量的销售点。从安全性角度出发，分配时间愈短愈好；就生产和销售而言，存货量应当愈低愈好，不过，有些时候这种需求是与质量要求相对立的。对于鲜食的农产品而言，由于货架期的限制，储存量愈低愈好。然而，一旦采收开始就必须进行储存而往往不能立刻进行加工。另外一点，生产必须在低成本下高速运转，而有时为赶供货期，过快的生产会导致生产过程中物料的高损耗。

对食品工业来讲，使控制复杂化的另外一个典型问题与专业知识的认知有关。这个问题来源于食品行业典型的加工特点如大量连续生产、流水线作业等，控制主要集中在加工过程中的参数控制上，如操作过程中时间、温度和压力的控制等，有时，许多控制系统是自动化的控制系统。在此条件下，生产过程中有许多知识由特殊的部门所掌握，如设备管理部门，更有甚者，组织本身无法获得这方面的知识，它们被提供设备或技术的其他组织所掌握。这就降低了组织自身对生产过程的影响和控制能力。当市场对产品质量和产品品种多样性要求更高时，这种问题就凸显出来。

另外，食品企业中组织的各部门普遍按功能划分。出于对质量的考虑，特殊部门如研发部门和质量保证部门经常感到应该对质量负责任，他们为其他部门提供质量服务和相关知识，因而使其他部门依靠质量保证部门和研发部门进行过程控制，此种控制的结果常常使产品不能满足顾客的要求。

除了这些组织的阻碍，控制的实行依然比较困难，这一方面体现在产品和生产条件可变性的大量存在，另一方面是对产品特性通常有较高的要求（如颜色、味道、营养价值，但是同样要求低成本）。基于这种控制的复杂性，人们寄希望于将有统计学支撑的控制系统应用于食品工业。然而，在实际工作中，利用统计学（统计过程控制方法）是非常受限制的，有时控制常常只是依赖于可信的监督者。

在此类情形下，将选用技术-管理方法（如 HACCP 系统）进行过程控制。该方法着眼于过程中对产品最终质量起主要作用的几个关键环节，控制这几个关键环节以便使产品质量符合用户要求，而这些控制点是可以通过技术手段进行干预的。此方法的先进之处在于控制活动得以限制，将员工的注意力集中在与质量有关的那些环节上（如感官特性、安全等）。应用 HACCP、GMP 等控制体系能够使公司对生产过程和评估点有更深入的分析。另外，采取一种合适的测量和信息系统，对过程控制的有效性来说也是至关重要的。

第二节　质量改进

在食品生产加工企业的质量管理活动中，对产品及其加工过程进行改进是非常重要的。只有不断进行创新和改进，同时降低成本才能满足竞争的需求。美国著名质量管理专家朱兰（Juran）把质量控制和质量改进看作两种不同的行为，即朱兰三部曲（质量计划、质量控制、质量改进）的一部分。质量计划是为了满足顾客对产品的需要，制订产品或服务不断发展的方针和目标。质量控制过程是指采取一定措施以确保质量计划目标的顺利实施，其中包括：对实际的质量表现的评估，将其与质量计划进行比较，针对质量波动采取相应的纠正措施。其重点是充分发挥现有控制措施的能力，避免差错或问题的产生。质量改进是突破现有控制水平，提高质量保证能力，使产品质量达到新的水平。

组织的领导者通常都会有这样的看法：如果员工都能正确地完成自己的工作，

那么组织很少会出现什么失误。事实上，大多数情况下错误的消除有赖于系统的改进，而不是人的改变。早在20世纪50年代初期，美国著名质量管理专家朱兰（Juran）和戴明（Deming）就分别通过调查发现，组织中至少有85%的失误来源于企业自身的管理控制体系，员工造成的失误不到15%。这个调查结果进而可上升为这样的经验法则：即至少有85%的问题只有通过系统的改变才能解决（而系统的改变主要是管理者的责任）。比如说，一个生产线上工作的员工，如果他使用的工具不好，肯定不能生产出高质量的产品，甚至有时还会出现这样一种情况，员工在工作中出现的失误往往是由于公司培训员工时的失误引起的，这也是一个系统本身的问题。

对质量改进过程来讲，一个非常重要的前提条件是全体员工的主动参与。在很多组织里，管理者往往极力维护原有的工作方式及制度，因而造成了体制的僵化，严重阻碍了质量改进过程的进行。改进就意味着改变，从旧的体系中摆脱出来，因而只有在获得管理者足够的关注和全体员工的主动参与后，质量改进才能顺利进行。因此，质量改进活动应当着重于依靠团队的力量和组织结构（管理体系）的变革而不是仅仅让员工改进、提高。

本章将对质量改进过程进行分析，介绍质量管理权威们的质量改进观点，然后简单描述一些常用的质量改进工具，最后重点强调依靠团队的质量改进方式和组织结构的变革策略。

一、质量改进过程

质量改进是一个按照一定规则对现有体系进行有条理地改进的过程。这一过程通过改进系统的功能，从而达到提高客户满意度、实现较高质量水平、降低成本、提高生产力和加快生产过程等目的。

目前通行的质量改进的步骤如下。

① 选择课题。

② 掌握问题的现状。

③ 分析问题产生的原因。

④ 拟定对策并付诸实施。

⑤ 确认对策的效果。

⑥ 防止问题的再发生。

⑦ 总结。

作为质量改进工作的基础，数据的收集和分析同等重要。日本企业界很早就意识到，企业的员工必须参与本公司质量改进工作。这就意味着，所使用的统计工具应该既简单又有效。石川馨（Ishikawa Kaori）将选出的7种统计学方法或“工具”组合在一起。这些方法被称为“七种QC工具”（QC，即quality control，质量控制）。在日本的工业界，从20世纪60年代初开始，公司的工人和工头都要学习这些QC工具，以便系统地运用这些工具去解决问题。这些工具有助于数据的收集和解析，为决策制定提供了依据。

七种常用质量改进工具参见前文。

二、质量改进过程的管理

质量改进过程有可能自发产生，但通常情况下，还是应该由高管层来合理地组织和启动。

（一）质量改进的基本条件

在组织中贯彻持续质量改进的思想可能是一个漫长的过程，其中有些步骤对通向最后的成功至关重要。

① 用统计过程控制（statistical process control，SPC）的方法和其他手段来培训和训练员工，以改进质量和提高绩效水平。

② 将SPC方法运用到日常操作当中。

③ 组建工作团队，并鼓励员工积极参与。

④ 工作团队要充分利用各种解决问题的工具。

⑤ 在质量改进过程中培养工人的主人翁意识。

对持续质量改进来讲，最重要的就是员工的参与。要使持续质量改进成为组织每天工作的一部分，以上最后两步非常关键。解决问题的过程主要包括改进不当的操作，以及评价那些可实现成功改进的备选方案。当员工感到他们“拥有”了质量改进过程及其方法，并对自己生产的产品或提供的服务感到自豪时，主人翁意识便油然而生。

组织形式是质量改进的一个潜在的障碍。传统的组织结构由一系列的部门组成，每个部门都有各自的目标。在控制过程中，每个部门自然会倾向于优先考虑自己的问题，而组织整体业务和总目标往往被忽略。而且，各个部门之间的沟通网络相当复杂，往往造成信息闭塞。在这种条件下，只有最高管理层才能提出改进的需求。因此，创建一个简单的、灵活的、扁平化的管理结构是非常有必要的，唯有如此才能调动全体员工的积极性。

缺乏信息是质量改进的第二个障碍。应该保证员工获得可靠、准确的信息，并能利用这些信息。这些信息必须包括人力资源、机器、方法、材料以及组织的内外环境。

（二）质量改进团队及其类型

组织在进行质量改进活动时，常常以团队为单位进行。一项质量改进活动需要多种技能、判断力以及经验时，团队通常比个人完成得更好。团队拥有快速集中和分散的能力，对于外界变化具有更灵活、更灵敏的反应；团队模式有利于员工参与决策过程，充分发挥员工的潜能和调动员工的积极性；有利于组织提高竞争的效率和效力。

团队的正规定义为：由一小群技能互补的人组成的群体，他们为同一个目标合作，在完成任务的过程中能够相互承担责任。团队可以分成以下 5 种形式。

1. 委员会和特设机构

人们可通过成立委员会和特设机构的方式，将相关人员从其原来的岗位抽调出来，为了某个特殊的目的组成一个小的工作团队。这种团队通常有自己的日程安排，并有一位指派的领导者为最后结果负责。通常，该委员会的职能和人员都有可能随时间而变化。特设机构是一个临时性的组织，它的任务特殊并有时间性。一旦目的达到，该特设机构即可解散。

2. 交叉功能团队

交叉功能团队成员的级别基本上相同，但他们来自不同的工作领域，为完成一项任务而走到了一起。他们应该能够交流各自的信息，提出新的想法，解决问题，并能合作完成复杂的任务，而不是根据各自的职能或需要行事。

3. 质量改进小组（QC 小组）

质量改进小组是由生产一线员工组成的团体，他们通常来自同一工作领域，一般由 6～12 个人组成。QC 小组成员在经过一些特殊的培训后，如解决问题的能力和方法培训、团队合作培训以及质量相关问题的培训，团队成员在一起讨论和策划质量改进的方法，提出质量改进的建议并实施，从而提高劳动生产率。当培训出现失误或高层管理者没有履行义务时，将导致质量改进小组的工作不能顺利进行。这也是质量改进小组不总是奏效的主要原因。

4. 虚拟团队

虚拟团队利用现代网络技术把分散在各部门的成员联系在一起，可以做到其他团队能做到的任何事情。与其他团队模式相比，虚拟团队成员间一般缺乏社交上的联系和直接的交流，成员间的互动状况是很难让人满意；但是从另外一个角度来考虑，虚拟团队成员只有工作上的接触，可以让那些个性有冲突、可能永远不能合作的人实现合作。

5. 自我管理团队

自我管理团队的运作模式要求每一位成员都参与决策的制订，并有可能是多任务的，这就要求每一位成员都掌握几样不同的工作技能。他们的职责通常包括：集体控制工作的节奏、决定工作任务、处理突发事件和集体选择监测程序。

上述 5 种团队代表了组织中正规的群体组合模式。与此相反，组织中还存在一些非正规的群体组合，它们对整个组织来说也有非常重要的作用。这些非正规的群体组合往往是组织中员工通过个人的人际关系纽带自发产生的。这种非正规群体可能会对工作绩效有积极的影响。特别存在于这种非正规群体成员间的关系和联系有可能加速工作的进展，甚至能解决一些通过正规的群体组合模式不能解决的问题。更重要的是，这种非正规群体的组合模式常常会使成员获得社会满足感、安全感、支持和归属感。

（三）质量改进项目团队

朱兰（Juran）认为，质量改进是无止境的，组织必须使质量改进活动成为组织整体活动一部分，为了做到这一点，组织最高管理层必须建立高层管理团队，同时也要组建高层质量改进项目团队，所有高层管理团队的成员都应该把每年的质量改进当作将来的例行的工作内容，而且，其中几个关键的成员还应该是组织质量指导委员会中的成员。该指导委员会将制订组织的质量计划和主要的质量改进政策，决定如何对员工进行培训，并鼓励项目团队启动改进计划。

这些项目团队要经历以下一系列过程：即发起、项目计划、实施以及项目评估。通常一个项目团队每周开1次例会，3个月后就应该能够找到一个质量改进的方法。一旦项目结束，该项目团队即可解散，然后组建新的团队完成其他质量改进项目。在组织中，常存在多个质量改进团队同时工作的情况。

三、组织结构的改变

组织的结构对于质量管理来讲非常重要，特别是当进行质量改进活动时，组织结构是否能够充分调动员工的积极性和个人潜能，是否适应质量改进的需要，对质量改进活动能否成功至关重要。

1. 组织结构变革的形式

持续质量改进思想的基本信条是：任何一项操作总有可改进的地方；生产一线员工是判断是否需要改进的最佳人选。由于质量改进过程总是带来技术和系统的改变，因此组织结构的改变是质量管理的基础，同时，组织的文化即组织成员共同信念和价值也要改变。

变革的形式有2种，一种自上而下，而另一种自下而上，大多数情况下后者比前者更适合于质量管理过程。战略性的变革会带来自上而下的变化，这种变革对组织的各个方面有广泛的影响。然而，这种自上而下的变化方式存在风险，有可能不能反映低级员工的需求。如果这种变革在实施的过程中受到很强的抵制，或者员工的责任心不强，都有可能导致失败。自上而下的变革是否成功常常取决于中、低层员工是否积极支持最高管理层的创新举措。

变革最重要的前提条件是组织有一个追求变革的管理者。追求变革的管理者和追求稳定的管理者之间反差巨大，前者容易接纳新观点，行动超前；后者抵制变革的发生，习惯于现有的管理方式。

2. 组织结构变革的策略

当变革发生时，一般来说肯定会出现抵制现象。抵制变革的主要原因包括：由于变革的过程包含不确定因素而产生不安全感；对变革的方式不满，害怕已得利益受到损害；来自于外界的冷嘲热讽以及缺乏相互的理解和信任；不愿被别人控制或权力的减小也有可能导致对变革的抵制。

只有采取适当的策略才能处理好对变革的抵制。这些策略主要包括教育、沟通、参与、提供便利、谈判和强制。采用何种策略视具体情况而定，变革包括以下3个阶段。

(1) 解冻阶段。指打破旧的思维模式和工作方式。可以通过引入新信息来展示目前状态和组织希望达到的状态之间的差异，并通过这种方法实现“解冻”的目的。

(2) 移动阶段。是一个过渡期，组织或部门的行为经过此阶段转换到一个新的水平。在这个阶段，通过改变组织结构、技术水平、经营策略和人员的行为等，可以形成新的行为、标准体系和态度。

(3) 再冻结阶段。使组织稳定在一个新的行为状态下。该阶段将运用一些支持机制，如文化、规范、政策等，以此来加强和巩固新的组织状态。

四、食品行业的质量改进

食品行业的质量改进一直不很成功，有时食品企业可能在某些管理领域取得成功，如全面生产维护。但是有时一些管理手段的尝试却失败了，如质量改进小组的建立。综合考虑我国食品行业现状，质量改进活动在我国得不到普及的原因有以下几种。

(1) 员工受教育水平低。有时与一些操作工沟通都会存在障碍，要想使之参与到解决问题的活动中非常困难。

(2) 生产环境常常不利。如：高温、高湿、噪声、异味等。如果这些不利因素不能降低到可接受的水平，将会对产品的质量产生消极的影响。

(3) 组织结构功能的制约。目前我国食品企业里，大多数技术人员集中在专业化部门，企业普遍认为只有这些部门的人员才对质量改进工作负责，生产一线的一些经验丰富的操作工常常不能参与质量改进活动。

(4) 食品企业常常不能改进设备，供应商提供什么设备就用什么设备。供应商有这方面的能力，但往往由于经济或相互信任程度的原因，双方很难达成一致。

(5) 产品质量信息反馈不广泛。特别是企业里级别较低的员工常常很难获得产品质量信息。这种情况下，生产一线员工参与质量改进活动的热情不高。

(6) 质量改进行为得不到鼓励，特别是得不到高层管理人员的关注和支持。

(7) 在食品企业中，往往重视问题解决的结果，而在讨论和分析问题上花费的时间很少，注重治标而不是治本。

从技术管理的角度来看，如果我们集中精力与那些在战略意义上与整个组织息息相关的问题，如公司的核心竞争力，那么将极大地促进公司的质量改进过程。在食品行业，核心竞争力大多数情况下与某项技术或工艺相关。在质量改进过程中，应该把精力集中在核心竞争力上，而且还要有一些相关的管理方法做支撑。其原因如下。

(1) 要进行质量改进，就要有一个适当的测量和信息反馈系统。这些信息（测量的结果）应该包括与工艺性核心竞争力相关的关键质量点和安全控制点，并且，这些信息还必须能用一般的统计学工具进行分析（如Pareto分析，标准偏差计算等），使得参与者管理者都能对过程的结果合格与否做出正确的决策。

(2) 培训也是一个必要的质量改进手段。尤其是针对那些特殊的质量控制点，培训将拓展相关责任人的技术和管理知识。更重要的是，需要对全体员工进行简单统计技术的培训以提高他们有效地收集和处理数据的能力，并能将这些技术用于分析和讨论过程控制。

(3) 团队建设是管理工作的另一项重要任务。管理者不能只是简单地拼凑出一个团队，他们应该为团队建设创造条件，使团队能够自主地成长。

在食品行业中，目前只有数量有限的几个公司采取了自我管理团队的工作模式，并将统计学工具用于质量改进过程。然而，为了达到目前的水平，这些公司已经花费了若干年的时间。事实上，要形成一种不断追求质量改进的企业文化需要很长时间。

不过，随着当前市场国际化和市场竞争的加剧，许多食品生产企业已经开始加快质量改进的步伐。对于食品产品来说，终端产品的质量很大程度上取决于生产过程中其他各个环节的质量控制情况。因此，食品企业的质量改进应该贯穿整个组织活动中。

复习题

1. 引起质量波动的原因有哪些？
2. 简述供应控制的内容及步骤。
3. 生产控制的内容有哪些？
4. 简述分配控制的内容及步骤。
5. 组织内有哪些控制形式，各有什么优缺点？
6. 进行质量改进活动时为什么采用团队模式，质量改进团队有哪些类型？
7. 进行组织结构的变革时可采用哪些政策，各有什么优缺点？
8. 影响我国质量改进活动普及的原因有哪些？
9. 什么是控制周期？

第三章　食品质量法规与标准

食品安全是关系到人民群众身体健康和生命安全、经济发展及社会和谐与稳定的重大问题。食品标准和法规是从事食品生产、营销和储存，食品资源开发与利用，食品监督监测以及食品质量管理体系与合格评估认证必须遵守的行为准则，是规范市场经济秩序实现食品安全监督管理的重要依据，是设置和打破国际技术性贸易壁垒的基准，也是食品行业持续发展的根本保证。

第一节　我国食品质量标准体系

一、概述

（一）标准及标准化

1. 标准的定义

我国国家标准 GB 3935.1—1996 中对标准的定义采用了 ISO/IEC 指南 2—1991 中的标准术语的定义。

标准：为在一定的范围内获得最佳秩序，对活动和其结果规定共同的和重复使用的规则、指导原则或特性文件，该文件经协商一致制定并经一个公认机构的批准。

该定义包含以下 5 方面的含义。

（1）标准的本质属性是一种“统一规定”。这种统一规定是作为有关各方“共同遵守的准则和依据”。根据中华人民共和国标准化法规定，我国标准分为强制性标准和推荐性标准两类。强制性标准必须严格执行，做到全国统一。推荐性标准是国家鼓励企业自愿采用。但推荐性标准若经协商，并计入经济合同或企业向用户做出明示担保，有关各方则必须执行，做到统一。

（2）标准制定的对象是重复性事物和概念。这里讲的“重复性”指的是同一事物或概念反复多次出现的性质。例如批量生产的产品在生产过程中的重复投入，重复加工，重复检验等；同一类技术管理活动中反复出现同一概念的术语、符号、代号等被反复利用等。只有当事物或概念具有重复出现的特性并处于相对稳定时才有制定标准的必要，使标准作为今后实践的依据，以最大限度减少不必要的重复劳动，又能扩大“标准”重复利用范围。

(3) 标准产生的基础是“科学、技术和经验的综合成果”。这就是说标准既是科学技术成果，又是实践经验的总结，并且这些成果和经验都是在经过分析、比较、综合和验证的基础上加以规范化，只有这样，制定出来的标准才具有科学性。

(4) 制定标准过程要“经有关方面协商一致”。就是制定标准要发扬技术民主，与有关方面协商一致，做到“三稿定标”，即征求意见稿—送审稿—报批稿。如制定产品标准不仅要有生产部门参加，还应当有用户、科研、检验等部门参加，共同讨论研究，“协商一致”，这样制定出来的标准才具有权威性、科学性和适用性。

(5) 标准文件有其自己一套特定格式和制定、颁布的程序。标准的编写、印刷、幅面格式和编号、发布的统一，既可保证标准的质量，又便于资料管理，体现了标准文件的严肃性。所以，标准必须“由主管机构批准，以特定形式发布”。标准从制定到批准发布的一整套工作程序和审批制度，是使标准本身具有法规特性的表现。

2. 标准化的定义

我国国家标准 GB 3935.1—1996 中等同采用了 ISO/IEC 指南 2—1991 中对标准化的定义。

标准化：为在一定范围内获得最佳秩序，对实际的或潜在的问题制定共同的和重复使用的规则的活动（注：①上述活动尤其是包括制定、发布及贯彻标准的过程；②标准化的显著好处是改进产品、过程和服务的适用性，防止贸易壁垒，并便于技术合作）。

该定义的含义如下。

(1) 标准化对象是需要进行标准化的实体。“产品、过程或服务”，从广义上表达标准化的对象，并可理解为如原材料、半成品、成品、设备、系统、记录、程序、功能、方法或活动等。这表明对于在不同的时间和空间共同的和重复发生的事物或概念，有必要找出它们的最佳状态，制定成标准，加以统一，以便于它们得到优化或达到节省重复劳动，提高工作效率。

(2) 标准化领域是一类相关标准化对象的群体。由于标准化对象可以存在于人类社会的各个领域，所以标准化的活动领域不再仅仅局限于科学技术领域，而是扩展到经济管理、社会管理的各个人类活动领域。

(3) 标准化的内容是使标准化对象达到标准化状态的全部活动及其过程。它包括制定、发布和实施标准。这是一个不断循环、螺旋式上升的运动过程。每完成一个循环，标准的水平就提高一步。此外，运用简化、系列化、通用化、组合化等形式和方法来改造标准化对象，也是标准化活动的一个组成部分。

(4) 标准化的本质是统一。标准化就是用一个确定的标准将对象统一起来，在无序中建立秩序。所以标准化也是一种状态，即统一的状态，一致的状态，均衡有序的状态。

(5) 标准化的目的是获得最佳秩序。开展标准化活动的目的在于追求一定范围内事物的最佳秩序和概念的最佳表述，以期获得最佳的社会和经济效益。标准化的经济效益是其社会效益的重要部分和显性部分，但并不是全部，它还应包括长期的、隐性的不可计算部分，甚至局部经济效益是负数，但社会效益很大，其标准化活动也是有成效的。有序化和最佳社会效益是标准化的出发点，也是衡量标准化活动的根本依据。

3. 企业标准化

企业标准化就是以实现企业生产经营为目标，以提高经济效益为中心，以食品企业生产技术、经营管理活动的全过程及其要素为主要内容，通过制定标准和贯彻实施标准，使企业全部生产技术、经营管理活动达到规范化、程序化、科学化和文明化的过程。其对象主要是指在企业活动如产品设计、工艺过程、原料的投入、工人的操作、质量检验分析、生产经营、文件编制等过程中重复发生的事物或现象。具体来说，其任务有以下几个方面：①贯彻执行国家有关标准化的方针政策；②制定和修订企业标准；③贯彻执行有关国家标准、行业标准、地方标准；④承担上级指定标准的制定和修订工作。

4. 标准化与食品质量管理的关系

（1）标准化是进行质量管理的依据和基础。在食品企业中用一系列的标准来控制和指导设计、生产和使用的全过程，是食品质量管理的基本内容。

（2）标准化活动贯穿于食品质量管理的始终。食品质量管理是全过程的管理。可分为设计试制阶段、生产阶段和使用或食用阶段 3 个阶段。试制阶段是起草和完成标准制定的过程。生产阶段是实施标准、验证标准的过程。使用或食用阶段可为修订、完善标准，改善设计，提高产品质量提供依据。

（3）标准与质量在循环中互相推动，共同提高。质量管理的工作方式是计划、实施、检查、处理 4 个阶段的循环。标准贯穿于质量管理的全过程，并在食品质量管理的循环中不断得到改善，而标准的改善和提高必然会对食品质量和质量管理水平的提高起到推动作用。

（4）标准化与食品质量管理都是现代科学技术与现代科学管理的交汇点。标准化与食品质量管理都具有十分明显的综合性和交叉性。标准化脱颖于技术科学，汇流于现代管理科学，以它特有的约束作用来保证质量。质量管理发源于传统工业管理，都具有科学技术与科学管理的双重属性。不断从各学科汲取营养，使标准化与食品质量管理更加科学化。

（二）标准的分级、分类和标准体系

国内和国际对标准的分级不同。

1. 国内标准的分级

根据《中华人民共和国标准化法》的规定，我国标准分为国家标准、行业标准、地方标准和企业标准 4 个级别。

（1）国家标准。国家标准是由国家标准化机构通过并公开发布的标准，是对关系到全国经济、技术发展的标准化对象所制定的标准，它在全国各行业各地方都适用。

国家标准一般由国家标准化行政主管部门组织制定、审批、发布。药品、兽药、食品卫生环境保护和工程建设的国家标准，由国家有关行政主管部门组织制定、审批。中华人民共和国国家标准的代号为：GB（强制性国家标准）和GB/T（推荐性国家标准）。

有关食品的国家标准主要有食品工业基础及相关标准、食品卫生标准、食品产品标准、食品检验方法标准、食品包装材料及容器标准、食品添加剂标准和以标准发布的各类食品卫生规范等。

（2）行业标准。行业标准是对没有国家标准而又需要在全国某个行业范围内统一的技术要求所制定的标准。行业标准由国家有关行政主管部门组织制定、审批、发布，并报国家标准化行政主管部门备案。出版印刷行业标准由新闻出版署审批、发布，报国家质量技术监督局备案。

行业标准的编号由行业标准代号、标准顺序号和年号组成。行业标准的代号由国务院标准化机构规定，不同行业的代号各不相同。行业标准中同样分强制性标准和推荐性标准两种。

涉及食品的行业标准较多，主要有：商业（SB）、农业（NY）、商检（SN）、轻工（QB）、化工（HG）等行业标准。

（3）地方标准。地方标准是对没有国家标准和行业标准而又需要在省、自治区、直辖市范围内统一的工业产品的安全、卫生要求及按有关法律、法规规定的要求所制定的标准。地方标准由省、自治区、直辖市标准化行政主管部门组织制定、审批、发布，并报国家标准化行政主管部门和国家有关行政主管部门备案。

地方标准的编号由地方标准代号、标准顺序号和发布年号组成。地方标准的代号由汉语拼音字母“DB”加上省、自治区、直辖市行政区域代码前两位数字加斜线，组成强制性地方标准代号；若再加上“T”则组成推荐性地方标准代号。

（4）企业标准。企业标准是对企业范围内需要协调、统一的技术要求、管理要求和工作要求所制定的标准。企业标准是企业组织生产、经营活动的依据。企业标准由企业制定，由企业法人代表或其授权的主管领导审批、发布。作为交货依据的企业产品标准，一般应按企业的隶属关系报地方标准化行政主管部门和有关行政主管部门备案。在本企业范围内适用，企业内所实施的标准一般都是强制性的。

企业标准的编号由企业标准代号、标准顺序号和发布年号组成。企业标准代号由汉语拼音字母“Q”加斜线再加上企业代号组成。企业代号可用汉语拼音字母或用阿拉伯数字或两者兼用，具体办法由当地行政主管部门规定。

对于已有国家标准、行业标准或地方标准要求的，鼓励企业制定严于国家标准、行业标准或地方标准要求的企业标准，在企业内部适用。

2. 国外标准的分级

这里所谓的国外标准不是指某个国家的标准，而是指国际间共同使用的标准。国外标准的级别有两个，即国际标准和国际区域性标准。

(1) 国际标准。国际标准是由全球性的国际组织制定的标准。主要是指由国际标准化组织（ISO）和国际电工委员会（IEC）所制定的标准。此外，联合国粮农组织（FAO）、世界卫生组织（WHO）、食品法典委员会（CAC）、食品添加剂和污染物法典委员会（CCFAC）、国际计量局（BIPM）等专业组织制定的、经国际标准化组织认可的标准，也可视为国际标准。国际标准为世界各国所承认并在各国间通用。

(2) 国际区域性标准。国际区域性标准是指由区域性的国家集团的标准化组织制定和发布的标准，在该集团各成员国之间通用。

3. 标准的分类

此处介绍我国通行的对标准的分类方法。

(1) 按标准发生作用的范围和审批标准级别来分类。可分为国际标准、国家标准、行业标准、地方标准和企业标准 5 级。

(2) 按标准的约束性来分类。分为强制性标准和推荐性标准两类。强制性标准是保障人体健康、人身、财产安全的国家标准或行业标准和法律及行政法规规定强制执行的标准，其他标准则是推荐性标准。《中华人民共和国标准化法》规定：强制性标准，必须执行，不符合强制性标准的产品，禁止生产、销售和进口；推荐性标准，国家鼓励企业自己采用。

(3) 按标准的内容来分类。可分为基础标准、产品标准、卫生标准、方法标准、管理标准、环境保护标准等。我国食品标准基本上就是按照内容进行分类并编辑出版的，包括食品工业基础及相关标准、食品卫生标准、食品产品标准、食品添加剂标准、食品包装材料及容器标准、食品检验方法标准等。其中，通用标准、食品企业卫生规范、食品良好生产规范（GMP）等标准是企业在生产经营活动中的行为规范，应该属于管理标准。

(4) 按标准的性质来分类。可分为技术标准、管理标准和工作标准。技术标准主要包括基础标准、产品标准、方法标准、安全、卫生及环境保护标准。管理标准主要包括技术管理、生产管理、经营管理及劳动组织管理标准。工作标准主要包括通用工作标准、专用工作标准和工作程序标准。

(5) 按标准化对象在生产过程中的作用来分类。可分为产品标准，原材料标准，零部件标准，工艺和工艺装备标准，设备维修标准，检验和试验方法标准，检验、测量和试验设备标准，搬运、储存、包装、标识标准等。

在我国，食品工业生产中经常使用食品质量标准的概念。所谓的食品质量标准可表述为：规定食品质量特性应达到的技术要求。食品质量标准是食品生产、检验和评定质量的技术依据。因此，可以认为食品质量标准就是指有关食品生产的技术标准。

4. 标准体系

（1）标准体系的定义。“GB/T 13016—1991 标准体系表编制原则和要求”对标准体系定义为：一定范围内的标准按其内部联系，形成的科学的有机整体。

（2）标准体系表的定义。一定范围的标准体系内的标准，按一定形式排列起来的图表，称为标准体系表。标准体系表包括应该保留的现有标准以及应该修订和新订的标准。

（3）标准体系表的结构。全国标准体系表的总结构包括以下 4 部分内容。

第一部分，全国通用综合性基础标准体系表，是全国标准体系表的第一层标准。

第二部分，各行业标准体系表。包括全国标准体系表的第 2～5 层，共分别为行业基础标准，专业通用标准，门类通用标准，产品、作业、管理标准。

第三部分，地方标准体系表。

第四部分，企业标准体系表。它是全国通用、行业、地方标准的集成与归宿。

我国“全国食品工业标准化技术委员会”负责编制我国食品工业标准体系表标准的编制与实施。

（三）标准的编制与实施

1. 标准的编制

编制标准应有计划、有组织地按一定程序进行，应该规定统一格式、统一的编排方法。我国国家标准“GB/T 1.1—1993 标准化工作导则标准编写的基本规定”等效采用“IEC/ISO 导则第 3 部分国际标准的起草与表达规则”，为我国编写各级标准提供了准则和依据。各种标准的构成大体一样，一般都由概述要素、标准要素和补充要素 3 部分组成。表 3-1 列出的是产品标准要素常用的一种编排。食品产品标准的编写一般也包括了这些内容。

2. 标准的贯彻实施

标准的贯彻实施大致上可以分为计划、准备、实施、检查验收、总结 5 个程序。

（1）计划。在实施标准之前，企业、单位应制订出“实施标准的工作计划”或“方案”。计划或方案的主要内容是贯彻标准的方式、内容、步骤、负责人员、起止时间、达到的要求和目标等。

（2）准备。贯彻标准的准备工作一般有 4 个方面，即建立组织机构，明确专人负责；宣传讲解，提高认识；认真做好技术准备工作；充分做好物资供应。

（3）实施。实施标准就是把标准应用于生产实践中去。实施标准有完全实施、引用、选用、补充、配套、提高等方式。

（4）检查验收。检查的对象为实施阶段的全过程。通过检查验收，找出标准实施中存在的问题，采取相应措施，继续贯彻实施标准，如此反复进行几次，就可以促进标准的全面贯彻。

表 3-1　产品标准要素的编排

要素的类型		要　　素
概述要素		封面、目次、前言、引言、首页
标准要素	一般要素	标准名称 范围 引用标准
	技术要素	定义 符号和缩略语 要求 抽样 实验方法 分类与命名 标识、标签、包装 标准的附录
补充要素		提示的俘虏 脚注 采用说明的注

（引自　陈宗道等主编. 食品质量管理）

（5）总结。总结包括技术上和贯彻方法上的总结及各种文件、资料的归类、整理、立卷归档工作，还应该对标准贯彻中发现的各种问题和意见进行整理、分析、归类工作，然后写出意见和建议，反馈给标准制（修）定部门。

应该注意的是，总结并不意味着标准贯彻的终止，只是完成一次贯彻标准的“PDCA 循环”，还应继续进行下次的 PDCA。总之，在标准的有效期内，应不断地实施，使标准贯彻得越来越全面、越来越深入，直到修订成新标准为止。

二、我国食品质量标准

食品工业是我国国民经济的重要支柱产业。食品质量标准在保证人民身体健康、促进食品工业的发展、推动食品国际贸易等方面起到了重要作用。我国制定发布实施了大量的食品标准，除了食品工业基础及相关标准、食品卫生标准外，行业或地方的主导产品、名特优产品均已制定了国家、行业或地方标准。

制定食品标准的法律依据是《食品卫生法》、《标准化法》等法律及有关法规。这些法律对食品卫生标准的制定与批准、适用范围、技术内容 3 个重要方面做了明确的规定。

（一）食品的基础标准

通用基础标准是指在一定范围内作为其他标准的基础普遍使用，并具有广泛指导意义的标准。它规定了各种标准中最基本的共同的要求。

1. 名词术语、图形符号、代号类标准

（1）名词术语标准。GB 15091—1995《食品工业基本术语》标准规定了食品工业产业的基本术语。内容包括：一般术语，产品术语，工艺术语，质量、营养及卫生术语等内容。本标准适用于食品工业生产、科研、教学及其他有关领域。如：GB/T 9289—1988《制糖工业术语》。

(2) 图形符号、代号标准。如：GB/T 13385—2004《包装图样标准》、GB/T 12529.4—1990《粮油工业图形符号、代号—油脂工业》。

2. 食品分类标准

食品分类标准是对食品大类产品进行分类规范的标准。如：GB/T 10784—1989《罐头食品分类》。

3. 食品包装与标签标准

如：GB/T 7718—2004《预包装食品标签通则》。

4. 食品检验标准

包括：食品理化检验方法标准、食品卫生微生物学检验方法标准、食品检验与评价方法标准等。

(二) 食品产品标准

产品标准是对产品结构、规格、质量、检验方法所做的技术规定。产品标准是判断产品合格与否的主要依据之一。食品产品标准就是为保证食品的食用价值，对食品必须达到的某些或全部要求所做的规定。

1. 食品产品标准的主要内容

食品产品标准既有国家标准、行业标准、地方标准，也有企业标准。但无论哪级标准，标准的格式、内容编排、层次划分、编写的细则等都应符合 GB/T 1.1—1993 的规定。食品产品标准内容较多，一般包括范围、引用标准、相关定义、技术要求、检验方法、检验规则、标志包装、运输和储存等。

2. 食品产品标准的制定程序

食品产品标准的制定一般分为准备阶段、起草阶段、审查阶段和报批阶段，如图 3-1 所示。

(1) 准备阶段。在此阶段需查阅大量相关资料，包括相关的国际、国内标准和企业标准，然后进行样品的收集，进行分析、测定，确定能控制产品质量的指标项目，如特性指标中的关键性指标和非关键性指标。在准备阶段，食品企业应组织专业人员进行大量的实验。

(2) 起草阶段。标准起草阶段的主要工作内容有：编制标准草案（征求意见稿）及其编制说明和有关附件，广泛征求意见。在整理汇总意见基础上进一步编制标准草案（预审稿）及其编制说明和有关附件。

(3) 审查阶段。食品产品的审查分预审和终审两个过程。预审由各专业技术委员会组织有关专家进行，对标准的文本、各项指标进行严格审查，同时也审查标准草案是否符合《标准化法》和《标准化实施条例》，技术内容是否符合实际和科学技术的发展方向，技术要求是否先进、合理、安全、可靠等。预审通过后按审定意

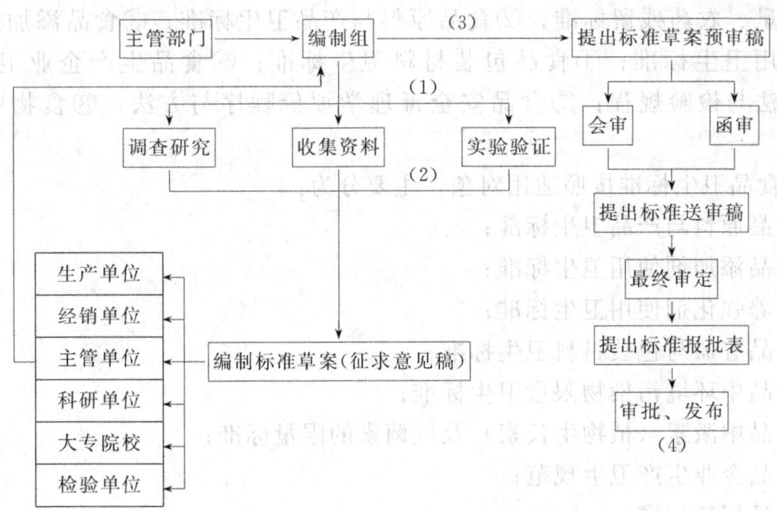

注：(1) 为准备阶段；(2) 为起草阶段；(3) 为审查阶段；(4) 为报批阶段。

图 3-1 我国食品的产品标准制定程序

(引自 陈宗道等主编. 食品质量管理.)

见进行修改，整理出送审稿，报全国食品工业标准化技术委员会进行最终审定。

(4) 报批阶段。终审通过的标准可以报批。行业标准报到上级主管部门，国家标准报到国家技术监督局，批准后进行编号发布。

食品标准的制定程序是十分严格的，从起草到审批、发布中间需经过多次的文稿讨论和修改，各项指标的确定都是在试验基础上确定。

(三) 食品卫生标准

我国食品卫生标准是国家授权卫生部统一安排制定的。它是食品卫生法律法规体系的重要组成部分，是进行法制化食品卫生监督管理的基本依据；对保障食品安全与营养，促进和保障国家经济建设和社会发展以及我国的食品进出口贸易具有重要意义。

标准的主要内容可分为感官指标、理化指标和微生物指标 3 个部分。

1. 食品卫生标准的主要技术要求

(1) 食用安全相关的技术要求。①严重危害健康的指标，如重金属、致病菌、毒素等；②反映食品卫生状况恶化或对卫生状况的恶化具有影响的指标，如菌落总数、大肠菌群、酸价、挥发性盐基氮、水分、盐分、感官要求等。

(2) 食品营养质量技术要求。①营养素种类与营养效价；②营养素含量与配比。

(3) 保健功能技术要求。具有特定生理功能的食物因子及其含量。

(4) 生产、运输、经营过程中与食品卫生相关的卫生要求。如原料、食品生产经营条件、食品添加剂和包装材料的使用、储藏与运输条件等。

2. 国家食品卫生标准的分类

目前，卫生部已制定各类国家食品卫生标准四百余项。包括：①食品中各种污染物限量、农药残留标准；②食品原料与产品卫生标准；③食品添加剂和营养强化剂使用卫生标准；④食品包装材料卫生标准；⑤食品生产企业卫生规范；⑥检验方法与检验规程；⑦食品安全毒理学评价程序与方法；⑧食物中毒诊断标准。

我国食品卫生标准按照适用对象，主要分为：

① 食品原料与产品卫生标准；

② 食品添加剂使用卫生标准；

③ 营养强化剂使用卫生标准；

④ 食品容器与包装材料卫生标准；

⑤ 食品中环境污染物限量卫生标准；

⑥ 食品中激素（植物生长素）及抗菌素的限量标准；

⑦ 食品企业生产卫生规范；

⑧ 食品标签标准；

⑨ 辐照食品卫生标准；

⑩ 食品卫生检验方法；

⑪ 其他，包括食品餐饮具洗涤卫生标准，洗涤剂消毒剂卫生标准。

3. 食品卫生标准的制定程序

我国食品卫生标准的制（修）定工作由卫生部统一安排组织进行，国家质量技术监督局负责国家食品卫生标准的编号。其技术审查由全国卫生标准化技术委员会食品卫生分技术委员会（简称食品分委会）负责。任何单位、团体和个人都可提出标准草案建议稿。食品卫生的制定程序和食品产品标准的制定一样，也分为准备阶段、起草阶段、审查阶段和报批阶段。由于对食品卫生安全的特殊要求，在某些理化指标、感官指标和微生物指标制定时要按照一定的方法和步骤进行。具体内容在食品卫生学中有详细的介绍，在此不再叙述。

（四）食品添加剂和营养强化剂标准

按《中华人民共和国食品卫生法》的规定，我国食品添加剂的定义是指"为改善食品品质及色、香、味以及防腐和加工工艺的需要加入食品中的化学合成或者天然物质"。营养强化剂是"指为增强营养成分而加入食品中的天然的或者人工合成的属于天然营养素范围的食品添加剂"，说明营养强化剂属于食品添加剂的一部分。食品添加剂标准主要有：食品添加剂产品标准、食品添加剂使用卫生标准、食品添加剂检验方法标准等。

GB/T 2760—1996《食品添加剂使用卫生标准》明确规定了食品添加剂的品种、适用范围及最大使用量，该标准规范性引用了GB 12493—1990《食品添加剂分类和代码》、GB/T 14156—1993《食品香料分类和代码》、GB 14880—1994《食品营养强化剂使用卫生标准》。另外，对未列入《食品添加剂使用卫生标准》的其他食品添加剂如需要在生产中使用时，要按《食品添加剂新品种管理办法》规定的审批程序经批准后方可使用，同时卫生部等相关部门每年都要公布食品添加剂增补品种和扩大适用范围及使用量品种名单。如2005年新增亚铁氰化钾钠（抗结剂）、二甲基二碳酸盐（防腐剂）、磷酸氢镁（营养强化剂），及诸多扩大使用范围和使用量的食品添加剂品种。

现行食品添加剂产品标准有146种，如：GB 6778—1986食品添加剂异戊酸异戊酯、GB 12487—2004食品添加剂乙基麦芽酚、GB 1901—2005食品添加剂羧甲基纤维素钠等。

（五）食品包装与标签标准

1. 食品包装标准

食品包装行业近年来发展迅速，国家已经制定的标准远远跟不上食品包装的发展。目前实施的有关食品包装的国家强制性标准中，只对食品包装的部分包装容器、包装材料、包装材质卫生指标即检验方法有硬性规定，缺乏食品包装容器、机械、印刷质量等的相关强制标准。

我国包装行业目前强制执行“CQC”标准。CQC是中国质量认证中心的英文简称，它是国家质量监督检验检疫总局设立的专业认证机构，与国外诸多知名认证机构有国际互认业务。CQC及其设在国内外的分支机构是中国开展质量认证工作最早、最大和最权威的认证机构，目前，在国内外共设有45个分支机构。CQC标志认证类型涉及产品安全、性能、环保、有机产品等，认证范围包括百余种产品。以前这个认证标准属于自愿性认证，从2006年起，这一标准将成为强制性标准。

食品包装企业要想获得CQC认证，可以向中国国家认证认可监督委员会指定的认证机构申报，认证机构将会对企业的原材料、进货及每一道工序进行质检，同时，认证机构还将对产品进行抽检。CQC认证标志的图形是地球图案以及CQC三个英文字母。如果食品上有这个认证标志，就标志着该产品已经经过相关实验室检验，按照国家或行业的标准测试合格，同时已经建立了一套质量检测体系，保证后续生产的产品合格。

2. 食品标签通用标准

(1)《食品标签通用标准》的颁布与作用。原国家标准局于1987年5月发布了GB 7718—87《食品标签通用标准》，这是一项对食品行业进行有效管理的基础标准。1993年10月底经全国食品工业标准化技术委员会第9次年会审查并上报国家技术监督局审批。国家技术监督局于1994年2月4日正式发布强制性国家标准《食品标签通用标准》（GB 7718—94），规定从1995年2月1日起实施。

(2)《食品标签通用标准》适用范围。该标准适用于国内市场销售的国产（包括出口转内销）和进口包装食品的标签。标签标准不适用于裸装食品、预包装新鲜水果和蔬菜、保健食品和营养口服液以及饭店、内部食堂及其他类似的群众就餐场所供应的包装食品。GB 10344—89《饮料酒标签标准》和 GB 13432—92《特殊营养食品标签通用标准》规定的基本内容也要与本标准相一致。

(3)《食品标签通用标准》的内容体系。①标准术语部分共 8 条，包括食品标签、预包装食品、容器、食品添加剂、配料、保质期（最佳食用期）、保存期（推荐的最终食用期）。②食品标签的基本原则。食品标签的所有内容，不得以错误的、引起误解的或欺骗性的方式描述或介绍食品；食品标签的所有内容，不得以直接或间接暗示性的语言、图形、符号导致消费者将食品或食品的某一性质与另一产品混淆；食品标签的所有内容必须符合国家法律和法规的规定并符合相应产品标准的规定；食品标签的所有内容，必须通俗易懂、准确、科学。③食品标签的标注内容包括三方面。第一，必须标注内容有：食品名称、配料表、净含量及固形物含量、制造者、经销者的名称、地址、生产日期、保质期或/保存期、储藏指南，质量（品质）等级、产品标准号、特殊标注内容（如转基因食品、辐照食品）。第二，允许免除标注内容有：包装容器最大表面积小于 $10cm^2$ 时，除香辛料和添加剂外，可免除配料表、生产日期、保质期或保存期、质量（品质）等级、产品标准号；产品标准（国家标准、行业标准）中已明确规定保质期或保存期在 18 个月以上的食品，可免除标注保质期或保存期；进口食品可以免除原制造者的名称、地址和产品标准号。第三，推荐标注内容有：批号、食用方法，热量和营养素。

(4) 基本要求。食品标签不得与包装容器分开；食品标签的一切内容，不得在流通环节中变得模糊甚至脱落，必须保证消费者购买和食用时醒目、易于辨认和识读；食品标签的一切内容，必须清晰、简要、醒目，文字、符号、图形应直观、易懂，背景和底色应采用对比色；食品名称必须在标签的醒目位置，食品名称和净含量应排在同一视野内；食品标签所用文字必须是规范的汉字，可以同时用汉语拼音，也可以同时使用少数民族文字或外文，但必须与汉字有严密的对应关系，外文不得大于相应的汉字；食品标签所用的计量单位必须以国家法定计量单位为准，如质量单位采用 g 或克、kg 或千克，体积单位采用 mL 或毫升、L 或升。

我国对特殊营养食品（婴幼儿食品、营养强化食品、调整营养素的食品）的标签另有专门的规定，请参看中华人民共和国国家标准 GB 13432—92 特殊营养食品标签。

（六）其他食品标准

食品工业基础及相关标准主要是对食品的名词术语、图形代号、产品的分类、通用标准、总的要求及食品厂卫生规范等做出的统一规定。食品包装材料及容器标准和食品添加剂标准中规定的内容与食品卫生标准和食品产品标准基本相仿。食品检验方法标准主要规定检测方法的过程和操作，使用的仪器及化学试剂等。

第二节　我国食品法律法规体系

一、食品卫生法律制度

（一）《中华人民共和国食品卫生法》的颁布及意义

1982 年 11 月 9 日第五届全国人民代表大会常务委员会第二十五次会议通过并颁布的《中华人民共和国食品卫生法（试行）》，标志着我国食品卫生工作由以往的卫生行政管理走上了法制管理的轨道。1995 年 10 月 30 日第八届全国人民代表大会常务委员会第十六次会议审议并通过《中华人民共和国食品卫生法》（以下简称《食品卫生法》），1995 年 10 月 30 日中华人民共和国主席令第五十九号公布，自 1995 年 10 月 30 日起施行。

《食品卫生法》是我国批准实施的第一部卫生法范畴的正式法律。它的颁布和实施标志着我国食品卫生管理工作正式纳入法制轨道，是我国社会主义卫生法制建设的重大发展。对于保障我国人民健康和饮食安全、促进我国食品产业迅速发展和水平提高、推动我国食品国际贸易不断扩大进而促进经济发展、提高我国食品安全保障法制化水平、提高整个中国食品安全水平，尤其是食品卫生水平具有重要意义。

（二）食品卫生法的内容体系

《食品卫生法》分为总则、食品的卫生、食品添加剂的卫生、食品容器、包装材料和食品用具、设备的卫生、食品卫生标准和管理办法的制定、食品卫生管理、法律责任和附则等内容，共 9 章 57 条，分别对《食品卫生法》的立法目的、适用范围、食品生产经营的要求、食品添加剂的要求、食品生产设备的要求、食品卫生管理做出了法律上的明确规定。

第一章，总则。共 5 条。主要规定了立法宗旨、适用范围和对象，即为保证食品卫生，防止食品污染和有害因素对人体的危害，保障人民身体健康，增强人民体质，制定本法；凡是在中华人民共和国领域内从事食品生产经营的，都必须遵守本法。本法适用于一切食品、食品添加剂、食品容器、包装材料和食品用工具、设备、洗涤剂、消毒剂；也适用于食品的生产经营场所、设施和有关环境。总则中还规定了国务院卫生行政部门主管全国食品卫生监督管理工作，国务院有关部门在各自的职责范围内负责食品卫生管理工作。

第二章，食品的卫生。共 5 条。主要规定了食品生产经营过程中的卫生要求和禁止生产经营的食品。同时还规定了食品应当无毒、无害、符合应当有的营养要求，具有相应的色、香、味等感官性状。专供婴幼儿的主、辅食品，必须符合国务院卫生行政部门制定的营养、卫生标准。食品不得加入药物，但是按照传统既是食品又是药物的作为原料、调料或者营养强化剂加入的除外。

第三章，食品添加剂的卫生。仅 1 条。规定了生产经营和使用食品添加剂，必须符合食品添加剂使用卫生标准和卫生管理办法。不符合卫生标准和卫生管理办法的食品添加剂，不得经营、使用。

第四章，食品容器、包装材料和食品加工用工具、设备的卫生。共 2 条。

第五章，食品卫生标准和管理办法的制定。共 3 条。主要规定了国家卫生标准、卫生管理办法和检验规程以及地方卫生标准的制定程序。

第六章，食品卫生管理。共 15 条。主要规定有：食品生产经营企业的新建、扩建、改建工程的选址和设计管理；利用新资源生产的食品、食品添加剂的新品种审批；食品标识的规定；具有特定保健功能食品的卫生管理；对食品生产者采购食品及其原料的规定是对食品生产经营人员的健康检查和食品生产企业、摊贩的卫生许可证的管理规定；对进出口食品、食品添加剂、食品容器、包装材料和食品用工具及设备的卫生管理。

第七章，食品卫生监督。共 7 条。主要规定了食品卫生监督部门的职责以及食品卫生监督员的任务。

第八章，法律责任。共 15 条。规定了生产者、销售者及卫生监督者因食品卫生的违法行为而应承担的行政责任、刑事责任。

第九章，附则，共 4 条。规定了食品卫生法的含义，出口食品的卫生管理办法由国家进出口商品检验部门会同国务院卫生行政部门和有关行政部门制定，军队专用食品和自供食品的卫生管理办法由中央军事委员会依据本法制定，以及本法的正式实施日期。

二、食品卫生监督管理

（一）概念

食品卫生监督是国家的法律制度，是国家意志和权利的反映，它具有强制力和法律性、权威性和普遍约束性。

食品卫生管理包括各级卫生行政部门的食品卫生监督管理，各级人民政府的食品生产经营管理部门的管理和食品生产经营者自身的管理。

食品卫生监督管理是指食品卫生执法主体对食品卫生管理相对人遵守食品卫生法律、法规、规章以及其他规范性文件和行政处理决定的情况所进行管理的行为。它是食品卫生执法行为整体过程的重要环节和形式之一，是实现食品卫生管理职能的重要手段之一。

（二）食品卫生监督管理的内容

1. 对食品生产经营者实施的监督管理

监督管理的内容包括：①食品卫生许可证（food hygiene license）的发放；

②食品生产经营人员的健康检查；③对食品生产经营人员进行食品卫生知识培训；④食品生产经营企业新建、改进、扩建工程和设计的卫生审查；⑤采购食品及原料索取检验合格证或者化验单；⑥食品包装标识监督；⑦城乡集市贸易的监督。

2. 对食品、食品添加剂及食品用产品的监督管理

监督管理的范围包括：①对普通食品的卫生监督；②对新资源食品的审批与监督；③对保健食品的审批与监督；④对转基因食品的监督管理；⑤对辐照食品的卫生监督；⑥对特殊营养食品的卫生监督；⑦对婴幼儿主辅食品的卫生监督；⑧对食品添加剂的审批与监督；⑨对食品用工具、设备的卫生监督；⑩对食品容器、包装材料的审批与监督。

3. 对禁止生产经营的食品进行监督管理

监督管理的范围包括：①已经证明有毒、有害并能危害人体健康的食品；②可能对人体健康造成危害的食品；③影响营养、卫生的食品；④为防病等特殊需要禁止出售的食品。

4. 对违反《食品卫生法》的行为追查责任，依法进行行政处罚

（三）食品生产经营过程必须符合的卫生要求

详见第五章。

（四）禁止生产经营的食品

禁止生产经营的食品包括如下内容。

① 腐败变质、油脂酸败、霉变、生虫、污秽不洁、混有异物或者其他感官性状异常，可能对人体健康有害的。

② 含有毒、有害物质或者被有毒、有害物质污染，可能对人体健康有害的。

③ 含有致病寄生虫、微生物的，或者微生物毒素含量超过国家限定标准的。

④ 未经兽医卫生检验或者检验不合格的肉类及其制品。

⑤ 病死、毒死或者死因不明的禽、畜、兽、水产动物等及其制品。

⑥ 容器包装污秽不洁、严重破损或者运输工具不洁造成污染的。

⑦ 掺假、掺杂、伪造，影响营养、卫生的。

⑧ 用非食品原料加工的，加入非食品用化学物质的或者将非食品当作食品的。

⑨ 超过保质期限的。

⑩ 为防病等特殊需要，国务院卫生行政部门或者省、自治区、直辖市人民政府专门规定禁止出售的。

⑪ 含有未经国务院卫生行政部门批准使用的添加剂的或者农药残留超过国家规定允许量的。

⑫ 其他不符合食品卫生标准和卫生要求的。

（五）法律责任内容

（1）行政处罚。见《食品卫生法》第八章第三十九至四十七条，罚款、没收违法所得、吊销卫生许可证等行政处罚。卫生行政部门或食品卫生监督人员违反本法规定的，不构成犯罪的，依法给予行政处分。

(2) 损害赔偿。违反本法规定，造成食物中毒事故或者其他食源性疾患的，或者因其他违反本法行为给他人造成损害的，应当依法承担民事赔偿责任。

(3) 刑事责任。违反本法规定，生产经营不符合卫生标准的食品，造成严重食物中毒事故或者其他严重食源性疾患，对人体健康造成严重危害的，或者在生产经营的食品中掺入有毒、有害的非食品原料的，依法追究刑事责任。以暴力、威胁方法阻碍食品卫生监督管理人员依法执行职务的，依法追究刑事责任；拒绝、阻碍食品卫生监督管理人员依法执行公务未使用暴力、威胁方法的，由公安机关依照治安管理处罚条例的规定处罚。

三、进出口食品卫生监督管理

依据《食品卫生法》、《进出口商品检验法》、《进出口动植物检疫法》和《出入境口岸食品卫生监督管理规定》等法律法规规定，为保证食品安全，防止食品污染和有害因素对人体的危害，保障人民身体健康，我国实行食品卫生监督制度，对进出口食品、动植物等都必须进行检疫检验。

(一) 进口食品卫生质量管理

1. 概述

进口食品的卫生问题关系到保障人民健康，维护国家主权的大事。自20世纪70年代中期，我国开始重视进口食品的卫生问题。相继颁布了《食品卫生管理条例》、《进口食品卫生管理办法》。1983年《中华人民共和国食品卫生法（试行）》的颁布实施，标志着我国的进口食品卫生监督检验工作真正走上法制管理轨道。

此后，卫生部颁发了一系列食品卫生管理办法、规章、标准，设立了国家进口食品卫生监督检验局，统一管理全国的进口食品卫生监督检验工作。1995年新的《食品卫生法》的颁布和2005年国家质检总局公布的《出入境口岸食品卫生监督管理规定》，都对进口食品卫生监督管理做出了更严格的规定。

2. 进口食品卫生管理的主要内容

目前，我国进口食品近20000种，分22类。我国食品卫生法规、条例及食品卫生管理办法中，对进口食品的卫生管理做出了明确规定，其主要内容如下。

① 进口的食品、食品添加剂、食品容器和食品包装材料（统称食品），必须符合我国的食品卫生标准和卫生管理办法的规定。

② 进口部门和单位订货时，必须按照我国规定的食品卫生标准和卫生要求签订合同。进口单位在申报检验时，应当提供输出国所使用的农药、添加剂、熏蒸剂等有关资料和检验报告。

③ 需要进口我国尚无卫生标准或卫生要求的食品时，进口部门须将输出国食

品卫生标准书面合同报经卫生部门同意后再签订合同。如无输出国标准，应由卫生部门和外贸部门提出标准后再签订合同。

④ 进口食品到达口岸前，由收货人或其代理人填写“报验单”，向口岸食品卫生检验所报验，海关凭食品卫生监督机构的证书放行。

⑤ 进口食品必须由各口岸食品卫生检验所采样检验，食品经营部门接到该批食品卫生检验合格的报告后，方可出售和供作食用。

⑥ 不符合我国食品卫生标准或卫生要求的进口食品，应由口岸食品卫生检验所对外出具“卫生检验证书”，连同处理意见通知收货人或其代理人。

对不符合食品卫生标准和卫生要求的食品，应根据其污染情况和危害程度，实行退货、销毁、改作他用，或经无害化处理后供食用。

⑦ 进口食品的标签内容须符合我国《食品标签通用标准》的有关规定，没有中文标识的应补充中文标签，达到《食品标签通用标准》后方可投入市场销售。

3. 进口食品卫生监督检验程序

进口食品到港后，由进口商或代理人向口岸检验检疫机构申报，并提供相关货运单据、商业单据、卫生学资料等。上述资料经审查合格后，为尽快疏港，监督人员将开具“卫生检验放行通知单”，货主凭此单报关、提货。货物通关后，应存放到口岸检验检疫机构认可的库房，监督人员将对货物进行现场卫生学调查和卫生监督，同时随机抽取部分样品。监督人员根据食品卫生标准和卫生要求，参照输出国（地区）食品卫生状况，货物在运输、储存中的状况及现场监督情况，确定检验项目，将样品送实验室检验，在此期间，货物应封存，不得使用或销售。如经检验合格，检验检疫机构将出具卫生合格证书，该批食品可以使用或销售；如经检验不合格，根据国家有关规定，该批货物将视不同情况，给予销毁、退货、改作他用或重加工后食用的处理。

（二）出口食品卫生质量管理

出口食品在我国对外贸易中占有重要地位。我国出口食品主要有粮谷、肉类、罐头、水产品、酒类、蜂蜜、水果、蔬菜、干果、干菜等，其中不少是我国独特产品，在国际市场上享有很高的声誉。由于世界各国对食品污染日益重视，许多国家都制定了各种食品卫生法令、条例，加强了对进口食品的检验和管理，对我国的出口食品提出了严格的卫生质量要求。

我国对出口食品卫生管理的主要内容如下。

① 生产出口食品的厂（库）应在国家商品检验机构注册，获得注册证书和批准编号后方可生产。

② 出口食品应由国家进出口商品检验部门进行监督、检验。出口食品应符合进口国的合同规定并进行检验。

③ 商品检验部门应加强对出口食品厂（库）的卫生监督和对出口食品品质、

卫生质量的检验工作。

(三) 出口转内销食品的卫生质量管理

由于出口食品应符合进口国的卫生标准，其中某些卫生要求与内销食品可能不同。因此，出口食品因某种原因不能出口而转为内销时，应根据具体情况进行处理。出口食品转内销的一般要求如下。

① 由提出出口转内销的主管部门将食品名称、数量、生产单、生产日期、批号及处理原因以书面报告的形式报告当地卫生部门。卫生部门按规定的卫生要求进行鉴定，并出具检验报告或提出鉴定意见。

② 经销出口转内销食品的主管部门，必须持有卫生部门的检验报告或鉴定意见。

③ 经检验认为不符合卫生要求的，不得出售，也不得在企业内部食堂或职工中推销。

④ 出口转内销食品应根据《食品标签通用标准》的有关规定，做好标签的再补充工作。如标签的全部或部分内容没打中文标识，不符合《食品标签通用标准》的规定，则不得投放市场销售。

⑤ 因出口特殊要求而使用不符合国家规定的食品添加剂生产的食品转内销时，应当由当地卫生、外贸、轻工、商业部门共同研究处理。

四、保健食品卫生监督管理

20 世纪 80 年代末以来，我国保健食品迅速发展。为了加强保健食品的监督管理，保证保健食品质量，卫生部于 1996 年 6 月 1 日发布了《保健食品管理办法》，使我国保健食品管理纳入法制化轨道。

1. 保健食品的审批制度

凡声称具有保健功能的食品必须经卫生部审查批准。国务院卫生行政部门（以下简称卫生部）对保健食品、保健食品说明书实行审批制度。经卫生部审查批准的保健食品，将发给《保健食品批准证书》，并准许使用卫生部制定的“保健食品特有标志”。保健食品必须符合下列要求。

① 经必要的动物和/或人群功能试验，证明其具有明确、稳定的保健作用。

② 各种原料及其产品必须符合食品卫生要求，对人体不产生任何急性、亚急性或慢性危害。

③ 配方的组成及用量必须具有科学依据，具有明确的功效成分。如在现有技术条件下不能明确功效成分，应确定与保健功能有关的主要原料名称。

④ 标签、说明书及广告不得宣传疗效作用。

2. 申请《保健食品批准证书》时必须提交的资料

必须提交的资料包括如下内容。

① 保健食品申请表。

② 保健食品的配方、生产工艺及质量标准。

③ 毒理学安全性评价报告。

④ 保健功能评价报告。

⑤ 保健食品的功能有效成分名单及其定性和/或定量检验方法/稳定性试验报告。因在现有技术条件下，不能明确功效成分的，则须提交食品中与保健功能相关的主要原料名单。

⑥ 产品的样品及其卫生学检验报告。

⑦ 标签及说明书（送审样）。

⑧ 国内外有关资料。

⑨ 根据有关规定或产品特性应提交的其他材料。

3. 保健食品生产审查制度

为了确保保健食品质量和应当具有的保健功能，各级卫生行政部门必须对保健食品生产加工过程进行审查。审查重点如下。

① 有效食品生产经营卫生许可证。

②《保健食品批准证书》正本或副本。

③ 生产企业制订的保健食品企业标准、生产企业卫生规范及制订说明。

④ 生产条件、生产技术人员、质量保证体系的情况介绍。

⑤ 加工过程中是否有功效成分损失、破坏、转化和产生有害的中间体。

4. 保健食品标签、说明书及广告宣传管理

保健食品的名称应当准确、科学，不得使用人名、地名、代号及夸大或容易误解的名称，不得使用产品中主要功效成分的名称。标签、说明书和广告内容必须真实，符合国家有关标准和要求，并标明下列内容。

① 保健作用和适宜人群。

② 食用方法和适宜的食用量。

③ 储藏方法。

④ 功效成分的名称及含量。不能明确功效成分的，则须标明与保健功能有关的原料名称。

⑤ 保健食品批准文号。

⑥ 保健食品标志。

⑦ 有关标准或要求所规定的其他标签内容。

5. 保健食品的卫生监督管理

根据《食品卫生法》以及卫生部有关规章和标准，各级卫生行政部门应加强对保健食品的监督、监测及管理。卫生部对已经批准生产的保健食品可以组织监督抽查，并向社会公布抽查结果。根据具体情况实行重新审查制度。保健食品生产经营者的一般卫生监督管理按照《食品卫生法》及有关规定执行。

五、农产品质量安全法

人们每天消费的食物，有相当大的部分是直接来源于农业的初级产品，即《中华人民共和国农产品质量安全法》（以下简称《农产品质量安全法》）所称的农产品。农产品的质量安全状况如何，直接关系着人民群众的身体健康乃至生命安全。农产品质量安全问题被称之为社会四大问题之一。为了从源头上保障农产品质量安全，维护公众的身体健康，促进农业和农村经济的发展，有必要制定专门的农产品质量安全法。在中央的高度重视和各方面的共同努力下，《农产品质量安全法》在很短的时间内得以顺利进行。

1.《农产品质量安全法》的颁布及意义

《中华人民共和国农产品质量安全法》于 2005 年 10 月 22 日由国务院审议通过并提请全国人大审议，半年内，全国人大常委会经过三次审议，于 2006 年 4 月 29 日全国人民代表大会常务委员会第二十一次会议通过，胡锦涛主席于同日以第四十九号主席令颁布，自 2006 年 11 月 1 日起施行。

《农产品质量安全法》的正式出台，是关系“三农”乃至整个经济社会长远发展的一件大事，具有十分重大而深远的影响和划时代的意义。它对保障公众农产品消费安全，维护最广大人们群众的根本利益，推进农业标准化，提高农产品质量安全水平，全面提升我国农产品竞争力，应对农业对外开放和参与国际竞争具有重大意义。

2.《农产品质量安全法》的主要内容

《农产品质量安全法》调整的范围包括三个方面的内涵。一是关于调整的产品范围问题，本法所指农产品是指来源于农业的初级产品，即在农业活动中获得的植物、动物、微生物及其产品；二是关于调整的行为主体问题，既包括农产品的生产者和销售者，也包括农产品质量安全管理者和相应的检测技术机构和人员等；三是关于调整的管理环节问题，既包括产地环境、农业投入品的科学合理使用、农产品生产和产后处理的标准化管理，也包括农产品的包装、标识、标志和市场准入管理。可以说，《农产品质量安全法》对涉及农产品质量安全的方方面面都进行了相应的规范，调整的对象全面、具体，符合中国的国情和农情。

《农产品质量安全法》共分八章五十六条。主要内容包括：总则、农产品质量安全标准、农产品产地、农产品生产、农产品包装和标识、监督检查、法律责任和附则。

第一章，总则。共 10 条。主要规定了制定《农产品质量安全法》的目的、农产品的定义。即制定本法的目的是为保障农产品质量安全，维护公众健康，促进农业和农村经济发展。农产品是来源于农业的初级产品，即在农业活动中获得的植物、动物、微生物及其制品。本法所称农产品质量安全，是指农产品质量符合保障人的健康、安全的要求。同时对农产品质量安全的内涵，法律的实施主题，经费投入，农产品质量安全风险评估、风险管理和风险交流，农产品质量安全信息发布，安全优质农产品生产，公众质量安全教育等方面做了规定。

第二章，农产品质量安全标准。共 4 条。对农产品质量安全标准体系的建立，农产品质量安全标准的性质，农产品质量安全标准的制定、发布实施的程序和要求等进行了规定。

第三章，农产品产地。共 5 条。对农产品禁止生产区域的确定，农产品标准化生产基地的建设，农业投入品的合理使用等方面做出了规定。

第四章，农产品生产。共 8 条。对农产品生产技术规范的制定，农业投入品的生产许可与监督抽查、农产品质量安全技术培训与推广、农产品生产档案记录、农产品生产者自检、农产品行业协会自律等方面进行了规定。

第五章，农产品包装和标识。共 5 条。对农产品分类包装、包装标识、包装材质、转基因标识、动植物检疫标识、无公害农产品标志和优质农产品质量标识做出了规定。

第六章，监督检查。共 10 条。对农产品质量安全市场准入条件、监测和监督检查制度、检验机构资质、社会监督、现场检查、事故报告、责任追溯、进口农产品质量安全要求等进行了明确规定。

第七章，法律责任。共 12 条。对各种违反《农产品质量安全法》所承担的法律责任做出了明确的规定，根据违法情节的轻重分别给予行政处分、罚款、撤销其检测资格、赔偿等，直至依法追究刑事责任。

第八章，附则。共 2 条。规定生猪屠宰的管理按照国家有关规定执行。本法自 2006 年 11 月 1 日起执行。

六、与食品相关的法律制度

1. 专利法

专利法是一部促进科学技术进步和经济发展的重要法律。世界上第一部专利法是 1474 年威尼斯共和国制定的《专利法》，也有少数学者认为是 1624 年英国制定的《垄断法》，到目前为止已有 170 多个国家和地区制定了专利法，以保护本国的发明创造，促进经济发展。我国于 1984 年 3 月 12 日第六届全国人民代表大会常务委员会第 4 次会议通过《中华人民共和国专利法》（以下简称《专利法》），1985 年 4 月 11 日实施。1985 年 1 月经国务院批准，中国专利局发布了《专利法实施细则》。1992 年 9 月 4 日第七届全国人民代表大会常务委员会第二十七次会议进行了第一次修订，2000 年 8 月 25 日第九届全国人民代表大会常务委员会第十七次会议第二次修正。2001 年 6 月 15 日经国务院令，新的《专利法实施条例》自 2001 年 7 月 1 日起实施。

《专利法》共分为8章，69条。

第一章，总则。共21条。制定专利法的目的意义、基本概念、申请专利的基本原则和相关事宜。

第二章，授予专利权的条件。共4条。授予专利权的发明和实用新型应具备新颖性、创造性和实用性。授予专利权的外观设计，应当同申请日以前在国内外出版物上公开发表过或者国内公开使用过的外观设计不相同和不相近似，并不得与他人在先取得的合法权利相冲突。申请专利的发明创造在申请日以前六个月内在中国政府主办或者承认的国际展览会上首次展出的、在规定的学术会议或者技术会议上首次发表的或他人未经申请人同意而泄露其内容的，不丧失新颖性。对下列情况不授予专利：①科学发现；②智力活动的规则和方法；③疾病的诊断和治疗方法；④食品、饮料和调味品；⑤药品和用化学方法获得的物质；⑥动物和植物品种；⑦用原子核变换方法获得的物质。

对于④～⑥所列产品的生产方法，可以依照本法规定授予专利权。

第三章，专利的申请。共8条。申请者应向专利管理部门提交申请书、说明书及其他相关文件。

第四章，专利申请的审查和批准。共8条。专利局收到申请后，经初审，合格者予以公布，然后进行实质审查，经审定合格者予以公告，并授予发明专利，发给发明专利证书，予以登记和公告。

第五章，专利权的期限、终止和无效。共6条。发明专利期限为15年，实用新型和外观设计为5年。

第六章，专利实施的强制许可。共8条。

第七章，专利权的保护。共12条。侵犯专利人权利，应依法追究其责任。

第八章，附则。共2条。申请专利应当按照规定缴纳费用。

2. 商标法

1982年8月23日第五届全国人民代表大会常务委员会第二十四次会议通过《中华人民共和国商标法》(以下简称《商标法》)，1993年2月22日第七届全国人民代表大会常务委员会第30次会议第一次修正，2001年10月27日第九届全国人民代表大会常务委员会第24次会议进行第二次修正，自2001年12月1日起施行。为了实施《商标法》，国务院根据该法规定曾经制定并多次发布了有关实施细则或者条例。最新的实施条例是国务院于2002年8月3日发布，同年9月15日开始施行。

《商标法》共8章，64条。

第一章，总则。共18条。国务院工商行政管理部门商标局主管全国商标注册和管理工作。所有取得商标专用权的商品都应申请注册。商标使用的文字、图形应有显著特征，禁止使用法律所规定不能使用的名称、图形、文字等。

第二章，商标注册的申请。共8条。申请注册应按类别、使用方法填写名称，或分别注册，需变更时应提交申请。

第三章，商标注册的审查和核准。共10条。凡申请注册的商标，经初次审定，予以公告。3个月内，任何人均可提出异议，无异议或异议不成立的予以核准注册，发给商标注册证并予以公告。商标评审委员会负责处理商标异议事宜。

第四章，注册商标的续展、转让和使用许可。共4条。商标注册期为10年，期满可续展。商标经双方同意，可转让或许可使用。

第五章，注册商标争议的裁定。共3条。

第六章，商标使用的管理。共7条。商标使用不规范或产品质量不过关，商标局可责令限期改正或撤销其注册商标。当事人可依法复议或申诉。

第七章，注册商标专用权的保护。共12条。严厉禁止侵犯注册商标专用权，依违法情节和后果，处以相应处罚。

第八章，附则。共2条。申请注册商标应当缴纳费用。

3. 标准化法

《中华人民共和国标准化法》（以下简称《标准化法》），1998年12月29日第七届全国人民代表大会常务委员会第五次会议通过，1989年4月1日起施行。

《标准化法》的颁布，对发展社会主义商品经济，促进技术进步，改进产品质量，提高社会经济效益，维护国家、集体和个人的利益，对标准化工作适应社会主义现代化建设和发展对外经济关系，有十分重要的意义。

《标准化法》共5章，26条。

第一章，总则。共5条。主要规定了制定《标准化法》的目的，制定标准的范围，标准化工作的任务和标准化工作的管理体制，同时还明确规定了积极采用国际标准的方针和标准化工作应当纳入国民经济和社会发展计划的要求。

第二章，标准的制定。共8条。规定了我国的标准体制、标准的性质以及制定标准的原则等内容。

第三章，标准的实施。共6条。主要规定了标准实施的方式与标准实施的监督检查机构等内容。企业产品应向标准化主管部门申请产品质量认证。合格者授予认证证书，准许使用认证标志，各级标准化主管部门应加强对标准实施的监督检查。

第四章，法律责任。共5条。规定了对主要违法行为的处罚，处罚的决定机关以及对处罚不服的起诉程序，同时也规定了对执法人员违法失职的处罚。

第五章，附则。共2条。

4. 计量法

《中华人民共和国计量法》（以下简称《计量法》）于1985年9月6日第六届全国人民代表大会常务委员会第12次会议通过，1986年7月1日施行。1987年1月19日经国务院批准，1987年2月1日国家计量局发布了《中华人民共和国计量法实施细则》。

《计量法》共6章，35条。

第一章，总则。共4条。中华人民共和国境内，建立计量基准和标准器具，进行计量检定，制造、修理、销售、使用计量器具。国家法定计量单位包括国际单位制单位和国家选定的其他计量单位。县级以上各级政府部门对其行政区域内的计量工作负责。

第二章，计量基准器具、计量标准器具和计量检定。共6条。计量基准器具为全国统一量值的最高依据。

第三章，计量器具管理。共7条。对计量器具管理，实行制造（或修理）计量器具许可证制度。

第四章，计量监督。共4条。县级以上人民政府计量行政部门根据需要可设计量监督员和计量检定机构。

第五章，法律责任。共10条。未取得许可证或制造、销售、修理计量器具不合格等法律所规定的不法行为都应追究其法律责任，并予以相应处罚，当事人不服的可向人民法院起诉。

第六章，附则。共3条。

第三节　国际食品质量标准与法规

一、国际食品法典委员会（CAC）法典

（一）概述

食品法典委员会（CAC）是联合国粮农组织（FAO）和世界卫生组织（WHO）于1961年建立的政府间协调食品标准的国际组织。联合国粮食与农业组织大会和联合国世界卫生大会制定了该委员会的章程和议事规则。目前，CAC已成为世界上最重要的食品标准制定组织。

《食品法典》是CAC为解决国际食品贸易争端和保护消费者健康而制定的一套食品安全和质量的国际标准、食品加工规范和准则。

《食品法典》汇集了食品法典委员会已经批准的国际食品标准，涉及所有主要食品，不论是加工、半加工或是原材料。食品进一步加工过程中使用的材料也适当地被包括在食品法典中，旨在实现该法典保护消费者健康与促进公平食品贸易行为的根本目标。《食品法典》已经成为全球消费者、食品生产者和加工者、各国食品管理机构和国际食品贸易的全球参照标准。

（二）CAC食品法典的构成

截止到1999年，CAC发布的法典标准共有：食品产品标准237个；卫生或技术规范41个；评价的农药有185个；农药残留限量2374个；污染物准则25个；

评价的食品添加剂 1005 个；评价的兽药 54 个。目前，CAC 食品法典共由 13 卷构成，见表 3-2。

表 3-2 CAC 食品法典

VOLUME 1A	Codex Standards for General Requirements
卷 1A	通用要求法典标准
VOLUME 1B	Codex Standards for General Requirements(Food Hygiene)
卷 1B	通用要求(食品卫生)法典标准
VOLUME 2A	Codex Standards for Pesticides Residues in Food
卷 2A	食品中农药残留法典标准
VOLUME 3	Codex Standards for Veterinary Drugs Residues in Food and Maximum Residue Limits
卷 3	食品中兽药残留-最大残留限量发法典标准
VOLUME 4	Codex Standards for Food for Special Dietary Uses(Including Foods for Infants and Children)
卷 4	特殊饮食用途的食品法典标准
VOLUME 5A	Codex Standards for Processed and Quick Frozen Fruits and Vegetables
卷 5A	速冻水果和蔬菜的加工处理法典标准
VOLUME 5B	Codex Standards for Tropical Fresh Fruits and Vegetables
卷 5B	热带新鲜水果和蔬菜法典标准
VOLUME 6	Codex Standards for Fruit Juices and Related Products
卷 6	水果汁和相关制品法典标准
VOLUME 7	Codex Standards for Cereals,Pulses,Legumes and Derived Products, Vegetable Proteins
卷 7	谷类、豆类、豆荚和相关产品法典标准
VOLUME 8	Codex Standards for Fats,Oils and Related Products
卷 8	食用油、脂肪及相关产品法典标准
VOLUME 9	Codex Standards for Frish and Fishery Products
卷 9	鱼及水产品法典标准
VOLUME 10	Codex Standards for Meat and Meat Products
卷 10	肉及肉制品法典标准
VOLUME 11	Codex Standards for Sugars,Cocoa Products and Chocolate and Miscellaneous
卷 11	糖、可可制品和巧克力及其他产品法典标准
VOLUME 12	Codex Standards for Milk and Milk Products
卷 12	乳及乳制品法典标准
VOLUME 13	Codex Standards for Methods of Analysis and Sampling
卷 13	分析方法及取样法典标准

注：引自 陈宗道等主编. 食品质量管理。

各卷总的包括了一般准则、一般标准、定义、法（规）典、货物标准、分析方法和推荐性技术标准等内容。每卷所列内容都按一定顺序排列，以便于参考使用。各卷标准均用英文、法文和西班牙文出版，各个标准均可在网上阅览。

食品法典一般准则提倡成员国最大限度地采纳法典标准。同时，在一般准则中对采纳的方式也有明确的规定，即“全部采纳”、“部分采纳”、“自由销售”3 种形式。CAC 声明，法典中的每一项标准本身对其成员政府并不具有自发的法律约束力，只有在成员政府正式声明采纳之后才具有法律约束力。为此，CAC 规定，成员政府要随时向 CAC 总部通报其对 CAC 法典中每一项标准的采纳情况。实际上，自 WHO 成立之后，CAC 的标准已成为促进国际贸易和解决贸易争端的依据，同时也成为 WTO 成员国保护自身贸易利益的合法武器。

在食品领域，一个国家只要采用了 CAC 的标准，就被认为是与《卫生与动植物检疫措施协定》(SPS) 和《技术性贸易壁垒协议》(TBT) 协定的要求一致。如果一个国家的标准低于 CAC 标准，在理论上则意味着该国将成为低于国际标准的食品的倾销市场。在这种情况下，为了保护本国消费者的健康，维护本国利益，采用 CAC 的标准在技术和经济上成了一种比较明智的选择。因此，积极参与 CAC 的工作，其重要性已不言而喻。

（三）食品标准的制定、修订与采纳

1. CAC 标准的制定程序

CAC 标准的制定程序一般分以下 8 个步骤。①CAC 或其附属机构经标准决定制定标准；②秘书处安排推荐标准草案的准备；③推荐标准草案送交各成员国及有关国际组织评审；④评审意见交附属机构或其他有关机构研究、修改推荐标准草案；⑤推荐标准草案经秘书处交 CAC 采纳为标准草案；⑥秘书处将标准草案送交成员国和有关国际组织评审；⑦评审意见交附属机构和其他有关机构研究，修改标准草案；⑧秘书处将标准草案及有关成员国书面建议交 CAC 正式采纳为法规标准。

2. CAC 对食品标准的修订

委员会及其下属机构负责法典标准及相关内容的修订，以确保其与科学技术同步发展的需要。在具有充分的科学依据和相关信息的前提下，委员会的每位成员有责任向委员会提议对现有法典标准或相关内容进行修订，修订程序与食品法典标准制定程序相同。

3. 各国对 CAC 标准的采纳

CAC 标准供各国政府采纳的形式有以下 3 种。

第一，完全采纳。有关国家保证产品符合法规标准所定的所有要求。符合标准的产品不能因本国法律和管理问题阻碍其流通。不符合标准的产品不允许以标准规定的名称和内容在本国流通。

第二，目标采纳。有关国家计划在几年后采纳标准，同时将允许符合标准的产

品在本国流通。

第三，参照采纳。有关国家虽然采纳标准，但修改或不同意某些特殊的规定。

二、国际标准化组织（ISO）

（一）国际标准化组织简介

国际标准化组织（International Organization for Standardization，ISO）是一个全球性的非政府组织，是世界上最大的国际标准化机构。1947 年 2 月 23 日，国际标准化组织正式成立，总部设在瑞士的日内瓦。根据 ISO 章程规定每个国家只能有一个团体被接纳为成员，ISO 现有 148 个成员国；目前和 ISO 建立联系的有 400 多个国际组织，其中包括所有有关的联合国专门机构。ISO 的工作语言为英语、法语和俄语。其宗旨是在全世界促进标准化及有关活动的发展，以便于国际物资交流和相互服务，并扩大知识、科学、技术和经济领域中的合作。

制定国际标准的工作通常由 ISO 的技术委员会完成，各成员团体若对某技术委员会已确定的标准项目感兴趣，均有权参加该委员会的工作。技术委员会正式通过的国际标准草案提交给各成员团体表决，国际标准需取得至少 75%参加表决的成员团体同意才能正式通过。

国际标准化组织制定国际标准的工作步骤和顺序一般可分为七个阶段：①提出项目；②形成建议草案；③转国际标准草案处登记；④ISO 成员团体投票通过；⑤提交 ISO 理事会批准；⑥形成国际标准；⑦公布出版。

ISO 主要出版物有：《ISO 国际标准》、《ISO 技术报告》、《ISO 标准目录》、《ISO 通报》、《ISO 年刊》、《ISO 联络机构》、《国际标准关键词索引》。

（二）采用国际标准和国外先进标准

1. 基本概念

(1) 国际标准。是指国际标准化组织（ISO）、国际电工委员会（IEO）和国际电信联盟（ITU）制定的标准，以及国际标准化组织确认并公布的其他国际组织制定的标准。国际标准在世界范围内统一使用。

(2) 国外先进标准。是指未经 ISO 确认并公布的其他国际组织的标准、发达国家的国家标准、区域性组织的标准、国际上有权威的团体标准和企业（公司）标准中的先进标准。

2. 采用国际标准的原则

ISO/IEC 技术工作指南 21 号《在国家标准中采用国际标准》中规定：国家标准的制定是以国际标准为依据，或认可国际标准享有与国家标准同等的地位，这是采用国际标准。在生产、贸易等方面应用国际标准，不论是否有等效的国家标准，这是实际应用国际标准。

我国《采用国际标准和国外先进标准管理办法》中规定：采用国际标准和国外先进标准，简称采标，是指将国际标准和国外先进标准的内容，通过分析研究，不同程度地转化为我国标准（包括国家标准、行业标准、地方标准和企业标准）并贯彻实施。我国采用国际标准的原则如下。

① 采用国际标准应符合我国有关法律、法规，遵循国际惯例，做到技术先进、经济合理、安全可靠。

② 制定（包括修订）我国标准应当以相应国际标准（包括即将制定完成的国际标准）为基础。对于国际标准中通用的基础性标准、试验方法标准应当优先采用。

③ 采用国际标准时，应当尽可能等同采用国际标准。由于基本气候、地理因素或者基本的技术问题等原因对国际标准进行修改时，应当将与国际标准的差异控制在合理的、必要的并且是最小的范围之内。

④ 我国的一个标准应当尽可能采用一个国际标准。当我国一个标准必须采用几个国际标准时，应说明该标准与所采用的国际标准的对应关系。

⑤ 采用国际标准制定我国标准，应当尽可能与相应国际标准的制定同步。

⑥ 采用国际标准，应当同我国的技术引进、企业的技术改造、新产品开发、老产品改进相结合。

⑦ 采用国际标准的我国标准的制定、审批、编号、发布、出版、组织实施和监督，同我国其他标准一样，按我国有关法律、法规和规章规定执行。

⑧ 企业为了提高产品质量和技术水平，提高产品在国际市场上的竞争力，对于贸易需要的产品标准，如果没有相应的国际标准或者国际标准不适用时，可以采用国外先进标准。

3. 采用国际标准的程度

（1）采用国际标准的程度。我国对采用国际标准程度的划分与 ISO/IEC 的规定相同，分为等同采用、等效采用和非等效采用。

等同采用，指技术内容相同，没有或仅有编辑性修改，编写方法完全相对应。

等效采用，指主要技术内容相同，技术上只有很小差异，编写方法不完全相对应。

非等效采用，指技术内容有重大差异。差异情况分以下 3 种。内容少：即国家标准对国际标准的内容进行了选择或要求降低等。内容多：即国家标准增加了新内容或要求高。内容交错：即部分内容完全等同或技术上等效，但国家标准与国际标准各自包含了对方没有的条款或内容。

在进行国际贸易中，等同采用不会造成贸易障碍，等效采用在一般情况下也不会造成贸易的障碍。但若进行交易的双方都采用此种等效程度，则叠加起来就有可能造成两国贸易中的不可接受性。因此，按此种等效程度采标时，需十分注意。而按不等效采用方式进行贸易时，有造成贸易障碍的可能性。需要说明的是采用程度仅表示国家标准与国际标准之间的异同情况，并不表示技术水平的高低。

(2) 采用程度的表示方法。采用国际标准程度有3种表示方法。

① 用文字叙述。一般用在标准的引言中，任何采用程度均可用此方法。

② 双重编号法。只适用于等同采用，即在标准的封面和首页上同时标出国家标准的编号和采用的国际标准的编号。

③ 字母代号表示法。如表3-3所示。

表3-3 采用程度的字母代号表示法

采用程度	字母代号	图示符号
等同采用	idt 或 IDT	≡
等效采用	equ 或 EQU	=
非等效采用	neq 或 NEQ	≠

(三) ISO系统的食品标准

目前国际食品标准分属两大系统：ISO系统的食品标准和FAO/WHO CAC标准。ISO是专门从事国际标准化活动的国际组织。下设许多专门领域的技术委员会(TC)，其中TC34为农产食品技术委员会，技术委员会根据各自专业领域的工作量又分别成立一些分委员会(SC)和工作组(WG)。TC34主要制定农产食品各领域的产品分析方法标准，该方法标准被CAC直接采用。近年来ISO开始关注水果、蔬菜、粮食等大宗农产品储藏、冷藏、规格(等级)标准的制定，小麦、苹果等重要产品的等级标准已发布。我国承担了绿茶规格、八角规格标准的制定任务。ISO对采用其标准的行为有一定的规定(ISO指南21号)，但ISO并未要求其成员国通报对ISO标准的采用情况。这一点不如CAC做得完善。

ISO系统的食品标准：它主要由ISO/TC34农产品、食品类包括14个分支标准委员会及四个相关的技术委员会(TC)加上若干ISO指南组成。与食品技术相关的标准绝大部分是由ISO/TC34制定，少数标准是由ISO/TC93淀粉(包括衍生物和副产品)、TC47化学技术委员会制定的。尽管ISO历史悠久，机构庞大，农产品、食品TC34仅仅是其中之一，但比不上专业化的CAC。

TC34农产食品技术委员会下设的14个分支标准委员会如下。

TC34/SC2 油料种子和果实。

TC34/SC3 水果和蔬菜制品。

TC34/SC4 谷物和豆类。

TC34/SC5 乳和乳制品。

TC34/SC6 肉和肉制品。

TC34/SC7 香料和调味品。

TC34/SC8 茶。

TC34/SC9 微生物。

TC34/SC10 动物饲料。

TC34/SC11 动物和植物油脂。

TC34/SC12 感官分析。

TC34/SC13 脱水和干制水果及蔬菜。

TC34/SC14 新鲜水果和蔬菜。

TC34/SC15 咖啡。

（四）国际标准分类法

国际标准分类法（International Classification for Standards，ICS）是由国际标准化组织编制的。它主要用于国际标准、区域性标准和国家标准以及其他标准文献的分类。

国际标准分类法采用三级分类：第一级由 41 个大类组成，第二级为 387 个二级类目，第三级为 789 个类目（小类）。国际标准分类法采用数字编号，第一级采用两位阿拉伯数字，第二级采用三位阿拉伯数字，第三级采用两位阿拉伯数字表示，各级类目之间以下脚点相隔。如：

67 食品技术

67.020 食品工业加工过程

67.040 食品综合

67.050 食品试验和分析通用方法

67.060 谷类、豆类及其衍生物

67.080 水果、蔬菜，包括罐装、干制和速冻的水果和蔬菜

67.080.01 水果、蔬菜和衍生物综合

67.080.10 水果及其衍生制品（包括坚果）

67.080.20 蔬菜及其衍生制品

三、欧盟食品标准与法规

欧盟食品标准法规体系包括：技术法规、农药残留标准、有机农业条例、食品包装、储运与标识、农产品进口标准、有机食品进口规定等。食品质量标准制定、发布后，由欧盟食品安全管理机构负责组织实施，从德国、法国、意大利等欧盟主要成员国的情况来看，各国政府参照欧盟的食品标准，由农林食品部发布指令执行，有的标准还要各州（德国）、大区（法国）、省（意大利）发布规定，参照执行。重要动植物疫病的检测由国家的海关、港口以及检测部门负责，一般的质量法律法规由地方部门负责，而加工产品质量的行业标准一般由企业和进口部门负责。

1. 欧盟《通用食品法》

2002 年 1 月 28 日制定的欧洲议会和理事会第 178/2002 法规（欧共体）通常称为《通用食品法》，2002 年 2 月 21 日，欧盟《通用食品法》生效启用，这是欧盟历史上首次采用的通用食品法。《通用食品法》包含三个部分。第一部分确定了食品立法的一般原则和要求，第二部分规定了建立欧洲食品安全局，最后一部分规定了食品安全方面的程序。

2. 欧盟最新实施的三部有关食品卫生的新法规

欧盟从2006年1月1日起实施三部有关食品卫生的新法规，即有关食品卫生的法规（EC）852/2004；规定动物源性食品特殊卫生规则的法规（EC）853/2004；规定人类消费用动物源性食品官方控制组织的特殊规则的法规（EC）854/2004。欧盟上述新法规的实施将有可能对食品出口企业造成较大影响。

与欧盟现行的有关食品安全法规相比，这些新出台的食品安全法规有几个值得关注的地方：强化了食品安全的检查手段；大大提高了食品市场准入的要求；增加了对食品经营者的食品安全问责制；欧盟将更加注意食品生产过程的安全，不仅要求进入欧盟市场的食品本身符合新的食品安全标准，而且从食品生产的初始阶段就必须符合食品生产安全标准，特别是动物源性食品，不仅要求最终产品要符合标准，在整个生产过程中的每一个环节也要符合标准。

四、美国食品标准与法规

美国政府对食品质量安全管理工作高度重视，总统亲自抓食品质量安全。1997年，总统拨巨款启动一项食品安全计划，1998年成立总统食品安全委员会，并把兽药残留列入判定食品质量安全性的关键指标之一。

美国涉及食品（农产品）安全管理的部门主要有农业部（USDA）、食品和药品管理局（FDA）和国家环境保护署（EPA）。农业部负责农产品质量安全标准的制定、检测与认证体系的建设和管理。FDA主要负责除畜、禽肉、蛋制品（不包括鲜蛋）外所有食品的监督管理。在美国，所有的食品添加剂和农药残留最高限量必须符合食品和药品管理局的规定，农药（杀虫剂）残留最高限量必须符合国家环境保护署的规定，否则这些食品被视为非法进入市场。

美国食品安全的主要法规包括：联邦食品、药物、化妆品法（FFDCA），联邦肉类检测法（FMIA），禽类产品检测法（PPIA），蛋类产品检测法（EPIA），食品质量保护法（FQPA）和公众健康保护法。

美国有关食品和农产品的标准化工作是依据有关的法律进行的。在农业部内，联邦谷物检验局（FGIS）负责《谷物标准化法》的落实，具体组织制定、修订和维护小麦、玉米、大豆等12种谷物和油料产品的规格标准，并负责检验出证。联邦农业服务局负责实施《农业营销法》，制定、修订和维护水果、蔬菜、畜禽产品等标准。这些标准和检验对国内是自愿的，但在发生纠纷时是强制性的。对出口来说无例外地强制执行。

美国食品和药品管理局（FDA）负责《食品药物化妆品法》的实施，组织制定了大量的食品标准。美国的食品标准包括3方面的内容。

（1）食品的特征性规定。它规定了食品的定义，主要的食物成分和其他可作为食物成分的原料及用量。特征性规定的主要意义在于防止掺假（比如过高的水分）

和特征辨别。美国食品和药品管理局（FDA）已制定了400余种食品的特征性规定，包括乳制品、谷类制品、海产品、巧克力以及水果蔬菜等。

(2) 质量规定。它规定了食品的安全、营养的技术要求。在美国有两种食品安全要求，第一种是以食品卫生管理的形式规定的安全要求；第二种规定了各种食品的安全与营养指标。

(3) 装量规定。这是对定型包装食品的装量规格所作的规定，其目的是为了保护消费者的经济权益。

美国在很大程度上采用了联合国食品法典委员会的标准，标准的制定也十分民主化，任何企业、团体或部门都可向FDA提出承担制（修）订食品标准的请求。在对食品安全进行管理时，FDA采用两级管理方式，即对于大多数食品和食物成分来说，采用良好生产工艺（GMP）规范，制定出一般的食品卫生和操作的标准。在实际过程中，GMP可以确保食品的卫生安全。而对于一些高风险性食品，如低酸罐装食品、酸性食品以及鱼和海产品等，FDA对其制定有严格的标准。

五、其他国家食品标准与法规

1. 德国的食品标准与法规

德国是一个食品立法很早的国家，早在1879年，德国就制定了《食品法》，距今已有120多年的历史。为了保证食品安全，德国人对食品生产和流通的每一个环节都进行严格的检查和监督，对市场上食品的检查由卫生局委托警察局负责实施。德国通常是执行欧盟和本国的两套法律法规。

德国标准分为国家标准和企业标准。标准主要分为基础标准、产品标准、检验标准、服务标准和方法标准。国家标准全部为推荐性标准。食品标准中制定有各种技术、安全以及卫生的标准。在有机食品的生产技术标准中，动物源食品的质量检测标准是很关键的，而动植物的卫生防疫标准在进出口贸易中是至关重要的。

从2001年7月1日开始，德国对使用农药做出新规定，更加严格了使用标准，违者受重罚。德国于1998年生效的《食品卫生规定》是与欧盟关于食品卫生准则(93/43/EWG）对应的德国国家食品卫生准则，它对食品卫生的一般领域均做了详细规定，德国联邦政府于2001年11月14日根据《肉类卫生法》和《家禽肉卫生法》制定了关于实施政府部门食品卫生监督的一般性管理规定，并于2002年初正式实施。

2. 加拿大的食品标准与法规

加拿大政府负责食品质量安全管理的部门主要有农业部和卫生部。对于农产品的质量、生物安全、环境安全等方面的管理主要由农业部及所属食品检验局负责，卫生部负责食品的卫生质量管理。

加拿大的食品安全管理检验体制是目前世界上普遍公认的最好的体制之一，由农业部及所属食品检验局（Canadian Food Inspection Agency，CFIA）来实施。CFIA的工作职责不仅在《加拿大食品检验局法》中做了概括规定，同时在《肉类检验法》、《水果蔬菜条例》等法律法规中进一步加以明确，使得加拿大不论是食品的安全卫生标准，还是食品进出口检疫检验、食品标签标识、农产品生产、加工、运输标准的监督工作都由CFIA统一负责。

加拿大涉及食品质量安全有关标准的主要法律法规如下。

主要法律有：《食品药品法》（The Food and Drugs Act）、《加拿大谷物法》（Canada Grain Act）、《肉类检查法》（Meat Inspection Act）、《消费者包装标签法》（The Consumer Packaging and Labelling Act）等。

主要法规有：《食品药品条例》（The Food and Drug Regulations）、《加拿大谷物条例》（Canada Grain Regulations）、《新鲜水果蔬菜条例》（Fresh Fruit and Vegetable Regulations）、《新食品管理条例》（The Novel Food Regulations）、《新食品安全评价准则》（Guidelines for the Safety Assessment of Novel Foods）、《肉类检查条例》（Meat Inspection Regulations）、《消费者包装标签条例》（The Consumer Packaging and Labelling Regulations）等。

3. 日本的食品标准与法规

日本是一个食品工业比较发达的国家。1948年颁布了《食品卫生法》，由卫生部和地方政府2个系统负责执行。日本的《食品卫生法》并不涉及食品的一般质量问题，这一点与我国相同。日本只对肉类制品、谷类制品和清凉饮料等30种食物制定了卫生标准。对没有制定卫生标准的食品按本国的《食品卫生法》进行管理。凡是违反《食品卫生法》中的一般卫生要求，如腐败变质、农药污染和含致病菌等的食品要进行处理、处罚，如停止销售、销毁、罚款甚至追究刑事责任。

日本食品安全的管理工作由食品药物局下的食品安全部门负责。食品安全工作的法律依据是日本的《食品卫生法》，这项工作包含了很多方面的内容，包括制定食品、添加剂、器具和食品包装、盛放容器的标准和规格，通过检验证明这些标准是否被执行；以及食品生产和销售的卫生管理。

在经历了2001年爆发的疯牛病影响以及后来数量众多的食品错误标签问题和食品安全事件之后，为了重新获得消费者的信心，日本政府修订了其基本的食品安全法律。日本参议院于2003年5月16日通过了《食品安全基本法》草案。该法要点如下：①确保食品安全；②地方政府和消费者的参与；③协调政策原则；④建立食品安全委员会（FSC）。

关于进口食品安全管理，日本制定了一系列法律法规。相关法规条例主要有5个：《植物防疫法》（1950）、《家畜传染病预防法》（1951）、《食品卫生法》（1947）、《食品安全法》（2005）、《农业化学品（农药、兽药及饲料添加剂等）“肯定列表制度”》（2006）。

4. 澳大利亚的食品标准与法规

澳大利亚作为一个联邦制国家，联邦政府负责对进出口食品进行管理，保证进口食品的安全和检疫状况，确保出口食品符合进口国的要求。国内食品由各州和地区政府负责管理，各州和地区制定自己的食品法，由地方政府负责执行。联邦政府中负责食品的部门主要有两个：澳大利亚新西兰食品管理局（ANZFA）和澳大利亚检疫检验局（AQIS）。

ANZFA是根据法律（1991）设立的法定管理机构，于1996年正式成立。ANZFA负责在澳、新两国制定统一的食品标准法典（FSC）和其他的管理规定。另外，在澳大利亚，它还负责协调澳大利亚的食品监控、与州和地区政府合作协调食品回收、进行与食品标准内容有关的问题的研究、与州和地区政府合作进行食品安全教育、制定可能包括在食品标准中的工业操作规范，以及制定进口食品风险评估政策。FSC的主要内容包括在澳大利亚出售的食品的成分和标签标准、食品添加剂和污染物的限量、微生物学规范以及对营养标签和警示声明的要求。

AQIS成立于1987年，由原澳大利亚农业卫生和检疫局与澳大利亚出口检验局合并而成，人员大约有2000名。其主要职责是进行口岸检疫和监督、进口检验、出口检验和出证、国际联络。

1999年，澳大利亚实施了强制食品安全计划，在制定食品安全标准过程中强调科学性、综合性以及反复和公开的论证过程，在国际上被誉为食品安全管理领域的一个范例。

澳大利亚食品安全标准由"澳大利亚新西兰食品标准管理局"负责制定，由两国负责食品管理的部长联合领导的委员会对该局进行政策引导和评估。食品安全标准由澳大利亚联邦政府批准，各州政府负责制定相应的法律法规来实行，全国所有相关企业都必须接受食品安全标准，这些标准也在不断完善和修改。

目前，澳大利亚已通过四个食品安全标准，其中三个为强制标准，涉及食品安全、可接受的食品安全操作以及食品加工场所与设备的规定。另一个为自愿标准，建议食品企业制定明确的食品安全计划，并确定食品加工操作中的有害物。

澳大利亚政府和新西兰政府共同制定了《澳大利亚新西兰食品标准规则》（以下简称《规则》），规定了本地生产食品和进口食品都要遵守的一些标准。《规则》中列出了描述标准、成分含量标准以及营养表，规定了金属和有害物质的最高含量和农业及兽医所用的化学物质的最高含量等标准。

关于进出口食品的安全管理，澳大利亚制定的法律法规主要有：《进口食品管理法》(1992)、《出口管理法》(1982)，《规定货物一般法令》，《出口肉类法令》，《野味、家禽和兔肉法令》，《加工食品出口管理法令》，《(新鲜水果和蔬菜) 出口管理法令》，《(动物) 出口管理法令》，《(有机产品认证) 出口管理法令》，《(谷物、植物和植物产品) 出口管理法令》等。此外，根据《出口管理法》(1982) 的规定：AQIS还可以依据《出口管理法》(1982) 制定相关的法规和命令。

复　习　题

1. 什么是标准和标准化？
2. 简述国内国外对标准的分级方法。
3. 我国食品卫生标准的分类有哪些？
4. 简述食品标签必须标注的内容。
5. 食品卫生法对食品卫生管理规定了哪些制度？
6. 简述标准化的作用及意义。
7. 简述农产品质量安全法的主要内容。
8. 与食品相关的法律制度有哪些？
9. 各国采用CAC标准的形式有哪些？
10. 采用国际标准的程度和方法有哪些？

第四章　食品良好操作规范（GMP）和食品卫生标准操作程序（SSOP）

第一节　概　述

GMP（Good Manufacturing Practice）称为良好操作规范，是一种特别注重制造过程中产品质量和卫生质量的自主性管理制度。良好操作规范在食品中的应用，即食品 GMP。GMP 要求食品生产企业应具备良好的生产设备，合理的生产过程，完善的质量管理和严格的检测系统，确保最终产品的质量符合标准。为了更好地执行 GMP 的规定，生产企业可以结合本企业的加工品种和工艺特点，在不违背法规性 GMP 的基础上制定自己的良好加工指导文件。GMP 所规定的内容，是食品加工企业必须达到的最基本的条件。

一、GMP 的历史及现状

GMP 是从药品生产经验中获取经验教训的总结。它是由美国首创的一种保障产品质量的管理方法。美国食品与药品管理局（FDA）于 1963 年制定了药品的良好操作规范，并在 1964 年开始实施。1969 年，WHO 要求各会员国政府制定实施药品 GMP 制度。同年，美国以联邦法规的形式公布食品的 GMP 基本法《食品制造、加工、包装、储运的现行良好制造规范》，简称 CGMP 或 FGMP。食品 GMP 很快为 FAO/WHO 的 CAC 采纳。自美国之后，世界不少国家和地区，如日本、加拿大、新加坡、德国、澳大利亚、中国台湾地区等都在积极推行食品 GMP。

二、我国 GMP 的现状

自 20 世纪 80 年代以来，我国卫生部已颁布了 19 个国标 GMP，其中 1 个通用 GMP 和 18 个专用 GMP，并作为强制性标准予以发布。

《食品企业通用卫生规范》（GB 14881—94）的主要内容包括：主题内容与适应范围、引用标准、原材料采购、运输的卫生要求、工厂设计与设施的卫生要求、工厂的卫生管理、生产过程的卫生要求、卫生和质量检验的管理、成品储存、运输的卫生要求、个人卫生与健康的要求。

18个专用GMP主要包括：《罐头厂卫生规范》(GB 8950—1988)、《白酒厂卫生规范》(GB 8951—1988)、《啤酒厂卫生规范》(GB 8952—1988)、《酱油厂卫生规范》(GB 8953—1988)、《食醋厂卫生规范》(GB 8954—1988)、《食用植物油厂卫生规范》(GB 8955—1988)、《蜜饯厂卫生规范》(GB 8956—1988)、《糕点厂卫生规范》(GB 8957—1988)、《乳品厂卫生规范》(GB 12693—1990)、《肉类加工厂卫生规范》(GB 12694—1990)、《饮料厂卫生规范》(GB 12695—1990)、《葡萄酒厂卫生规范》(GB 12696—1990)、《果酒厂卫生规范》(GB 12697—1990)、《黄酒厂卫生规范》(GB 12697—1990)、《面粉厂卫生规范》(GB 13122—1991)、《饮用天然矿泉水厂卫生规范》(GB 16330—1996)、《保健食品良好操作规范》(GB 17404—1998) 和《膨化食品良好操作规范》(GB 17404—1998)。

这些规范极大地提高了我国食品企业的整体生产水平和管理水平，推动了食品工业的发展，为适应我国已加入WTO的实际情况，我国将加大制定和推广GMP的力度，积极采用国际组织制定的GMP准则。

三、国际食品良好操作规范的现状

联合国食品卫生法典委员会采纳食品GMP并研究收集各种食品的《卫生操作规范》或GMP及其他各种规范作为国际规范推荐给CAC各成员国政府。

加拿大政府制定本国的GMP和采纳一些国际组织的GMP，鼓励本国食品企业自愿遵守一些GMP的内容被列入法律条文，要求强制执行。

日本也有自己的食品GMP，但与美国相比，缺乏法律依据，多数GMP针对各类产品制定，且带有技术指导性，如《食品制造流通标准》(农林水产省制定)，《食品卫生规范》(厚生省制定)，《卫生管理要点》(食品卫生协会制定) 等都不具备法律约束力，仅作为推动企业自身管理的技术指引。涉及的食品有食用植物油、罐头食品、豆腐、腌制蔬菜、海苔、碳酸饮料、番茄、汉堡包、水产制品、味精、面包、酱油、冷食、饼干、通心粉、油炸食品等。

欧共体理事会、欧盟委员会发布了一系列食品生产、进口和投放市场的卫生规范和要求。从内容上分为6类：对疾病实施控制的规定；对农、兽药残留实施控制的规定；对食品生产、投放市场的卫生规定；对检验实施控制的规定；对第三国食品准入的控制规定和对出口国当局卫生证书的规定。

四、GMP的基本理论

食品良好操作规范是一种具有专业特性的质量保证体系和制造业管理体系，GMP适用于所有食品企业的、最常识性的生产卫生要求。

GMP大致可分为以下三种类型。

① 由国家政府颁布的GMP。如美国FDA制定的低酸性罐头GMP，我国卫生部颁布的《保健食品良好操作规范》。

② 行业组织制定的GMP。这类GMP可作为同类食品企业共同参照、自愿遵守的管理规范。

③ 食品企业自己制定的GMP为企业内部管理的规范。

从GMP的法律效力来看，又可分为强制性GMP和指导性GMP。

在编制某食品的GMP时，应包括以下格式和内容：主题内容及适用范围；术语；原料采购、运输和储藏的卫生；工厂设计与设施的卫生要求；工厂卫生与健康；产品加工过程的卫生；质量记录、成品储藏、运输的卫生；卫生与质量检验管理等。

第二节　食品良好操作规范的内容

食品良好操作规范的内容可以概括为硬件、软件。

硬件是指人员、厂房、设施与设备。其中，人员需有一定数量的专业技术人员，所有工作人员均需进行专业知识培训和GMP知识培训；厂房设施要符合GMP级别要求，使用的生产设备要求先进性与适用性相结合，设备易清洁。

软件是指组织、制度、工艺、操作、卫生标准、记录、教育等管理规定。软件必须制订完善的技术标准、管理标准、工作标准和记录凭证类文件，包括生产、技术、质量、设备、物料、验证、销售、厂房、净化系统、行政、卫生、培训等各个方面。

食品的种类很多，情况很复杂，各类食品企业还应根据实际情况分别执行各自食品的良好操作规范，或参照执行相近食品的良好操作规范。在执行政府和行业的良好操作规范时，企业应根据自己的实际情况，进一步细化、具体化，使之更具有可操作性。

一、食品原材料采购、运输和储藏的良好操作规范

食品最终产品的质量主要取决于食品生产所使用的原材料的质量。食品生产所使用的原材料一般可分为主要原材料和辅助材料，其中主要原材料是来源于蔬菜、水果、粮油、畜肉、禽肉、乳品、蛋品和鱼贝类等，辅助材料有调味料、香辛料以及各种食品添加剂等。这些原、辅材料大都是从动、植物体中得到的，它们在种植、养殖、采收、运输、储藏等过程中都可能会受到诸多有害因素的影响，如微生物的感染、外源化合物的污染，从而影响食品的安全性。食品生产者必须从影响食

品质量的重要环节，即原材料的采购、运输和储藏等方面着手，加强对食品原材料的卫生管理。

1. 食品原材料的采购

食品原材料采购方面的卫生要求主要包括对采购人员的要求，对采购原料质量的要求，以及对采购原料包装物或容器的要求。

(1) 对采购人员的要求。采购人员应熟悉本企业所用的各种食品原料、辅料、食品添加剂、食品包装材料的品种，卫生标准和卫生管理办法，了解各种原、辅料可能存在或容易发生的卫生质量问题。采购食品原、辅料时，采购人员应对其进行初步的感官评价，对卫生质量可疑的应抽样并进行相关的卫生质量检查，合格后才可以进行采购。采购的食品原、辅料，应向供货方索取同批产品的检验合格证或保证书；采购食品添加剂时还必须同时索取定点生产证明材料。采购的原、辅料必须经验收合格后方能入库，应按品种分批存放。食品原、辅料的采购应根据食品企业自身的加工和储藏能力有计划地进行，避免一次性采购过多。

(2) 采购原、辅料的要求。目前，我国主要的食品原、辅料及包装材料多数都具有国家卫生标准、行业标准、地方标准或企业标准，仅有少数无标准。因此，企业在采购时应尽量按国家卫生标准执行，无国家卫生标准的，依次执行行业标准、地方标准和企业标准。对无标准的原、辅料应参照类似食品原、辅料的标准执行。在执行标准时应全面，不能人为地减少标准的执行项目。

食品原、辅料的卫生标准检查通常由感官检查、化学检查、微生物学检查和有毒物质的检测 4 个部分组成。

2. 运输

食品原、辅料的运输工具最好做到专用，如做不到专用，应在使用前彻底清洗干净，确保运输工具不会污染运输的食品物资。运输食品原、辅料的工具最好设置篷盖，防止运输过程中由于雨淋、日晒等造成原、辅料的污染或变质。不同的食品原、辅料应依其特性选择不同的运输工具，如运载小麦、大米、油料等干性食品原、辅料时可用普通常温运输工具；运载水果蔬菜等生鲜植物原、辅料时应分隔放置，避免由于挤压、撞伤而造成腐烂；气温较高时，应采用冷藏车，气温较低时应采取一定保温措施，以防冻伤；运载肉、鱼等易腐烂食品原、辅料时，最好用冷藏车；运载活的畜、禽时应分层设置铁笼，通风透气，长途运输时应供给足够的饲料和饮水。食品原、辅料装卸时，应轻拿轻放，严禁摔打，对液态材料还应注意放置方向，切勿倒置。运输动物时还应注意保护动物，如活猪运输必须保持车的清洁，适时提供饮食和饮水，运输时间超过 8h 时，必须休息 24h。

3. 储藏

食品企业应采取合理的方法来储藏食品原、辅料，确保原、辅料的卫生安全。食品原、辅料储藏的卫生要求主要包括储藏设施和储藏作业两个方面。

(1) 储藏设施。对食品原、辅料的储藏设施的要求依食品的种类不同而不同。

对储藏设施卫生条件的要求主要取决于原、辅料的性质。如易腐烂变质的肉、鱼等原料，应采取低温冷藏；容易腐烂、失水的水果蔬菜原材料，应有保鲜仓库，依品种或材料特性的不同采取冷藏或气调储藏等；油料、面粉、大米等干燥原料储藏设施要具有防潮功能。

(2) 储藏作业。储藏设施的卫生制度要健全，应有专人负责，职责明确。原料入库前要严格按有关的卫生标准验收合格后方可入库，并建立入库登记制度，做到同一物资先入先出，防止原料长时间积压。库房要定期检查、定期清扫、消毒。储藏温度对许多食品原、辅料来说是至关重要的，储藏温度的合适与否会直接影响原、辅料的卫生质量。控制温度相对稳定也非常重要，储藏温度的大幅度变化，往往会带来储藏原、辅料品质的劣化。不同原、辅料分批分空间储藏，同一库内储藏的原、辅料应不会相互影响其风味，不同物理形态的原、辅料也要尽量分隔放置。储藏不易过于拥挤，物资之间保持一定距离。

二、食品工厂设计和设施的良好操作规范

1. 食品工厂的厂址选择

食品工厂厂址选择的基本要求如下。

① 在城乡规划时，应划定一定的区域作为食品工业建设基地，食品企业可在该范围内选择合适的建厂地址。

② 有足够可利用的面积和较适宜的地形，以满足工厂总体平面的合理布局和今后发展扩建的需要。

③ 厂区周围不得有粉尘、烟雾、灰沙、有害气体、放射性物质和其他扩散性污染源；不得有垃圾场、废渣场、粪渣场以及其他有昆虫大量滋生的潜在场所。食品企业要远离污染源及受到它们污染的场所。

④ 厂区要远离有害场所，生产处建筑物与外界公路或通路应有防护地带，其距离可根据各类食品厂的特点参照各类食品厂卫生规范执行。如酿造厂、酱菜厂、乳品厂等距居民区的最小防护带不得少于300m，屠宰场不得少于500m，蛋制品加工厂不得少于100m。

⑤ 厂区应通风、日照良好、空气清新、地势高且干燥、排水方便、地面平坦而又有一定的坡度、土质坚实。

⑥ 要有充足的水源，水质符合国家生活饮用水水质标准。水的供给量应符合生产要求。

⑦ 有动力电源，电力负荷和电压有充分保证。同时要考虑到如设置为冷库等不能停电场所的专用设施，最好有备用电源。

⑧ 应设有废水和废弃物的处理设施，以防止企业污水和废弃物对居民区的污染。

⑨ 应选址在利于经处理的污水和废弃物的排出。

⑩ 交通要方便，便于物资的运输和职工的上下班。

2. 食品工厂建筑设施

(1) 食品工厂建筑设施

① 建筑物（常指有职工在内服务的房屋，如车间、仓库、宿舍、食堂、办公室等）和构筑物（常指没有职工在内服务的建筑物，如水塔、水池等）的设置与分布应符合食品生产工艺的要求，保证生产过程的连续性，使作业线最短，生产最方便。

② 厂房应按照生产工艺流程及所要求的清洁级别进行合理布局，同一厂房和邻近厂房进行的各项操作不得相互干扰。做到车间内人流、物流分开，原料、半成品、成品以及废品分开，生食品和熟食品分开，防止生产过程中的交叉污染。

③ 生产区、生活区和厂前区的布局要合理，生活区（宿舍、食堂、浴室、托儿所等）应位于生产区的上风向，厂前区（传达室、化验室、医务室、运动场等）应与生产区分开，锅炉房等产尘大的设施应在工厂的下风端。

④ 厂区建筑物之间的距离（指两栋建筑物外墙面相距的距离）应按有关规定设计，做到符合防火、采光、通风、交通运输的需要。

⑤ 生产车间的附属设施应齐全，如更衣间、消毒间、卫生间、流动水洗手间等。

⑥ 原料仓库、成品库应设置在与它直接联系的主要车间附近，以缩短货物运输路线。

⑦ 动力供应设施应靠近负荷中心。

⑧ 给排水系统管道的布局要合理，生活用水与生产用水应分系统独立供应。

⑨ 废弃物存放设施应远离生产和生活区，应加盖存放，尽快处理。

(2) 食品加工设备、工具和管道

① 食品加工设备、工具和管道的材质要求。在选材上，凡直接接触食品原料、半成品或成品的设备、工具或管道应无毒、无味、耐腐蚀、耐高温、不变形、不吸水，要求质材坚硬、耐磨、抗冲击、不易破碎，常用的质材有不锈钢、铝合金、玻璃、搪瓷、天然橡胶、塑料等。

② 设计要求。食品生产设备、工具和管道在设计时必须考虑易于清洗。所有与产品接触的表面应便于检查和机械清洗，各部件要便于拆开，以达到彻底清洗的要求。食品接触面应平滑、无凹陷和裂纹，以减少食品碎屑、污垢及有机物聚集。

③ 布局要求。生产设备应根据工艺要求合理定位，工序之间衔接要紧凑，设备传动部分应安装有防水、防尘罩。管线的安装尽量少拐弯，少交叉。

(3) 食品工厂生产车间建筑物

食品工厂生产车间建筑外形的选择，应根据生产品种、地形等具体条件决定。车间应有足够空间，其面积应与生产能力相适应，便于设备的安装、维修及食品的存放、搬运，避免因工作人员的衣物和墙体、设备、工作台接触及人员之间的相互碰撞而造成食品的污染。车间的各项建筑物应坚固耐用、易于维修、维持干净，并能防止食品、食品接触面及内包装材料遭受污染。生产车间的地面应不渗水、不吸水、无毒、防滑，对有特别腐蚀性的车间地板还要做特殊处理。地面应平整、无裂缝、稍高于运输通道和道路路面，便于冲洗、清扫和消毒。仓库地面要考虑防潮，加隔水材料。屋面应不积水、不渗漏、隔热，天花板应不吸水、耐温，具有适当的坡度，利于冷凝水的排除。在水蒸气、油烟和热量较集中的车间，屋顶应根据需要开天窗排风。天花板最低高度保持在 2.4m 以上。管制作业区的墙内壁面应采用非吸收、平滑、易清洗、不透水的浅色材料建筑，表面应不易剥落，防霉、防湿、防腐。墙内壁面的下部可用白瓷砖或塑料面砖做 1.5～2.0m 高的墙裙，保证墙面少受污染，并易于清洁。墙角及柱脚应具有适当的弧度，便于清洗，防止积垢。墙角拐角处或通道的相应高度因墙面经常被往来的运输车辆碰撞、脱落，因而宜用不锈钢等金属材料加以防护。防护门要求能两面开，自动关闭。门窗的设计不能与邻近车间的排气口直接对齐或毗邻，车间的外出门应有适当的控制，必须设有备用门。车间内的通道应人流和物流分开，通道要畅通，尽量少拐弯。生产、包装及仓库等场所应保持良好通风，必要时应装设有效的换气通风设施，以防止室内温度过高、蒸汽凝结或产生异味等，并保持室内空气新鲜。易腐败的即食性成品或低温运销成品的清洁生产区内应装设空气调节设备。生产车间应有充足的自然光和人工照明，应备有应急照明设备。对于经常开启的门窗或天窗应安装纱门、纱窗等，防止灰尘和其他污染物进入车间。

(4) 食品工厂安全卫生设施

车间内的安全卫生设施包括危险品存放设施、蚊虫鼠害控制设施、通风设施、洗手消毒设施、更衣室、淋浴室、厕所、洁净间等。

① 危险品存放设施。车间内的危险品（主要包括清洁剂、消毒剂、灭虫鼠药剂、澄清剂等）会对食品造成污染，对人体产生毒害作用，这类物质在存放时应加贴具有明确标志的标签。除生产、工艺需要外，不得放置在生产车间内，应单独存放于专用场所并有专人负责管理。

② 蚊虫鼠害控制设施。灭除和控制方法主要有：a. 设立捕鼠点，采用机械捕鼠；b. 车间内安装风幕机、塑料窗、暗道和双层纱窗，防止蚊虫鼠害进入车间；c. 车间内安装灭蝇灯；d. 车间下水道的出口处及地漏处应安装防鼠、防蟑螂等爬虫的栅栏等设施；e. 车间进出物料采用平台，平台与路面间的墙面应采用光滑材料铺设，防止鼠类进入。

③ 洗手消毒设施。车间的进口处和车间内的适当地方应设置洗手设施，大约每 10 人 1 个水龙头，若必要，应提供适当温度的温水或热水及冷水，并应装设可调节冷热水的水龙头。在洗手设备附近应备有液体清洁剂，必要时应设置手部消毒设备。洗手台要用不锈钢或陶瓷等不透水材料制作，其设计和构造应不容易藏垢，

且便于清洗消毒。干手设备应采用烘手器或卫生的擦手纸巾。若使用烘手器，应定期清洗、消毒内部，避免污染；若使用纸巾，使用后纸巾应丢入易保持清洁的废纸桶内，该废纸桶不应对食品产生污染。对一些特别的车间工作人员应戴有手套。食品从业人员应勤剪指甲，必要时要用消毒剂对手进行消毒。在饮料、冷食等卫生要求较高的生产车间的入口应设有消毒池，一般设在通向车间的门口处。消毒池壁内侧与墙体呈45°坡形，池底设有排水口，池深15～20cm，大小应以工作人员必须通过消毒池才能进入车间为宜。

④ 更衣室。食品从业人员在进入车间时必须在更衣室换上清洁的隔离服，戴上帽子以防头发上的尘埃及脱落的头发污染食品。更衣室应设在便于工作人员进入车间的位置，应按不同洁净区设置更衣室，男女更衣室应分开。室内应有适当的照明，且通风良好，有足够大小的空间，以便员工更衣之用；并具备可照全身的更衣镜、洁尘设备及个人用衣柜、鞋柜、脏衣服回收清洗橱等。衣物柜一般按一人一柜安排。更衣室使用面积按固定工人总人数每人0.4～0.6m^2安排。

⑤ 淋浴室。为保持食品从业人员的个人卫生，食品工厂设置淋浴室是十分必要的。淋浴室与更衣室应形成一体。特别是生产加工肉制品、乳制品、冷饮制品等车间的浴室，应与车间人员的进出口相邻。淋浴室的大小及淋浴器的个数应与车间工人人数相适应。淋浴器的数量可按每班工作人员计，每20～25人设置一个，淋浴室建筑面积的大小按5～6m^2/人计。

⑥ 厕所。食品工厂厕所的位置、卫生条件直接影响食品的卫生质量，应予以高度重视。厂区厕所应设置在生产车间的下风向，应距生产车间25m以外，车间的厕所应设置在车间外，其入口不能与车间的入口直接相对，一般设在淋浴室旁边的专用房内。便池应为水冲式。其数量应与生产人员人数相匹配，厕所蹲位数量按最大班人数计，按15∶1来安排蹲位数，厕所建筑面积按2.5～3m^2/蹲位估算。厕所应装有洗手设施和排臭装置，并备有洗手液或消毒液，厕所的排水管道应与车间分开，厕所应定期进行蚊蝇消灭处理，厕所每天每班清洗消毒。

三、食品生产用水的良好操作规范

1. 水源选择

水源的选择应考虑用水量和水质两个方面。水量必须满足生产需要，用水量包括生产用水和非生产用水。生产用水又称食品生产车间用水，包括直接加入到食品中或作为食品主要成分的生产工艺用水（或冰）；用于食品原料、半成品、包装容器、设备等的洗涤用水（也包括与食品有直接或间接接触的冷却水）；用于加工过程的冷却水、冷凝水、水力喷射器或水环式真空泵用水等。非生产用水包括锅炉用水、生活饮用水和消防用水等。不同用途的水对水质有不同的要求。生产工艺用水是食品构成成分之一，不仅要符合食品卫生要求，还要不影响食品品质，是要求最高的一类生产用水。除了不与食品直接接触和造成污染的冷却水以外，所有在生产车间内使用的生产用水都要符合“生活饮用水卫生质量标准”的基本要求。对一些水质要求较高的食品，如饮料、啤酒、汽水、超纯水等需要进行特殊的水处理，使之达到各自的用水标准。食品生产用水的净化消毒方法请参看有关资料。

2. 生活饮用水水质标准

生活饮用水也称城市自来水，是指符合“生活饮用水卫生标准”的水。2006年卫生部颁布了GB 5749—2006《生活饮用水卫生标准》（见表4-1），该标准包括以下4个方面：①感官性状和一般化学指标；②毒理指标；③微生物指标；④放射性指标。

表4-1　生活饮用水卫生标准

指　　标	限　　值
1. 感官性状和一般化学指标	
色度(铂钴色度单位)	15
浑浊度(散射浑浊度单位)/NTU	1 水源与净水技术条件限制时为3
嗅和味	无异臭、异味
肉眼可见物	无
pH	6.5～8.5
铝/(mg/L)	0.2
铁/(mg/L)	0.3
锰/(mg/L)	0.1
铜/(mg/L)	1.0
锌/(mg/L)	1.0
氯化物/(mg/L)	250
硫酸盐/(mg/L)	250
溶解性总固体/(mg/L)	1000
总硬度(以 $CaCO_3$ 计)/(mg/L)	450
耗氧量(COD_{Mn}法，以 O_2 计)/(mg/L)	3 水源限制，原水耗氧量>6mg/L时为5
挥发酚类(以苯酚计)/(mg/L)	0.002
阴离子合成洗涤剂/(mg/L)	0.3
2. 毒理指标	
砷/(mg/L)	0.01
镉/(mg/L)	0.005
铬(六价)/(mg/L)	0.05
铅/(mg/L)	0.01

续表

指标	限值
汞/(mg/L)	0.001
硒/(mg/L)	0.01
氰化物/(mg/L)	0.05
氟化物/(mg/L)	1.0
硝酸盐(以N计)/(mg/L)	10 地下水源限制时为20
三氯甲烷/(mg/L)	0.06
四氯化碳/(mg/L)	0.002
溴酸盐(使用臭氧时)/(mg/L)	0.01
甲醛(使用臭氧时)/(mg/L)	0.9
亚氯酸盐(使用二氧化氯消毒时)/(mg/L)	0.7
氯酸盐(使用复合二氧化氯消毒时)/(mg/L)	0.7
3. 微生物指标	
总大肠菌群/(MPN/100mL或CFU/100mL)	不得检出
耐热大肠菌群/(MPN/100mL或CFU/100mL)	不得检出
大肠埃希氏菌/(MPN/100mL或CFU/100mL)	不得检出
菌落总数(37℃,24h)/(CFU/mL)	100
4. 放射性指标(指导值)	
总α放射性(Bq/L)	0.5
总β放射性(Bq/L)	1

四、食品工厂的组织和制度

《中华人民共和国食品卫生法》规定："食品生产经营企业应当健全本单位的食品卫生管理制度，配备专职或兼职食品卫生管理人员，加强对所生产经营食品的检验工作。"做好食品卫生管理，可以防止食品污染，确保食品的安全生产，是对社会负责，也是对企业自身发展负责。

1. 建立健全食品卫生管理机构和制度

食品工厂或生产经营企业应建立、健全卫生管理制度，成立专门的食品卫生科或质量检验科，并由企业主要负责人分管卫生工作，把食品卫生的管理工作始终贯彻于整个食品的生产环境和各个环节。卫生管理机构的主要职责包括以下几个方面的内容。

① 贯彻执行食品卫生法规，包括《中华人民共和国食品卫生法》及有关的卫生法规、良好操作规范、相关的食品卫生标准，切实保证食品生产的卫生安全和生

产过程的卫生控制。

② 制订和完善本企业的各项卫生管理制度，建立规范的个人卫生管理制度，定期对食品从业人员进行卫生健康检查，及时调离“六病”患者，使食品从业人员保持良好的个人卫生状态，制订严格的食品生产过程操作卫生制度。

③ 开展健康教育，对本企业人员进行食品卫生法规知识的培训和宣传。

④ 对发生食品污染或食品中毒的事件，应立即控制局面，积极进行抢救和补救措施，并向有关责任人及时汇报，并协助调查。

2. 食品生产设施的卫生管理制度

① 在食品生产中与食品物料不直接接触的食品生产设施应有良好的卫生状态，整齐清洁、不污染食品。对于一些大型基建设施，应使用适当，发生污染应及时处理，主要生产设备每年至少应进行1次大的维修和保养。

② 对于在食品生产过程中与食品直接接触的机械、管道、传送带、容器、用具、餐具等应用洗涤剂进行清洗，并用卫生安全的消毒剂进行灭菌消毒处理。

③ 食品生产的卫生设施应齐全，如洗手间、消毒池、更衣室、淋浴室、厕所、工器具消毒室等，这些卫生设施的设立数量和位置应符合一般的原则要求。

3. 食品有害物的卫生管理制度

食品有害物主要包括有害生物和有害的化学物质。对老鼠、苍蝇、蟑螂等生物严加控制。在食品生产场所使用的杀虫剂、洗涤剂、消毒剂的包装应完全、密闭不泄露，在储藏此类物品的地方应明确标示“有毒有害物”字样，并做到专柜储藏，专人管理，使用时应严格按照其使用量和使用方法操作。食品生产场所使用的杀虫剂、洗涤剂、消毒剂应经省级卫生行政部门批准。

4. 食品生产废弃物的卫生管理制度

食品生产的废弃物（主要包括食品生产过程中形成的废气、废水和废渣）如果处理不当或处理不及时会对食品或环境造成污染，对食品生产过程中形成的废水和废物的排放应严格按照国家有关“三废”排放的规定进行，积极采用“三废”治理技术，尽量做到减量化、无害化处理。

五、食品生产过程的良好操作规范

食品生产过程就是从原料到成品的过程，根据食品加工方式不同或成品要求的不同，食品原料要经过各种不同的加工工艺，如分级、清洗、漂烫、干燥、速冻、热处理、分割、发酵等，加工好的食物经包装后就形成成品。由于食品的加工需要经过多个环节，这些环节可能会对食品造成污染，因此要求食品生产的整个过程要处于良好的卫生状态，尽量减少加工过程中食品的污染。

食品生产过程良好操作规范的内容主要有：①对食品生产原辅料的验收和化验；②对工艺流程和工艺配方的管理，对整个生产过程进行监督，防止不适当处理造成污染物质的形成或食品加工不同环节之间的交叉污染；③对食品生产用具的卫生管理，及时进行清洗、消毒和维修；④对产品的包装进行检验，防止二次污染的发生，并对成品的标签进行检验；⑤对食品生产人员的卫生管理等。

六、食品检验的良好操作规范

食品卫生和质量检验的依据是技术标准。技术标准又分为国际标准、国家标准、行业标准、地方标准、企业标准等。食品卫生和质量检验的实施主要包括以下几步。

① 明确检验对象，获取检验依据，确定检验方法。

② 抽取能够代表样本总体的部分用于检验的样品。

③ 按照检验依据的要求，逐项对样品进行检验。

④ 将测定结果与检验依据进行对比。

⑤ 根据对比结果对产品做出合格与否的结论。

⑥ 对不合格的产品进行处理，做出相应的处理办法和方案。

⑦ 记录检验数据，出具报告并对结果做出适当的评价和处理，及时反馈信息，并进行改进。

七、食品生产经营人员个人卫生的良好操作规范

1. 食品生产人员个人卫生的要求

① 保持双手清洁。

② 保持衣帽整洁。

③ 培养良好的个人卫生习惯。

2. 食品生产人员的健康要求

食品生产人员尤其是与食品直接接触的人员的健康与食品的卫生质量直接相关，食品生产经营人员每年必须进行身体健康检查，新参加工作和临时参加工作的食品生产经营人员必须进行健康检查，取得健康证明后方可参加工作。为防止食品造成食物中毒、传染病等各种疾病，食品生产经营企业应对职工进行严格的健康检查，并开展健康宣传，做到早发现、早处置。食品企业要建立一人一卡的健康检查档案，以便全面掌握食品从业人员的健康状况。

第三节　食品良好操作规范的认证

食品良好操作规范是一种自主性的质量保证制度，为了提高消费者对食品良好操作规范的认知和信赖，一些国家和地区开展了食品良好操作规范的自愿认证

工作。

一、认证程序

食品 GMP 认证工作程序包括申请、资料审查、现场评审、产品检验、确认、签约、授证、追踪管理等步骤。

① 食品企业应递交申请书。申请书包括产品类别、名称、成分规格、包装形式、质量、性能，并附公司注册登记影印件、工厂厂房配置图、机械设备配置图、技术人员学历证书和培训证书等。同时食品企业还应提供质量管理标准书、制造作业标准书、卫生管理标准书、顾客投诉处理办法和成品回收制度等技术文件。

② 现场评核小组在“资料审查”及“现场评审”后，由领队召开小组内部讨论会议，讨论评核结果。现场评核结束后，由推行委员会告知评核结果，并告知认证执行机构。现场评核通过者，当天由认证执行机构进行产品抽样。

③ 产品抽样由认证执行机构人员于企业抽样。

④ 产品检验项目。各类产品的检验项目由食品 GMP 技术委员会拟定；产品标示应与其内容物相符，其标示方法亦应符合食品 GMP 通（专）则的相关规定。

⑤ 确认。申请认证企业于通过现场评核及产品检验，并将认证产品的包装标示样稿送请认证执行机构核实、备案后，由认证执行机构编定认证产品编号，并附相关资料报请推行委员会确认。

⑥ 签约。申请认证企业通过确认函后，推广宣传执行机构应函请申请认证企业于一个月内办妥认证合约书签约手续；申请认证企业逾期视同放弃认证资格。

⑦ 授证。申请食品 GMP 认证企业于完成签约手续后，由推广宣导执行机构代理推行委员会核发“食品 GMP 认证书”。

⑧ 追踪管理。认证企业应于签约日起，依据“食品 GMP 追踪管理要点”接受认证执行机构的追踪查验。依认证企业的追踪查验结果，按食品 GMP 推行方案及本规章的相关规定，对表现较优者给予适当鼓励，对严重违规者，给予取消认证。

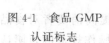

二、食品 GMP 认证标志

图 4-1　食品 GMP 认证标志

食品 GMP 认证标志如图 4-1 所示。认证编号由 9 位数组成，1～2 号代表产品的类别，3～5 号代表工厂编号，6～9 号代表产品编号。

第四节　GMP在食品生产中的应用实例

本节以肉制品加工良好操作规范为应用实例阐述GMP在食品生产中的应用。

一、主要内容及适用范围

本规范规定了肉制品加工、包装、检验、冷冻、储存及运输等过程中有关机构和人员，工厂的建筑和设施，设备的设计制造以及卫生、加工工艺、产品卫生与质量管理等应遵循的操作条件，以确保产品的安全卫生、品种、质量符合国内卫生标准或进口国的要求。

本规范适用于本厂肉制品加工产品的控制。

二、规范性引用文件

DB 33/T456—2003《食品企业良好生产规范》

GB 191 包装储运图示标志

GB 2760 食品添加剂使用卫生标准

GB 5749 生活饮用水卫生标准

GB 7718 食品标签通用标准

GB 8978 污水综合排放标准

GB 12694—1990 肉制品厂卫生规范

GB 13271 锅炉大气污染物排放标准

GB 14881—1994 食品企业通用卫生规范

GB/T 15091—1994 食品工业基本术语

GB/T 18204.1—2000 公共场所空气微生物检验方法——细菌总数测定

三、术语和定义

(1) 肉制品。指以猪、牛、羊、鸡等畜、禽肉及内脏为主要原料，经酱、卤、熏、烤、腌、蒸、煮等任何一种或多种加工方法而制成的肉类加工品。包括：腌腊制品类、火腿制品类、酱卤制品类、熏烤制品类、干制品类、油炸制品类、香肠制品类、罐头制品类及其他制品类。

(2) 原材料。指原料、配料和包装材料。

原料肉。指畜禽经过放血、浸烫、脱毛、去脏后，冷却到一定温度，符合出口国或国内卫生标准的用于加工生产的分割肉。

(3) 产品。包括半成品，成品。

半成品。指任何成品制造过程中的产品，经后续的制造过程，可制成成品。

成品。指经过完整的加工制造过程并包装标示完成的待销售产品。

(4) 厂房。指用于食品加工、制造、包装、储存等或与其有关的全部或部分建筑及设施。

① 车间。指直接处理食品的区域。包括原材料预处理、加工制造、半成品储存及成品包装等场所。

② 缓冲室。指原材料或半成品没有经过生产流程而直接进入管制作业区时，为避免管制作业区直接与外界相通，在入口处所设置的缓冲场所。

③ 管制作业区。指清洁度要求较高，对人员与原材料的进出及防止有害动物侵入等必须有严格管制的作业区域，包括清洁区及准清洁区。

(5) 清洗。指去除尘土、残屑、污物或其他可能污染食品的杂物的处理过程。

(6) 食品级清洁剂。指直接用于清洁食品设备、器具、容器及包装材料，不得危害食品安全及卫生的物质。

(7) 食品接触面。指直接或间接与食品接触的表面，包括器具及与食品接触的设备表面。

四、厂区环境

① 加工厂建在地势较高、水源充足、交通便利及周围无有碍食品卫生的污染源，工厂环境长期保持清洁。

② 厂区路面应硬化，无破损、无积水，能防止灰尘污染；空地要绿化。

③ 加工区与生活区分开。

④ 厂区内不得有产生有害（毒）气体或其他有碍卫生的场地和设施。

⑤ 厂区禁止饲养与加工无关的动物，定期灭鼠除虫。

⑥ 厂区卫生间为水冲式，且有足够数量，并备有洗手、防虫、防蝇设施。墙壁、地面以不透水、耐腐蚀的材料修建，易清洗消毒。

⑦ 厂区的排水系统畅通，车间、仓库、冷藏库周围不得有积水。

⑧ 废弃物由专用车辆随时外运，不堆积。

⑨ 报废损坏的机件集中堆放并及时处理清除。

⑩ 工厂有适当的污水处理设施，且设在工厂外的下风向位置，污水排放符合国家环保要求。

⑪ 厂区建有与生产能力相适应的符合卫生要求的原料、辅料、化学物品、包装物料储存等辅助设施和废物、垃圾暂存设施。

⑫ 生产中产生的废水、废料的排放和处理符合国家环保有关规定。

⑬ 厂区禁止养猫、犬等动物。

五、车间及设施

1. 车间布局及空间要求

① 车间按加工工艺需要的清洁度不同，分为生品加工区和熟品加工区。生区供原料接收，调料腌制；熟区供产品熟制后冷却，包装加工工序之用。

② 车间配有原料接收间、腌制间、成型间、油炸间、清洗消毒间、包装间、冷藏库、更衣室、卫生间、洗浴间等。

③ 车间布局合理，排水畅通；车间地面用防滑、坚固、不透水、耐腐蚀的无毒材料修建，平坦、无积水并保持清洁；车间出口及与外界相连的排水、通风处应当安装防鼠、防蝇、防虫等设施。

④ 车间内墙壁、屋顶和天花板使用无毒、浅色、防水、防霉、不脱落、易于清洗的材料修建，墙角、地角、顶角具有弧度。

⑤ 车间窗户有内窗台的，内窗台下斜约45°，车间门窗用浅色、平滑、易清洗、不透水、耐腐蚀的坚固材料制作，结构严密。

2. 设施要求

（1）照明设施。车间内位于食品生产线上方的照明设施装有防护罩，工作场所以及检验台的照明度符合生产、检验的要求，光线以下不改变被加工物的本色为宜。

（2）供水设施

① 供水量应充足，加工用水（冰）必须符合饮用水卫生标准，输水管道采用全封闭式，并对各出水口做好相关标识，卫生防疫部门每年两次对水质进行全项目化验，本企业化验室每月至少三次对水质进行抽样化验，且全年对所有出水口都应抽验过。

② 工厂有能供给一定压力和充足的常温水设备，以利于加工生产和清洗，能供给40℃热水的设备，以利洗手等用；能供给82℃热水之设备，以利于刀具消毒，地面、工器具冲洗消毒；有供给充足蒸汽设备，以利于蒸汽消毒柜所用。

③ 车间内地面有一定坡度并设明沟，以利排水，明沟侧面和底面平滑且具有一定弧度。

④ 车间排水沟出口与污水处理设施相连，并有防止有害动物侵入的装置。

（3）更衣设施

① 更衣室与加工车间相连接，分前处理更衣室、分割车间更衣室，男女更衣室分开，并且有相连的厕所、淋浴间，室内有照明并通风良好，并配有挂衣架、更衣橱及工作服消毒设施。

② 更衣橱应编号，顶部成坡形，每人一橱。

③ 厕所为水冲式，并备有洗手消毒装置。

④ 淋浴间地面排水良好。

⑤ 工作人员的工作服为紧身结构，袖口、领口能扣严，勿使内衣外露，无口袋，无纽扣，采用尼龙黏胶结构，工作帽有发罩（网），不使头发外露，靴子为浅色、高筒。

（4）洗手消毒设施

① 车间、卫生间入口有洗手消毒设施，并有冷热水供应且用不同颜色进行标识。

② 洗手池以不锈钢材料制成，其结构不易沉积脏物并易于清洁。

③ 车间入口设有鞋靴消毒池，池深足以浸没鞋面，能保证进车间前的鞋靴消毒。

④ 洗手消毒池的排水直接排入水沟或地漏内，并有防止臭气污水返回的水弯。

⑤ 车间内及厕所处均应有消毒槽，以便及时清洗，消毒。

（5）冷冻车间设施

① 冷冻车间应装设可正确指示库内温度的温度显示装置和自动记录仪。

② 速冻间为不锈钢、耐腐蚀、封闭速冻隧道，使产品能迅速冷冻；冷藏库有架空设施。

③ 冷藏库的产品垫板高度不低于10cm，离墙不低于30cm，利于空气流通和物品搬运。

④ 库内灯具应有防爆装置。

⑤ 冷藏库过道门设有挡鼠板和塑料帘，以防止老鼠、飞虫的侵入。

（6）加工设施

① 从原料验收到储存整个加工过程中所用的工器具、设备全用不锈钢或无毒塑料制作而成，易于清洗消毒，且应耐腐蚀、表面平滑、无凹陷或裂缝。

② 盛放食品的容器、工器具不能接触地面，构造应易清洗，废弃物应有专门容器存放，必要时加贴标识并及时处理。

③ 生区与熟区的工器具不得混用。

④ 配备适当的检验设备，以便对原料、半成品等进行监控检验。

⑤ 用于测定、控制或记录的测量仪和记录仪应齐全并正常运转，定期进行校正。

（7）厕所设施

① 卫生间设有冲水、洗手设施。

② 卫生间的墙壁、地面、天花板应用不透水、易清洗消毒、不易积垢的材料建成。

③ 卫生间应有良好的排气和照明设施。

六、管理机构与人员

1. 机构与职责

（1）建立厂级领导负责的质量管理机构，对企业质量管理负全面职责。

（2）设置生产管理、质量管理、卫生管理等职能部门。生产管理部门负责人与质量管理部门负责人不得相互兼任。

① 生产管理部门负责原材料处理、生产作业以及成品包装等与生产有关的管理工作。

② 质量管理部门负责原料、辅料、包装材料、生产过程及成品质量控制标准的制订、抽样检验、质量追踪等与质量管理有关的工作。

③ 卫生管理部门负责各项卫生管理制度的制订、修订，厂内、外环境及厂房设施卫生、生产、清洗消毒等操作卫生和人员卫生，组织卫生培训和从业人员健康检查等。

（3）质量管理部门应有执行质量管理职责的充分权限，其负责人应有停止生产和成品出厂的权力。

（4）成立卫生管理领导小组，由卫生管理负责人及生产、质量管理等部门负责人组成，负责全厂卫生工作的规划、审核、监督、考核。

（5）卫生管理领导小组应配备经专业培训的专职或兼职的食品卫生管理人员，负责宣传贯彻食品卫生法规及有关规章制度，负责卫生制度执行情况的监督工作，并做好相关记录。

2. 人员要求

（1）健康要求

① 从事肉制品加工及管理人员每年至少一次健康检查，必要时做临时健康检查，新进职工必须经过体检，合格后方可上岗。

② 从事肉制品加工及管理人员必须符合食品安全卫生、加工人员健康标准，凡有下列疾病之一者，应调离生产加工及管理岗位：a. 传染性肝炎；b. 活动性肺结核；c. 化脓性或渗出性皮肤病；d. 感染性外伤；e. 其他有碍食品卫生的疾病，肠道传染病及带菌者。

（2）卫生要求

① 所有人员进入车间都应按要求整齐穿戴工作服、帽子、发网、口罩、工作靴，戴手套的工作人员必须对其乳胶手套认真检查。

② 工作人员进入车间不准佩带首饰、手表等，不得携带非生产性物品，不擦指甲油及化妆品，以免污染食品。

③ 工作人员及管理人员进入车间前必须接受监督人员检查，严格执行洗手消毒程序：温水→皂液→温水→消毒液浸泡1min→温水→干手器→75%酒精喷雾。

④ 加工及管理人员要勤理发、洗澡、剪指甲，保持良好个人卫生。

⑤ 加工人员工作前、便后应对手进行充分的清洗消毒，加工过程中巡回消毒车每半小时清洗消毒一次，手经过消毒后不得做与生产无关的事。

⑥ 车间内严禁喧哗、饮食、吸烟等与工作无关的一切活动，严禁穿工作服上厕所或外出，禁止串岗。

⑦ 定期对生产、管理人员进行食品卫生知识培训，使其具备相应的食品卫生知识及卫生意识；新职工上岗前必须经过上岗前的安全卫生培训，使其熟知食品加工卫生的重要性和防止食品污染的方法，能自觉的遵守各项安全卫生制度。

(3) 生产、管理人员要求

① 生产、管理人员要定期培训，并经考核合格。

② 新入厂加工人员要经过卫生知识的培训，合格后上岗。

③ 从事检验及化验人员必须经过 CIQ 培训，并有一定的实践经验；从事一般检验的人员必须经过培训。

④ 生产部门负责人有丰富的加工技术和品质经验。

⑤ 品管部门负责人应具备品质管理经验和技术。

⑥ 卫生管理人员数量应足够，并具备相应的专业资格。

七、原料、辅料卫生要求

① 原料肉要求肉质新鲜，肌肉有弹性，经指压后凹陷部位立即恢复原位，表皮和肉切面有光泽，无淤血，表皮无残留的体毛及异物，无筋腱及组织膜外露，切面为鲜红色，无暗红血管夹杂于其中，兽药残留和微生物数量符合食品安全卫生要求。

② 各种辅料必须根据生产要求，由生产技术部门考察认可，辅料供应商必须符合我厂的验收标准并提供检验合格证或保证书，出现问题及时通知供应商以便解决。

③ 生产用原料、辅料（国内采购）必须是合格供方提供，有检验或检疫合格证，经进厂验收合格后方准使用。

④ 超过保质期的原料、辅料，不得用于食品生产。

八、生产、加工卫生要求

1. 人员卫生

① 加工及管理人员健康要求：见管理机构与人员的内容。

② 加工及管理人员卫生要求：见管理机构与人员的内容。

③ 外来人员未经批准不准进车间，批准后要按加工人员要求进入车间。

④ 维修人员及本厂非车间人员进车间时须按加工人员要求。

2. 设备卫生

① 加工设备用不锈钢材料制作，食品接触面所用材料不产生有害物并耐腐蚀，易于冲洗消毒。

② 设备中的食品接触面应平滑、无凹陷、无裂缝，以减少污物的积累，微生物繁衍，防止污染食品。

③ 设备安装在便于操作、易于清洗消毒的地方。

④ 设备使用时防止润滑油、金属碎屑等污染食品。

⑤ 设备之间排列有序，符合工艺要求，使加工生产能顺利进行而避免运送料、残品及加工生产线交叉迂回。

⑥ 各加工设备的加工能力与加工要求相适应。

⑦ 加工设备应按使用要求进行使用，遇有故障、破损等时，迅速进行维修，以备使用。

⑧ 加工机械器具应经常保持清洁，必要时每天进行数次清洗消毒，食品接触面使用前也应进行彻底的清洗消毒。

⑨ 被污染的食品加工时所使用的机械器具，每次都要进行彻底的清洗消毒。

⑩ 机械器具类消毒时应注意防止污染食品，消毒后要彻底清洗。

⑪ 使用的清洗剂、消毒剂、杀虫剂、有毒化学药品等应妥善保存，有专人管理，并按使用用途和方法使用。直接接触食品的消毒清洗剂应无味、无毒、高效。

九、加工工艺管理

1. 加工艺的制定部门

工厂在加工新产品前加工工艺由品质管理部门、销售生产部门、生产技术部门与生产车间参照顾客要求以及加工经验拟定。

2. 加工工艺的内容

包括：原料、辅料要求；操作规程；成品品质规格和安全卫生要求；包装、标签、储存等要求。

（1）原、辅料要求。投入生产的原料肉应符合《质量管理手册》的规定和相应标准要求。对进厂的每批原料肉须经检验合格后方可使用。各种辅料必须符合我厂的验收标准并提供检验合格证或保证书。

（2）操作规范

① 修剪。根据加工工艺要求，生区人员把冻品原料肉放入盘中，进行修整，以利于下一工序的进行。

② 低温腌制、滚揉。经修整的原料肉放入到0～4℃的低温腌制间里的滚揉机中，配上合适的腌制剂和香辛料，加入冰水真空滚揉，滚揉时间的设定以冰水、腌

制剂、香辛料、水充分吸收，达到乳化效果为宜，以使肉的表面无游离态水存在，肉腌透。

③ 成型。按照客户要求或本厂的一些质量要求进行加工，使产品的计量、规格、形状等符合要求。

④ 速冻。经油炸等工序完毕的产品经输送带送入冷冻机中，冷冻库温度保持在－35℃，产品的中心温度在－18℃，冷冻时间为20min。

⑤ 计量。单位定量包装产品的净含量与其标准重量之差不得超过规定偏差：

200～300g偏差±5g　　　　500～2000g偏差±10g

10～20kg偏差±100g　　　50kg以上偏差±150g

⑥ 内包装。将加工好的产品根据顾客要求进行内包装，并满足以下条件。

a. 内包装材料符合食品使用标准。

b. 普通内包装采用热合法封口，封口热压的线路要求清晰、平整、无烫焦烫皱现象，热合封口前应将袋内的产品摆放整齐，符合产品加工要求。

c. 真空包装应选用单面7丝以上塑料薄膜袋，封口包装过程的质量同普通内包装。

d. 抽真空设备维护良好，保证真空度达到要求。

e. 真空包装避免真空度不高，封口线不能封斜。

⑦ 金属探测

a. 每一袋熟肉制品，逐一经过金属探测，发现问题及时剔出。

b. 工作前、中、后每1h用模具对其验证一次，发现问题及时处理。

⑧ 外包装

a. 把内包装好的产品，按顾客要求规格进行外包装。

b. 产品在外包装内摆放均匀、整齐、美观，外包装材料要求质量合格，经过检验检疫部门注册。

c. 外包装坚固、运输途中用遮盖物盖住，以免污染。

d. 外包装要贴上标签。

标签上的标识项目及内容根据法规要求进行加贴，其内容包括如下方面：

a. 商品名。

b. 重量、规格。

c. 生产厂代号及地址。

d. 保存日期。

e. 有特殊要求的可标出使用说明。

⑨ 冷藏

a. 包装完毕的产品，应及时做好标识，入库，按生产日期，批次分别存放，离地面10cm，离墙不低于30cm，并做好入库后的标识。

b. 冷藏库温度保持在－18℃以下。

十、包装和标签

1. 包装

① 直接接触熟肉制品的内包装材料不得含有对人体有害的任何物质，各种图案标志应清晰，不脱落。

② 外包装纸箱和符合出口纸箱（或客户要求）外的品名、重量、标记等应按客户要求印刷。

③ 内、外包装要清洁卫生，坚固耐用，造型美观，标记清晰。

2. 标签

出口熟肉制品根据出口国要求不同加贴食用标签，食用标签一般贴在外包装的明显位置，内容有：品名、加工厂代号、保存方式、生产日期、净重、有效食用期(保质期)。

十一、品质、安全、卫生管理

1. 肉制品原料、辅料品质管理

① 原料肉及各种辅料必须符合我厂的验收标准并提供检验合格证或保证书。

② 超过保质期的原料、辅料不得用于食品加工。

③ 所有原料、辅料均要经过检验人员的抽样验收，并做好记录。

2. 肉制品加工过程品质管理

① 对加工过程实施 HACCP 管理，实行 HACCP 计划，按照工艺流程和质量标准监督生产，跟踪检查，防止生产出不合格产品。

② 对肉制品加工过程中的原料温度、腌制温度、油炸温度、速冻温度、包装温度等，应及时检测，以保证肉品质量。

③ 对腌制时间、熟制时间等按照工艺要求进行控制。

④ 品质指标：气味、色泽正常，形状良好，口味、规格、重量、微生物等符合顾客要求。

3. 肉制品成品品质管理

① 速冻后的成品在入冷藏库前必须通过金属探测器。

② 对成品按规定不定期进行抽检。

③ 所有成品在入冷库后按规格、客户和生产日期不同进行摆放，按先进先出的原则储藏。

4. 安全卫生管理

(1) 检验人员要求参照管理机构与人员的内容要求执行。

(2) 微生物检测所用标准

① 细菌总数按 SN0167—92 检测。

② 大肠菌群按 SN0169—92 检测。

③ 沙门菌按 SN0170—92 检测。

④ 金黄色葡萄球菌按 SN0172—92 检测。

十二、储存及运输管理

1. 储存管理

① 包装完毕的产品，应及时做好标识，入库、冷藏库温度保持在－18℃以下且稳定，不能忽高忽低，以免影响食品品质。冷藏库每季度冲霜消毒一次，每天清扫一次。

② 仓库保持整洁，无异物，储存物品不得直接放在地面上，按生产日期、批次分别存放，离地面 10cm，离墙不低于 30cm，并做好入库后的标识。

③ 仓库中货物每半年进行一次全面清理，发现异常情况及时上报处理，包装破坏或长时间储存品质有变化的，重新检验，做出处理。

④ 冷库内不得存放其他有异味或裸装食品。

2. 运输

① 成品采用集装箱或可降温的制冷车运输。

② 运输车装运货物前进行清洗消毒，防止污染食品。

③ 每批成品经过严格检验，确定符合所规定的品质、安全、卫生要求后，方可出货。

④ 成品的仓储、运输有详细的仓储记录，温度记录，监装记录，内容包括批号，出货时间，天气，车号，集装箱号，数量，规格，品质状况，产品温度，运输工具卫生状况，以便发现问题时可迅速回收或查找原因。

⑤ 产品的仓储运输必须坚持先进先出的原则。

十三、记录档案

① 建立 GMP、SSOP 和 HACCP 计划。

② 制订所用设备、检测仪器的操作规程和使用记录，对所用计量仪应定期校正，并做记录。

③ 制订原辅材料验收和产品加工工艺标准和检验方法。

④ 品质管理科对原材料、半成品及成品进行质量、卫生检查和检验后，详细记录结果，在工作过程中发生异常情况，及时制订实施纠正措施以防再次发生。

⑤ 加工生产车间按规定填写加工生产记录、消毒记录，并且记录异常情况的纠正措施。

⑥ 品质管理、生产管理所有记录全部详细记录于正规表格，资料由各科室分工管理，做原始材料供日后查考，每项记录均由执行人员及监督人员签名。

十四、质量信息反馈及处理

① 顾客对不合格品的投诉或其他质量信息由销售科接收、处理并将信息反馈到责任部门，责任部门制订纠正措施或预防措施并实施、记录。

② 品质管理科根据规定对纠正措施、预防措施的实施效果进行跟踪验证，记录验证结果并反馈给有关部门。

③ 发现危害人体健康的安全卫生项目等不合格情况时，要根据生产日期、批号迅速收回出厂产品。

十五、管理制度的建立及考核

企业应建立具有整体性的、有效的执行本规范的管理制度，整体协调企业各部门贯彻本规范各项制度。

1. 管理制度的制订、修订及废止

企业应建立执行本规范的相关管理制度的制订、修订及废止的作业程序，以确保质量管理者持有有效版本的作业文件，并根据有效版本执行。

2. 管理制度的考核

① 企业应建立由各级管理层组成的内部考核组，对企业执行本规范情况进行定期或不定期的检查，对存在的问题，予以合理解决与追踪。

② 内部考核组组成人员，须经一定的培训，并做好培训记录。

③ 企业应制订内部考核计划，确定检查、考核周期（一般以半年一次为原则），切实执行并做好记录。

第五节　食品卫生标准操作程序（SSOP）

SSOP（Sanitation Standard Operation Procedures）称为卫生标准操作程序，是食品生产和加工企业为了保证达到良好操作规范所规定的要求，确保食品加工过程中消除不良的人为因素，使所加工的食品符合卫生要求而制定的指导食品生产加工过程中如何实施清洗、消毒和卫生保持的卫生控制作业指导文件。

SSOP是食品生产和加工企业建立、维护和实施HACCP计划的重要基础和前提。如果没有对食品生产环境的卫生控制，即使实施HACCP管理，仍会导致食品的不安全因素的增加。无论是从人类健康的角度来看，还是从食品国际贸易的要求来看，都需要食品的生产者在一个良好的卫生条件下生产食品，这也是GMP的要求。

卫生标准操作程序（SSOP）包括：①水和冰的安全；②食品接触表面的结构、状况和清洁；③防止交叉污染；④手的清洗、消毒及卫生间设施的维护；⑤防止外来污染物（杂质）的污染；⑥有毒化合物的正确标记、储存和使用；⑦员工健康状况的控制；⑧害虫的灭除。

一、SSOP的基本内容

（一）水和冰的安全

生产用水（冰）的卫生质量是影响食品卫生的关键因素，食品加工厂应有充足供应的水源。对于任何食品的加工，首要的一点就是要保证水的安全。水的安全应包括以下几点内容：水的供应；水中可能的危害；水源与水的处理、水的标准；饮用水与污水交叉污染的预防；冰/汽的安全；水的监测；纠编；相关记录。

1. 水的供应

食品生产用水的供应问题主要包括4个方面：①作为配料的水（包括浸泡冷却的水）的安全供应；②与食品、食品接触面有关的水的安全供应；③制冰/蒸汽用水的安全供应；④饮用水与非饮用水和污水排放系统有无交叉相连关系。

2. 水中可能的危害

水中可能的危害，可分为生物性、化学性和物理性危害。其中，生物性危害主要包括病毒、细菌和寄生虫；化学性危害主要包括农药、工业污染及重金属等有害化学物质；物理性危害主要包括浮尘、胶体及可见物理污染物（沙、石、泥土等）。

3. 水源与水的处理、水的标准

(1) 水源。食品生产用水可以使用城市公共用水，也可以使用自供水。

(2) 水的处理。水的处理方法较多，其中最常用的有加氯处理、臭氧处理和紫外线消毒等方法。

(3) 水质标准。《出口食品生产企业卫生要求》规定，出口食品生产企业加工用水（冰）应符合国家卫生部《生活饮用水卫生规范》的必要标准，对水质的公共卫生、防疫卫生检测每年不得少于两次，自备水源应当具备有效的卫生保障设施。

水产品加工中原料冲洗使用海水的，应符合GB 3097—97《海水水质要求》，软饮料用水质量应达到标准GB/T 1079—89要求。

出口食品生产企业在生产出口食品时还应考虑进口国的水质标准要求，如：欧盟指令80/778/EEC对水的要求、美国环境保护局（EPA）制定的《国家饮用水基本标准》等。

4. 饮用水与污水交叉污染的预防

(1) 供水管理方面。从供水管理方面预防饮用水与污水交叉污染，可以采取以下措施：①绘制详细的供水网络图；②出水口编号管理；③管道区分标记、不互联；④防虹吸，如清洗/解冻/漂洗槽（管口距水面大于水管直径2倍；软水管不得入水）；⑤防止水倒流。

（2）废水排放方面。从废水排放方面预防饮用水与污水交叉污染，应考虑以下几点：①地面的坡度控制在2%以上（易于排水）；②加工用水、台案或清洗消毒池的水不能直接流到地面；③明沟的坡度设置在1%～1.5%，暗沟要加篦子（易于清洗、不生锈）；④废水的流向应从清洁区到非清洁区或各区域单独排到排水网络；⑤与外界接口应防异味、防鼠、防蚊蝇。

（3）污水处理方面。污水排放前应做必要的处理，排放应符合国家环保部门的要求。

5. 冰/汽的安全

（1）冰的安全。食品加工过程中常常使用冰，在使用冰的过程中要注意冰的安全。制冰用水必须符合饮用水标准；制冰设备要求卫生、无毒、不生锈；储存、运输和存放的容器卫生、无毒、不生锈；要进行微生物监测。

（2）汽的管理。食品加工过程中使用汽时，要加强对汽的管理。如用于与食品直接接触或与食品表面相接触的水蒸气不应对食品的安全性和适宜性构成威胁；蒸汽的生产、处理和存储要加以保护，以防污染；蒸汽不与产品及产品接触面接触的情况可例外，但应有因管道泄漏等造成污染的控制措施。

6. 水的监测

无论是城市公共用水还是自备水源或海水，都必须以足够的频率进行监测，从而确保生产用水可安全地用于食品和食品接触面。

监测水时要有取样计划和取样方法。

监测的内容和方法分别如下。

（1）余氯。试纸、比色法、化学滴定方法。

（2）pH值。试纸、比色法、化学滴定方法。

（3）微生物。细菌总数、大肠菌群、粪大肠菌群。

7. 纠偏

监控时发现加工用水存在问题或管道有交叉连接时应终止使用这种水源和终止加工，直到问题得到解决。

水的监控、维护及其他问题处理都要记录、保持。

8. 相关记录

记录内容包括如下方面。

① 供、排水网络图（含出水口编号）。

② 官方水质检测报告。

③ 化验室水质检测报告（微生物、余氯）。

④ 制冰记录或冰的检测报告。

⑤ 如有自备水源，需有水处理记录。

⑥ 如有储水设施应有清洗消毒记录。

（二）食品接触面的结构、状况和清洁

食品接触面的结构、状况和清洁方面的安全包括食品接触面的种类、食品接触面材料和结构的要求、食品接触面的清洗消毒、监测和记录。

1. 食品接触面的种类

食品接触面是指接触人类食品的表面以及在正常加工过程中会将水滴溅在食品或食品接触面上的那些表面。

食品接触面可分为直接接触面和间接接触面。

直接接触面包括：①加工设备（如制冰机、传送带、饮料管道、储水池等）；②工器具、台案和内包装物料；③加工人员的手或手套、工作服等。

间接接触面包括：①车间墙壁、顶棚、照明、通风排气等设施；②车间、卫生间的门把手；③操作设备的按钮；④车间内电灯开关、垃圾箱、外包装等。

2. 食品接触面材料和结构的要求

（1）材料要求。食品接触面材料要求无毒、浅色、光滑、耐腐蚀、不吸水/吸附、易清洗、不生锈、不与清洁剂和消毒剂发生反应。木材、含铁金属、黄铜、镀锌金属、纤维或其他多孔易吸附的材料一般不允许作为食品接触面。

（2）结构要求。食品接触面结构要求：①无粗糙焊缝、破裂、凹陷；②不同表面接触处应有平滑的过渡（如地角、顶角、设备的边角等）；③表里如一；④便于养护、拆洗。

3. 食品接触面的清洗消毒

（1）清洗消毒的步骤。清洗消毒一般分 5～6 个步骤：

清除污物→预冲洗→用清洁剂清洗→再冲洗→消毒→最后冲洗（如果使用化学方法消毒）。

（2）消毒方法。下面以某肉制品加工企业为例介绍具体的清洗消毒方法。

① 加工设备的清洗消毒方法

a. 滚揉机的清洗消毒方法。班后清洗消毒，消毒步骤如下。

清理油污肉屑→洗洁精温水擦拭→清水冲洗干净→50～100μm/L 的次氯酸钠消毒液喷雾消毒→清水冲净→干净毛巾擦去积水→75%的酒精喷雾。

b. 油炸机的清洗消毒方法。班后清洗消毒，消毒步骤如下。

放净油→放洗洁精或稀碱液→加热到 100℃蒸煮半小时→浸泡 12h→高压放水冲洗→干净毛巾擦去积水→75%的酒精喷雾。

c. 速冻机清洗消毒方法。班后清洗消毒，消毒步骤如下。

清理油污肉屑→洗洁精温水擦拭→清水冲洗干净→50～100μm/L 的次氯酸钠消毒液喷雾消毒→清水冲净→干净毛巾擦去积水→75%的酒精喷雾。

d. 案台和工器具的清洗消毒方法

班前：清水冲洗案面→干净毛巾擦去表面积水→用 75%的酒精喷雾消毒 1

次→清水冲洗干净。

班中：生产过程中案面要保持清洁，每 30min 消毒一次。

班后：清水冲洗碎肉及其他残渣→洗洁精温水擦拭表面油污→清水冲洗干净油污及残余洗洁精→用 50～100μm/L 的次氯酸钠液喷雾消毒→清水冲净→干净毛巾擦去积水→75％的酒精喷雾。

e. 工作服。每人两套工作服，生区、熟区员工工作服分别收集，每天一次各自洗衣房清洗，分别用臭氧消毒。

工作服清洗消毒程序：清水浸泡→洗衣粉搓洗→冲洗干净→150～200μm/L 的次氯酸钠消毒液浸洗→冲洗干净。

② 空气消毒

a. 更衣室：采用臭氧发生器消毒，距上班时间 40min 消毒完毕，班后人员全部离开后开始消毒，每天两次。

其消毒方法是：关闭门窗，人员撤出，打开臭氧发生器 90min，打开门窗通气 30min，人员方可进入。

b. 冷冻车间、保温车：药物熏蒸法（用过氧乙酸、甲醛，每平方米 10mL），冷冻车间 1 次/年，保温车随用随消毒。

③ 地面、墙壁、下水道。用后清理肉屑、残渣异物→高压水冲→清洁剂/食用碱刷洗→高压冲净并消毒（生产车间由专人清理）。

④ 天花板。高压水冲→清洁剂/食用碱擦洗→高压冲净。

（3）工器具清洗消毒的注意事项。

① 要有固定的场所或区域。

② 推荐使用 82℃的热水，注意蒸汽的排放。

③ 根据被清洗物的性质选择相应的清洗剂；在使用清洗剂、消毒剂时要考虑接触时间和温度，以达到最佳效果，冲洗时要用流动水。

④ 注意排水问题，防止清洗、消毒水溅到产品或消毒后的产品接触面上造成污染。

⑤ 注意科学程序，防止清洗剂、消毒剂的残留。

4. 监测

常见的监控方法有感官检查、化学检测（消毒剂浓度）和表面微生物检查。下面着重介绍与食品接触面的微生物检测。

（1）检测项目与方法。经过清洁消毒的设备和工器具表面采用涂抹法进行检测。细菌总数应低于 100 个/cm^2，沙门菌及金黄色葡萄球菌不得检出。

空气的洁净程度，可通过空气暴露法进行检测。

空气污染程度参考数据见表 4-2 所示。

（2）检测频率。加工车间、加工设备、包装物料每两天一次。

案台和工器具、加工人员的手（手套）和工作服、车间更衣室空气每两天一次。

表 4-2　空气污染程度参考数据

落下菌数/个	空气污染程度	评　价	落下菌数/个	空气污染程度	评　价
<30	清洁	安全	70～100	高度污染	对空气进行消毒
30～50	中等清洁		>100	严重污染	禁止加工
50～70	低等清洁	应加以注意			

5. 纠正措施

① 对检查不干净的食品接触面重新进行清洗消毒。

② 对可能成为食品潜在污染源的工作服进行消毒和更换。

③ 微生物检测不合格的应连续检测，并对此时间内产品重新检验评估。

④ 维修不能充分清洗的接触面。

6. 相关记录

记录内容包括：

① 每日卫生监控记录；

② 检查、纠偏记录；

③ 洗手消毒记录；

④ 工器具清洗消毒记录；

⑤ 班前班后卫生检查记录；

⑥ 巡检记录；

⑦ 化验室表面样品检测记录及报告。

（三）防止交叉污染

交叉污染是通过生的食品、食品加工者或食品加工环境把生物或化学的污染物转移到食品的过程。

1. 交叉污染的来源

① 工厂选址、设计及车间工序布局不合理。

② 生、熟产品未严格分开，原料与成品未隔离。

③ 工作人员的个人卫生不良及卫生操作不当。

2. 交叉污染的预防

① 工厂的选址、建筑设计应合理。

② 生、熟加工区要严格分开。

③ 加工人员的卫生应严格控制。

3. 纠正措施

① 如果专门管理人员发现工人不按照规定的程序洗手消毒，应责令其返回洗手消毒，并对其进行卫生教育。

② 检验人员如发现生、熟区域交叉，则必须停止生产，及时调整，并对这段时间加工的产品进行检验。

③ 如果产品与地面、容器、下脚料等不清洁的物品接触而造成了污染，则必须对产品进行彻底的清洗消毒，证明合格后方可继续加工，或降级处理。

④ 定期对所使用的工器具、设备做彻底地清洗消毒，若加工前卫生检查结果不合格，则必须重新清洗消毒。

4. 相关记录

记录内容：生产之前后卫生情况检查记录

（四）手的清洗、消毒及卫生间设施的维护

1. 洗手消毒设施

洗手消毒设施应安放于车间入口、卫生间、车间内，并有醒目标识。

洗手龙头必须为非手动开关，洗手处有皂液盒。在冬季应有热水供应，水温适宜。盛放手消毒液的容器在数量上也要与使用人数相适应并合理放置，以方便使用。

干手用具必须是不导致交叉污染的物品，如一次性纸巾、干手器等。

车间内适当的位置应设足够数量的洗手消毒设施，以便于员工在操作过程中定时洗手、消毒，或在弄脏手后能及时洗手。

2. 卫生间设施

卫生间应设在卫生设施区域内并尽可能离开作业区，卫生间的门、窗不能直接开向加工作业区，卫生间的墙壁、地面和门窗应该用浅色、易清洗消毒、耐腐蚀、不渗水的材料建造，并配有冲水、消毒设施，厕所应设有更衣、换鞋设施（数量以15～20人设一个为宜），手纸和纸篓保持清洁卫生、不漏水，防蝇设施齐全，通风良好。

3. 洗手消毒程序

良好的进车间洗手程序为：工人穿工作服→穿工作鞋→清水洗手→用皂液或无菌皂洗手→清水冲净皂液→50μm/L的次氯酸钠溶液浸泡30s→清水冲洗→干手（干手器或一次性纸巾）→75%食用酒精喷手。

良好的入厕程序为：脱工作服→脱工作鞋→入厕→冲厕→皂液洗手→清水冲洗→干手→消毒→穿工作服→穿工作鞋→洗手消毒→进入工作区域。

洗手消毒的时间为：在接触到除已清洁的手和胳膊暴露部分以外的人体暴露部分之后；上完卫生间后；咳嗽、打喷嚏、处理过卫生纸、吸烟后、吃完东西或喝完饮料之后；食品预处理期间，若经常需要去除脏物及污染物以及在交换工作时，要防止交叉污染。

4. 纠正措施

① 重新洗手消毒。

② 及时对不卫生情况清理。

③ 设施损坏的要及时维修或更换。

5. 相关记录

记录内容：生产之前后卫生情况检查记录

（五）防止外部污染物（杂质）的污染

在食品加工过程中，食品、食品包装材料和食品接触面被各种物理的、化学的物质及微生物污染，被称为外部污染。

1. 产生外部污染的原因

① 有毒外源化合物产生的污染。

② 不卫生的冷凝物和死水产生的污染。

③ 无保护装置的照明设备，不卫生的包装材料也可导致产品被污染。

2. 外部污染的控制

① 工厂在选址、设计时应考虑外部污染问题。

② 应考虑水滴和冷凝水导致的外部污染。

③ 包装物料与储存库应保持卫生。

3. 纠正措施

① 对可能造成产品污染的情况加以纠正并评估产品质量。

② 存放不当的包装材料和清洁剂等应正确存放。

③ 必要时进行维修或更换。

（六）有毒化合物的正确标记、储存和使用

大多数的食品加工企业使用的化学物质包括清洁剂、灭鼠剂、杀虫剂、机械润滑剂、食品添加剂、化验室检验用化学药品等。在使用这些化学物质时必须小心谨慎，按产品说明书使用，做到正确标记、安全储藏，否则可能导致加工的食品被污染。

1. 有毒化合物的购买要求

所使用的化学药品必须具备主管部门批准生产、销售、使用的证明，列明主要成分、毒性、使用剂量和注意事项，并标识清楚；工作容器标签必须标明容器中试剂或溶液名称、浓度、使用说明，并注明有效期。

2. 有毒化合物的储存要求

有毒化学物品的储存要设单独的区域，一般人员不易接近，柜子上锁。食品级化学物品应与非食品级化学物品分开存放，有毒化学物品应远离食品设备、工器具和其他易接触食品的地方。

3. 有毒化合物的使用要求

食品加工各环节的清洁消毒剂，所用浓度与清洗消毒程序要求相符；杀虫剂应按使用说明及建议使用，并保存使用配制记录；负责管理、使用化学药品的人员必须经培训合格后方可操作。

4. 纠正措施

无产品合格证明等资料的化学药品拒收，资料不全的先单独存放，获得所需资料后方可接受；标识或存放不当的应纠正；不恰当使用化学药品的员工应接受纪律处分或再培训，可能受到污染的产品应销毁；配置使用不当应立即更正，必要时对

产品进行评估。

5. 相关记录

记录内容如下。

① 化学药品入库表。

② 化学药品出库记录表。

③ 化学药品使用记录。

（七）员工健康状况的控制

同本章“食品生产人员的健康要求”。

（八）预防和清除鼠害、虫害

① 保持厂区环境清洁卫生。

② 防鼠。

③ 防虫害。

④ 纠正措施。改正可引起害虫问题的情况，定期捕杀老鼠和飞虫，夏秋季蚊蝇出现高峰期每天捕杀一次。

⑤ 相关记录。记录内容：害虫、害鼠活动趋势报告及纠正措施。

二、卫生标准操作程序计划的制定——企业卫生标准操作程序

以某出口熟肉制品的加工企业为例来介绍企业卫生标准操作程序。

（一）加工用水（冰）的安全与卫生

1. 水源

采用自备水源，各项指标均符合《生活饮用水卫生标准》。

2. 供水设施

① 备有完整的供水设施及网络图。加工车间水龙头应进行编号，不同用途的水管用标识区分，红色标识为热水，蓝色标识为凉水。

② 供水设施要完好，一旦损坏后就能立即维修好，管道的设计能防止冷凝水集聚下滴污染裸露的加工食品。

③ 设备动力科保存有一份本公司详细的供水网络图，以便日常对生产供水系统的管理与维护。

④ 各水管设置要离水面距离 2 倍于水管直径，以防止水倒流产生虹吸现象。

⑤ 为防止水倒流，水管龙头要真空阻断。

⑥ 软水管颜色要浅，使用不能拖在地面，用后应放在专用架上。

⑦ 洗手消毒水龙头为非手动开关。

3. 供水设施的监控

① 公司设备动力科负责对供水设施的维护和日常维修。

② 生产前公司设备动力科派专人负责对供水设备进行检查，对于检查不符合要求的要立即维修，使供水设施处于完好状态。

③ 频次：车间生产之前。

4. 纠正措施

当水处理系统损坏或受到污染时，应立即停水并判定损坏，将本时间内生产的产品进行安全评估，以确保食品的安全卫生，当水质符合国家饮用水标准时，才可重新生产。

5. 水质检测

(1) 标准（国家饮用水标准 GB 5749—2006）

微生物指标

总大肠菌群（MPN/100mL 或 CFU/100mL）：不得检出。

耐热大肠菌群（MPN/100mL 或 CFU/100mL）：不得检出。

大肠埃希氏菌（MPN/100mL 或 CFU/100mL）：不得检出。

菌落总数：不超过 100 个/mL 水

(2) 监测项目与方法

微生物：总大肠菌群、耐热大肠菌群、大肠埃希氏菌、菌落总数。

当水样检出总大肠菌群时，应进一步检验大肠埃希氏菌或耐热大肠菌群；水样未检出总大肠菌群，不必检验大肠埃希氏菌或耐热大肠菌群。

(3) 频次

① 每年委托市级卫生防疫站按国家生活饮用水卫生规范规定的水质指标进行两次全项目分析，并有报告正本。

② 品质管理科按不同的出水口编号，每月至少对水质进行抽样化验三次，每次取至少两个出水口，一年内保证对所有水龙头出口进行监测。

(4) 纠正措施。如果检验结果表明水质不良，工厂立即停产，待水质检测合格后方准使用，期间生产的产品待检。

(5) 生产用冰的卫生质量控制

① 冰用水的水质符合饮用水的卫生要求。

② 制冰设备和装冰块的器具必须保持良好的清洁卫生状况，设备和器具的制作材料必须无毒、不生锈。

③ 制冰和存冰的场所必须具备良好的生产条件，以保证冰不被灰尘、昆虫和老鼠污染。

(6) 废水的排放

① 净区与非净区废水的排放严格分开，单独排向车间外部。

② 下水道每日清扫，保持排水畅通，无淤积现象。

③ 车间内地漏为加盖不锈钢篦子。

(7) 质量记录

① 市防疫站提供的《水质检测报告》。

② 公司化验室提供的《水质检测报告》。

③ 公司化验室提供的《余氯浓度检验报告》。

④ 供水排水网络图。

（二）食品接触表面的清洁度

1. 与食品接触的表面

① 加工设备。滚揉机、斩拌机及金属探测器等。

② 案面、工器具、工作台、盘子、刀具、不锈钢盒等。

③ 包装物料、加工人员工作服、手套等。

2. 设备的使用与管理

① 材料要求。所有设备、工器具、工作台、管道均采用不锈钢材或食品级聚乙烯材料制成完好无损，设备结构简单，制作精细，无粗糙、焊缝、凹陷、破裂等，表面光滑、无坑洼现象，无藏污油垢部位，易于清洗消毒。

② 检验人员负责对车间内所有设备、管道及工器具等设施进行检查，以确定是否充分清洁，并保持完好。

③ 监测频率。每日一次。

④ 纠正措施。应维修或更换不能充分清洗的食品接触面。

3. 与食品接触表面的清洗消毒程序

① 加工设备的清洗消毒程序。同本章第五节。

② 案面、工器具清洗消毒程序。同本章第五节。

③ 工作服清洗消毒程序。同本章第五节。

④ 空气消毒。同本章第五节。

4. 监控

① 每天工作前或工作完毕后，由质检员负责对设备和工器具的清洗、消毒状况进行检查。

② 质检人员对已清洗、消毒过的设备和工器具进行外观检查外，化验室每月对其进行微生物检验不少于 2 次。

③ 每批内包装进厂后都要进行微生物检验（细菌数＜个/cm^2，无致病菌）。

④ 化验室对工作服清洗消毒的检测，每月不少于 2 次。

5. 纠正措施

① 对检查不干净的食品接触面重新进行清洗消毒。

② 对可能成为食品潜在污染源的工作服进行消毒和更换。

③ 微生物检测不合格的应连续检测，并对此时间内产品重新检验评估。

④ 维修不能充分清洗的接触面。

6. 与食品接触表面的清洗消毒执行记录

① 卫生消毒记录。

② 工作完毕后消毒情况记录。

③ 个人卫生控制记录。

④ 微生物检测结果报告。

⑤ 臭氧消毒记录。

⑥ 员工消毒记录。

（三）防止交叉污染

1. 工作操作不当导致交叉污染

① 对新进厂员工进行基本的卫生知识培训，企业管理人员应对其安排基本的食品安全卫生课程。

监测频次：雇用新员工时。

② 加工人员进入车间，不得戴手表和饰品，不得化妆，不得留长指甲，头发不得外露。

③ 进车间前应彻底地清洗消毒，由品管员检查合格后方可进入车间。

④ 不得将与生产无关的物品带入车间，各工序人员不得串岗。

⑤ 每次离岗后和每次污染后，工人必须清洗消毒手，工作期间严格手的清洗和消毒。进厕所必须脱下工作服、靴、帽，出厕所后手要清洗消毒。离开车间时必须脱下工作服、靴、帽。加工过程中用流动消毒车每半小时冲洗消毒一次，被污染后立即进行清洗消毒。

⑥ 进行检验管理要定期。检查洗手设施是否处于良好发生产状态，消毒液是否充足，工人是否按照规定的程序进和洗手。

2. 生熟产品

① 加工过程中熟制前后的半成品分开存放，以防止污染。

② 做到生熟完全隔离。

3. 生区、熟区的加工人员杜绝相互串岗

4. 对加工过程中的落地产品，应专人负责放入指定的容器中清洗消毒后做降级处理

5. 车间废弃物

车间废弃物投入专用垃圾桶，加以明显标识，并及时运出车间处理。

6. 原料、辅料、包装物料要专料专库，保持清洁卫生，不受污染

7. 车间

① 车间密封良好，通风口设有铁丝网，朝外的门设有挡鼠板，防止虫鼠侵入。

② 车间的正压排气和进气要加以控制，防止空气的交叉污染。

8. 纠正措施

① 如果品管理人员发现工人不按照规定的程序洗手消毒，应责令其返回洗手消毒，并对其进行卫生教育。

② 检验人员如发现生、熟区域交叉，则必须停止生产，及时调整，并对这段

时间加工的产品进行检验。

③ 如果产品与地面、容器、下脚料等不清洁的物品接触而造成了污染，则必须对产品进行彻底的清洗消毒，证明合格后方可继续加工，或降级处理。

④ 定期对所使用的工器具、设备做彻底地清洗消毒，如果加工前卫生检查结果不合格，则必须重新清洗消毒。

9. 文件及记录

① 培训记录。

② 生产之前后《卫生情况检查表》。

③ 员工卫生检查记录。

（四）手的清洗、消毒及卫生间设施与卫生保持

1. 控制与监测

（1）更衣室和卫生间与生产车间相连，在更衣室和卫生间与加工车间之间设有缓冲带；卫生间、更衣室的门不能直接开向生产加工车间，并应维护保养状况良好，每班次后由更衣室管理人员进行清洗和消毒并保持地面干燥。卫生间通风良好并有防蚊蝇设施，每日由卫生监督员对更衣室、卫生间的清洗消毒情况进行监督检查。

监测频次：每日。

（2）卫生间设施齐全、通风良好、干燥、方便清洁、水冲卫生间、污水排放畅通，进卫生间必须遵守良好的如厕程序：更换工作服→换鞋→如厕→冲厕→皂液洗手→清水冲洗→干手→消毒→换工作服→换鞋→洗手消毒，进入工作区域，每日由卫生监督员对卫生间的设施及工人的如厕洗手消毒情况进行监督检查。

监测频次：每日。

（3）工作人员进入车间应穿戴整齐，工作服、工作帽和水靴应洁净；工作人员严禁染指甲和化妆，并严格执行洗手消毒程序，确保下列情况下彻底洗手消毒。

① 工作前；

② 入厕后；

③ 饭后、吸烟后或者接触嘴或任何在嘴里的东西后；

④ 接触头发、耳朵或鼻子后；

⑤ 接触废弃物、垃圾或不洁器皿后；

⑥ 对着手打喷嚏或咳嗽后；

⑦ 任何原因离开工作区返回后。

每次进入加工车间时，由卫生监督员负责对工人的洗手消毒程序进行监督检查，并每日对车间的洗手消毒设施进行监督检查，由化验室对员工洗手消毒后手的卫生状况进行微生物检测。

监测频次：每日。

（4）洗手消毒设施设于车间入口处及加工区域内，水鞋消毒池内加有200～300μmol/L 的次氯酸钠溶液，加入量以浸过靴面为准，洗手消毒设施设有充足的非手动式开关，并设有皂液盒、干手纸、消毒剂等，进车间的洗手消毒程序如下：工作人员更换工作服→换鞋→清水洗手→皂液洗手→清水冲洗皂液→50～100μmol/L次氯酸钠溶液消毒1min→清水冲洗→干手后方可进入车间。

(5) 更衣室的更衣架设为不锈钢架，在每班工作结束后，将工作服、帽拿到车间更衣室放入专用篓内，由洗衣房人员统一清洗、消毒，干净的工作服由更衣室管理人员工作服分发室统一发放。

(6) 工作结束后的围裙、套袖清洗消毒程序如下：脱下围裙、套袖→清水冲洗去除可见杂物→100μmol/L次氯酸钠溶液浸泡1min→沥干备用。

检测频率：每班次。

2. 纠正措施

① 重新洗手消毒。

② 及时对不卫生情况清理。

③ 设施损坏的要及时维修或更换。

3. 文件及记录

《生产前后卫生情况检查表》

(五) 防止食品被污染物污染

1. 污染物的来源及控制

① 空气中的灰尘、颗粒。

② 保持工厂道路的清洁，经常打扫和清洗路面，减少厂区飞扬的尘土。

③ 厂区及周围种植草坪，进行厂工区绿化，由专人负责。

监测频率：每周一次。

2. 水滴和冷凝水

① 良好通风。

② 车间温度控制。

③ 提前降温。

④ 及时清扫。

3. 外来危险品

① 外来危险品均由专人负责储存，并远离产品及包装物。

② 车间内设有储存消毒用品的消毒柜，柜内用品标识明确，并加锁储存。

4. 无保护装置的照明设备和其他易碎物质

① 玻璃器具分类：照明灯、灭蝇灯、玻璃温度计等。

② 玻璃器具的管理。

③ 生产区、仓库中的灯具加防爆装置。

④ 定期检查玻璃器具的完好状况，出现碎玻璃事故由品质管理科负责检查收集。

⑤ 收集的碎玻璃用容器密封后运走。

监测频率：每日一次。

5. 润滑剂

在生产、包装区域使用食品级润滑油，在生产/仓储区只存放食品级润滑油，食品级和非食品级分开存放。

6. 残留清洁剂和消毒剂等化学物品

执行正确的清洗消毒方法，避免再次污染预先清洁的地方/器具。

7. 杀虫、灭鼠器材的放置

① 生产区域和储存区域不应使用苍蝇拍。

② 灭蝇灯定期清洁，避免死虫堆积，否则造成“溢出”的可能。

③ 灭蝇灯不能放置在仓库门的上方，灯泡应每年更换。

8. 纠正措施

① 对可能造成产品污染的情况加以纠正，并对产品的质量进行评估。

② 对清洁消毒用品实施正确的管理。

③ 设置遮盖物防止冷凝水落到食品上。

（六）化学物质的标记、储存和使用

本公司使用的化学药品有消毒剂、清洁剂、杀虫剂、化验室用化学药品、食品添加剂以及润滑油等。

1. 使用的化学药品分类

① 清洁消毒剂。洗洁精、皂液、酒精、优氯净、食用碱等。

② 杀虫剂。灭害灵。

③ 润滑油。食品级润滑油。

④ 检验用化学药品、试剂。甲醇、正已烷、乙酸、乙酸乙酯、乙腈等。

2. 购买要求

所使用的化学药品必须具有主管部门批准生产、销售、使用的证明，列明主要成分、毒性、使用剂量和注意事项。

监测频次：接收化学药品时。

3. 储存要求

① 清洁消毒剂储存在厂化学药品库、与食品及包装材料分开。

② 专人管理、防止随意领用，有领用记录。

③ 生产车间设有化学药品库、用来储存、配制、分发生产用清洁消毒剂。

④ 检验用化学药品要分类存放。

4. 使用要求

① 公司由专人负责配制各生产环节的消毒剂。消毒剂配制的浓度要与不同工序要求相一致。

② 负责化学物品的管理人员必须经过培训合格后方可上岗。

监控频次：每天一次检查清洁消毒剂使用浓度及配制方法是否符合要求。

5. 纠正措施

① 拒收无产品合格证明的化学药品，对于资料不全的要单独存放，获得所需资料后方可接收。

② 标识不清或存放不当，应对其重新标识或纠正。

③ 对于配制不符合要求的，必须重新配制，必要时对产品进行评估。

6. 文件及记录

①《化学药品入库表》。

②《化学药品出库记录表》。

③ 化学药品使用记录。

④ 实验室培养基配制记录。

(七) 生产人员的健康卫生控制

1. 健康检查

① 建立人员健康档案。与食品生产有接触的人员经体检合格后方可上岗；初次进行加工的职工必须经健康检查合格后方可上岗。

② 生产、检验人员每年进行一次健康检查，必要时做临时健康检查。

2. 员工进入车间时的卫生控制

① 严格洗手、消毒程序：清水→皂液洗→清水冲洗→50～80μmol/L 次氯酸钠溶液浸泡 30s→清水冲洗→干手。

② 卫生管理员负责用粘筒清理员工身上粘有的头发、异物等。

③ 接受检查：工作服是否干净、整齐，是否身上粘有异物，指甲是否过长，手是否有伤或化脓现象等。

④ 与生产无关的物品严禁带人车间，员工不得戴首饰，不得化妆、涂指甲油等。

⑤ 非生产人员进入车间，卫生消毒程序：清水→皂液洗→清水冲洗→50～80μmol/L 次氯酸钠溶液浸泡 30s→清水冲洗→干手。

3. 生产过程中的卫生控制

① 生产车间严禁吸烟、吃食品、喝饮料。

② 员工进入卫生间前要脱下工作服，从卫生间出来必须重新洗手、消毒。

③ 工作人员不得串岗。

④ 工作过程中每个环节须按要求定时洗手、消毒。

4. 加强员工卫生意识的培训

公司应制订《年度培训计划》，办公室负责组织实施，并记录存档。

5. 监控频率

每年进行一次健康检查，车间负责人每天对员工的身体健康状况都要进行了解。

6. 纠正措施

① 未及时体检的员工进行体检，体验不合格的调离原工作岗位。

② 不按要求穿戴、身上有异物者，立即更正。

③ 受伤者（刀伤、化脓）自我报告或检查发现。

④ 加强员工的卫生知识培训。

7. 文件及记录

① 个人卫生控制记录。

② 年度培训计划。

③ 健康证明。

（八）虫害控制

1. 设置

加工车间各入口设有塑料软帘、挡鼠板或风幕，车间与外界联系的排水沟设有不锈钢防护罩及U型弯管，以防虫、鼠的侵入。

2. 防治措施

① 厂区用杀虫剂：厂区环境采用药物捕杀，在工厂内部存放，必须正确加上标签，加锁储存，杀虫剂空瓶上须标有“只可用于杀虫剂”文字。

② 灭蝇灯设置在光线暗区，根据捕杀情况及时清洁，避免死虫堆积。

③ 厂区灭鼠用粘鼠板、老鼠夹，不能用灭鼠药。

3. 害虫害鼠器材的放置，不会污染产品、包装或原料

① 生产区域和储存区域不应使用苍蝇拍。

② 灭蝇灯定期清洁，避免死虫堆积，否则有造成“溢出”的可能。

③ 灭蝇灯必须离开带包装的产品或包装材料至少3m；离开暴露在外的产品、设备或包装材料至少10m。如走道中不停置或存放产品，则不需要考虑距离要求。

④ 灭蝇灯不能放置在仓库门的上方，灯泡应每年更换。

4. 纠正措施

根据发现死鼠的数量和次数以及老鼠活动痕迹的情况，及时调整防鼠方案，必要时调整捕鼠夹的疏密或更换不同类型的捕鼠夹。

5. 调整灭虫方案

根据杀虫灯检查记录以及虫害发生情况及时调整灭虫方案，必要时维修或更换或加密杀虫灯，以及其他应急措施。

① 害虫害鼠活动的季节必要时加强控制措施。

② 若原、辅料仓库内发现老鼠活动痕迹，必须上报相关经理和总经理，对鼠害情况进行评估做相应的处理措施。

6. 文件及记录

① 鼠、虫害在制表/鼠害控制趋势分析报告。

② 飞虫控制程序。

附录：卫生质量控制记录表格。

卫生质量控制记录表包括以下种类：员工培训记录表、卫生消毒记录表、卫生设施卫生检查记录表、计量器具检验记录表、个人卫生控制记录表、消毒剂领用记录表、维修记录表、产品质量反馈记录表、臭氧消毒记录表、厂区环境卫生检查记录表、车间温度检查记录表、员工消毒记录表、消毒液浓度配制记录表、害虫、鼠控制记录表、原料验收记录表、原辅料验收记录表。

复 习 题

1. 简述我国及国际食品良好操作规范的现状。
2. GMP 可分为哪几种类型?
3. GMP 的内容主要有哪些?
4. 食品生产过程良好操作规范的内容主要有哪些?
5. 食品良好操作规范的认证程序包括哪些?
6. 卫生标准操作程序包括哪些内容?
7. 食品加工企业使用化学物质时应注意哪些问题?
8. 简述食品 GMP 和 SSOP 之间的关系。
9. 试述某罐制食品的 GMP。

第五章　食品质量控制的HACCP系统与ISO 22000：2005食品安全管理体系标准

进入21世纪，世界范围内消费者都要求安全和健康的食品，食品加工企业因此不得不贯彻食品安全管理体系，以确保生产和销售安全食品。另外，由于贸易的国际化和全球化，基于HACCP原理，开发一个国际标准也成为各国食品行业的强烈需求。

2001年，国际标准化组织（ISO）计划开发一个适合审核的食品安全管理体系标准。这个标准进一步确定了HACCP在食品安全管理体系中的作用，该标准即ISO 22000：2005，目前已经通过了ISO技术委员会（TC34）审核，正式标准于2005年发布。

ISO 22000：2005标准是一个协调自愿性的国际标准，它的主要目的是提供一个用于审核（内审、第二方审核、第三方审核）的标准和一个关于HACCP概念的国际交流平台。因此，ISO 22000：2005不仅仅是通常意义上的食品加工规则和法规要求，也是寻求一个更为集中、一致和整合的食品安全管理体系，为构筑一个食品安全管理体系提供一个框架，并将其与其他管理活动相整合，如质量管理体系和环境管理体系等。

第一节　食品质量控制的HACCP系统

一、HACCP体系概述

1. HACCP概念及相关术语

HACCP（危害分析和关键控制点）是“Hazard Analysis Critical Control Point”英文字母缩写。食品行业用它来分析食品生产的各个环节，找出具体的安全卫生危害，并通过采取有效的预防控制措施，对各个关键环节实施严格监控，从而实现对食品安全卫生质量的有效控制。

在HACCP体系中涉及了很多术语，根据我国卫生部2002年7月19日公布的《食品企业HACCP实施指南》，与HACCP体系有关的主要术语及含义如下。

危害分析（hazard analysis）　指收集和评估有关的危害以及导致这些危害存在

的因素，以确定哪些危害对食品安全有重要影响，因而需要在 HACCP 计划中予以解决的过程。

关键控制点（critical control point，CCP） 指能够实施控制措施的步骤。

必备程序（prerequisite program） 为实施 HACCP 体系提供基础的操作规范，包括良好生产规范（GMP）和卫生标准操作程序（SSOP）等。

HACCP 小组（HACCP Team） 负责制定 HACCP 计划的工作小组。

流程图（flow diagram） 指对某个具体食品加工或生产过程的所有步骤进行的连续性描述。

危害（hazard） 指对健康有潜在不利影响的生物、化学或物理性因素或条件。

显著危害（significant hazard） 有可能发生并可能对消费者导致不可接受的危害，有发生的可能性和严重性。

HACCP 计划（HACCP plan） 依据 HACCP 原则制订的一套文件，用于确保在食品生产、加工、销售等食物链各阶段与食品安全有重要关系的危害得以控制。

步骤（step） 指从产品初加工到最终消费的食物链中（包括原料在内）的一个点、一个程序、一个操作或一个阶段。

控制（control，动词） 为保证和保持 HACCP 计划中所建立的控制标准而采取的所有必要措施。

控制（control，名词） 指执行了正确的操作程序并符合控制标准的状况。

控制点（control point，CP） 能控制生物、化学或物理因素的任何点、步骤或过程。

关键控制点判定树（CCP decision tree） 通过一系列问题来判断一个控制点是否为关键控制点的组图。

控制措施（control measure） 指能够预防或消除一个食品安全危害，或将其降低到可接受水平的任何措施和行动。

关键限值（critical limits） 区分可接受和不可接受水平的标准值。

操作限值（operating limits） 比关键限值更严格的，由操作者用来减少偏离风险的标准。

偏差（deviation） 指未能符合关键限值。

纠偏措施（corrective action） 当针对关键控制点（CCP）的监测显示该关键控制点失去控制时所采取的措施。

监测（monitor） 为评估关键控制点（CCP）是否得到控制，而对控制指标进行有计划地连续观察或检测。

确认（validation） 证实 HACCP 计划中各要素是有效的。

验证（verification） 指为了确定 HACCP 计划是否正确实施所采用的除监测以外的其他方法、程序、试验和评价。

2. HACCP 体系的起源和发展

HACCP 系统是在 20 世纪 60 年代由美国承担开发宇航食品的 Pillsbury 公司的研究人员 H. Bauman 博士等与宇航局和美国陆军 Natick 研究所共同开发的。1971 年在美国第一次国家食品保护会议上 Pillsbury 公开提出了 HACCP 的原理，立即被食品药品管理局（FDA）接受，并决定在低酸性罐头食品的 GMP 中采用。FDA 于 1974 年公布了在酸性及低酸性罐头食品生产中应用 HACCP 体系，并制定了相应的法规，此法规成为一项成功的 HACCP 体系，这是在有关食品生产的联邦法规中首先唯一采用 HACCP 原理的。1974 年以后，HACCP 概念开始大量出现在科技文献中。

1993 年，CAC 批准了《HACCP 体系应用准则》，1997 年颁发了新版法典指南《HACCP 体系及其应用准则》，该指南已被广泛接受并得到了国际上普遍采纳，HACCP 概念已被认可为世界范围内生产安全食品的准则。

近年来 HACCP 体系已在世界各国得到了广泛的应用和发展，其中美国水产品 HACCP 系统是比较完善和成功的。

1988 年，HACCP 的概念开始引入我国，1991 年，原国家商检局组织我国商检系统开展了应用 HACCP 原理出口食品安全工程的研究，制定了冻猪肉、冻鸡肉、冻对虾、蘑菇罐头、速冻春卷等出口食品的 HACCP。

许多国家食品安全管理部门将 HACCP 列入了食品加工的强制性行为，我国是食品工业大国，为使我国食品加工达到有关进口国要求，顺利出口，自 1991 年起，原国家商检局把出口欧盟的水产品加工企业的 HACCP 原理培训和企业评审作为最紧迫的任务。到目前，有 80％以上出口水产品加工厂和一些出口罐头、肉禽、果汁企业建立了 HACCP 体系。

HACCP 是预防性的食品安全控制保证体系，而不是一个孤立的体系，它建立在现行的食品安全计划的基础上，如 GMP。每个 HACCP 计划都反映了某种食品加工方法的专一特性，其重点在于预防，目的在于防止危害进入食品。

二、HACCP 的基本原理

1988 年美国食品微生物标准顾问委员会（NACMCF）规范了食品工业和执法机构应用 HACCP 的 7 项原则，即 HACCP 的 7 个基本原理，以确认制造过程的危害，监控关键控制点，防止危害的发生。

原理 1：进行危害分析

进行一个危害分析是识别可能影响某一特定加工作业中某一特定产品的危害的过程，然后收集和评估危害及导致其存在的条件的信息，以决定哪些危害对食品安全是显著的和必须在 HACCP 计划内予以控制。

原理 2：确定关键控制点

一个关键控制点（CCP）是一个食品生产过程中可以运用控制措施的某个点、

工序或程序，对预防、消除和降低某一食品安全危害至可接受水平是实质性的。

原理 3：确定关键限值

关键限值是区分安全产品与不安全产品的分界线。每个 CCP 必须设立关键限值。关键限值必须清晰地加以定义并可测量。

原理 4：建立监控程序

监控是进行有计划的观察和测量顺序的过程，以确定某 CCP 是否在控制中。对各个 CCP，都必须实施和记载监控程序，以确保符合关键限值。

原理 5：建立纠偏行为

纠偏行为是事前确定的，当 CCP 监控结果表明已发生了偏离和有潜在可能已经产生或将产生不安全食品时所采取的活动。对各个 CCP，都必须有计划的、书面的纠正行动。采取纠正行动的目的是重新获得对危害的控制，确定受影响产品的处置和防止问题再发生。

原理 6：建立验证程序

验证是监控以外的方法、程序、测试和评估手段的应用，以审核 HACCP 计划的准确性。确认该 HACCP 计划是有效运作的和依照书面程序进行的。

原理 7：建立记录和文件保持程序

HACCP 计划，包括上述列出的所有项目，必须用文件加以证明。HACCP 的具体执行较为复杂，其中关键控制点的选择是实施 HACCP 体系的根本。生产厂家、产品以及不同的工艺关键控制点是不同的，在确定关键控制点时应结合实际情况，不可盲目照搬照套。

三、HACCP 计划的研究步骤

1. 什么是 HACCP 计划

HACCP 计划是根据 HACCP 原理制定的书面文件，它描述了企业为确保对某一特定的加工过程的控制而必须遵守的程序。

HACCP 计划是将所有进行 HACCP 研究的关键资料集中于一体的正式文件，它包括了食品安全管理中所有关键部分的详细说明。主要内容包括：生产流程图，HACCP 控制图，还有一些其他必要的支持程序。

2. 实施 HACCP 计划的前提条件和一般模式

（1）HACCP 计划的前提条件。HACCP 不是孤立的体系，HACCP 体系的运行必须建立在良好操作规范（GMP）和卫生标准操作规范（SSOP）的基础之上。一个企业在制定 HACCP 之前，必须有效落实 GMP，同时，也应按照法规推荐的卫生标准操作程序，结合自己的产品和企业的实际情况，起草 SSOP 或等效的卫生控制性程序文件。除了实行有效的 GMP 和 SSOP 之外，员工的教育和培训，产品的标识和可追溯性，设备与设施的预防性维护保养也是不可缺少的条件。

（2）HACCP 计划的一般模式。HACCP 计划在不同的国家有不同的模式，即使在同一个国家，不同的管理部门对不同的食品生产推行的 HACCP 计划也不尽相同。根据食品法典委员会《HACCP 体系及其应用准则》［Annex to CAC/RCP1—1996，Rev（1997）］，HACCP 计划的研究过程，如图 5-1 所示，由 12 个步骤组成，包括了 HACCP 的 7 个基本原理。

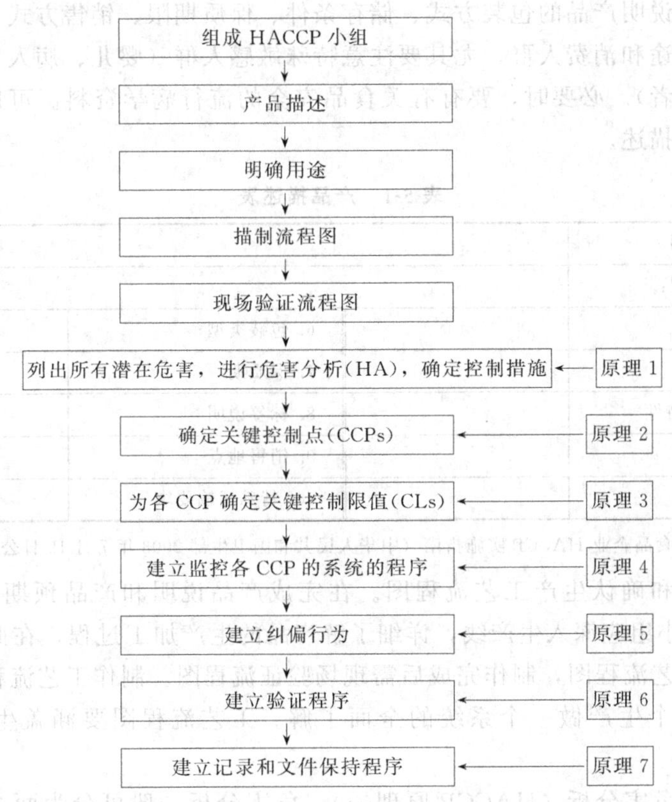

图 5-1　HACCP 计划的研究过程

3. HACCP 计划的实施过程

(1) 组成 HACCP 小组。我国卫生部 2002 年 7 月 19 日公布的《食品企业 HACCP 实施指南》中明确指出“HACCP 小组负责制定 HACCP 计划以及实施和验证 HACCP 体系。HACCP 小组的人员构成应保证建立有效的 HACCP 计划所需的相关专业知识和经验，应包括企业具体管理 HACCP 计划实施的领导、生产技术人员、工程技术人员、质量管理人员以及其他必要人员。技术力量不足的部分小型企业可以外聘专家。”

可以看出，HACCP 小组是涉及到 HACCP 体系建立、实施和保持的人员集团。对 HACCP 小组并没有人数的要求，由工厂根据自己情况而定。但是，HACCP 小组至少要有一个 HACCP 小组长。HACCP 小组长熟悉 HACCP 体系的有关知识。HACCP小组人员最好由不同部门的有经验的个人组成。

例如：对于啤酒生产企业，HACCP小组的成员就包括了原料采购、研发、生产、卫生、质量控制、运输、销售以及直接从事现场操作的人员。

(2) 产品说明及预期用途说明。根据《食品企业HACCP实施指南》，描述的主要内容有：产品名称、产品的原料和主要成分、产品的理化性质及杀菌处理。除此之外，还要说明产品的包装方式、储存条件、保质期限、销售方式、销售区域及产品的预期用途和消费人群，尤其要注意特殊敏感人群（婴儿、病人、孕妇、老人和免疫力低下者）。必要时，要有有关食品安全的流行病学资料。可以按表5-1的方式进行产品描述。

表5-1　产品描述表

加工类别：			
产品类别：			
1. 产品名称		6. 包装类型	
2. 主要配料		7. 保质期	
3. 重要的产品特性		8. 标签说明	
4. 计划用途		9. 销售地点	
5. 食用方法		10. 特殊运输要求	

注：本表引自食品企业HACCP实施指南（中华人民共和国卫生部2003年7月19日公布）。

(3) 描制和确认生产工艺流程图。在完成产品说明和产品预期用途说明后，HACCP工作小组应深入生产线，详细了解产品的生产加工过程，在此基础上绘制产品的生产工艺流程图，制作完成后需现场验证流程图。制作工艺流程图的目的是为了便于对整个生产做一个系统的全面了解。工艺流程图要涵盖生产的每一个环节。

(4) 进行危害分析（HACCP原理一）。危害分析一般可分为两个步骤——思维风暴（自由讨论）和危害性评价。在自由讨论时，要鼓励小组成员列出所有可能的潜在危害，自由讨论结束后，HACCP小组成员对每一个危害发生的可能性及其严重程度进行评价，确定出显著危害，并将其纳入HACCP计划。一般采用危害分析工作单（表5-2）对危害进行分析。

(5) 确定关键控制点。应用关键控制点判断树进行推理，确定HACCP系统中的关键控制点（CCP）。

在确定关键控制点时，有必要弄清楚关键控制点和显著危害的关系：①关键控制点控制的是影响食品安全的显著危害，但显著危害的引入点不一定是关键控制点（CCP），例如：在生产单冻虾仁的过程中，原料虾有可能带有细菌性病原体，它是一种显著危害，原料虾收购是细菌性病原体的引入点，但该点并不是关键控制点，关键控制点在虾的蒸煮阶段，通过蒸煮可以把细菌性病原体杀死。②一个关键控制

表 5-2 危害分析工作单

工厂名称：　　　　　　　　　　　　　产品名称：
工厂地址：　　　　　　　　　　　　　储存和销售方法：
签名：　　　　　　　　　　　　　　　预期用途和用户：
日期：

(1)加工步骤	(2)本步骤引入或增加的潜在危害	(3)该危害是否是显著危害	(4)判断依据是什么	(5)应用什么预防措施来防止显著危害	(6)这步骤是否是关键控制点(是/否)
	生物：				
	化学：				
	物理：				

注：本表引自食品企业 HACCP 实施指南（中华人民共和国卫生部 2003 年 7 月 19 日公布）。

点能用于控制一种以上的危害，例如：冷冻储藏可能是控制病原体和组胺形成的一个关键控制点。同样，一个以上的关键控制点（多个）可以用来控制一个危害，例如：在蒸熟的汉堡饼中控制病原体，如果蒸熟时间取决于最大饼的厚度，那蒸熟和成饼的步骤都被认为是关键控制点。③生产和加工的特殊性决定关键控制点的特殊性。在一条加工线上确立的某一产品的关键控制点，可以与另一条加工线上的同样的产品的关键控制点不同，这是因为危害及其控制的最佳点可以随下列因素而变化：厂区、产品配方、加工工艺、设备、配料选择、卫生和支持程序。

（6）确定关键控制点的关键限值。对于设定的关键控制点，会有一项或多项控制措施确保预防、消除已经确定的显著危害或将其减至可接受的水平，每一项控制措施都有一个或多个相应的关键限值。在选择和设定关键限值时，要有科学依据，这些依据可以来源于科学刊物、法规性指南、专家建议、试验研究等。

通常关键限值所使用的指标包括：温度、时间、湿度、pH、水分活度、含盐量、含糖量、物理参数、可滴定酸度、有效氯、添加剂含量及感官指标等。

（7）建立对每个关键控制点进行监控的体系。建立监控体系，即通过一系列有计划的观察和测定（例如温度、时间、pH、水分等）活动来评估 CCP 是否在控制范围内，同时准确记录监控结果，以备用于将来核实或鉴定之用。通过监测能发现关键控制点是否失控。此外，通过监测还能提供必要的信息，以便及时调整生产过程，防止超出关键限值。

负责监控的人员必须报告并记录没有满足 CCP 要求的过程或产品，并立即采取纠偏措施。凡是与 CCP 有关的记录和文件都应有监控员的签名。

常用的监控设备有：温度计、湿度计、钟表、天平、pH 计、水分活度计、化学分析设备、金属探测器等。

（8）建立纠偏措施。纠偏措施应包括：①确定并纠正引起偏离的原因；②确定偏离期所涉及产品的处理方法，例如进行隔离和保存，并做安全评估、退回原料、重新加上、销毁产品等；③记录纠偏行动，包括产品确认（如产品处理、留置产品的数量）、偏离的描述。采取的纠偏行动包括对受影响产品的最终处理、采取纠偏行动人员的姓名、必要的评估结果。

(9) 建立验证程序。通过验证、审合、检验，确定 HACCP 是否正确运行。验证程序包括对 CCP 的验证和对 HACCP 体系的验证。

① CCP 的验证活动

a. 校准：CCP 验证活动包括监控设备的校准，以确保采取的测量方法的准确度。

b. 校准记录的复查：包括复查设备的校准记录、设计检查日期和校准方法以及实验结果。应保存校准记录，并加以复查。

c. 针对性的采样检测：CCP 点的验证也包括针对性的取样检测。例如，当原料的接受是 CCP，CL 为供应商的证明，应监控供应商提供的证明。为检查供应商是否言行一致，应通过针对性的取样来检查。

d. CCP 记录的复查：主要包括 CCP 的监控记录和纠偏记录。

② HACCP 体系的验证

a. 验证的频率：验证的频率应足以确认 HACCP 体系在有效运行，每年至少一次，或在系统发生故障时、产品原材料或加工过程发生显著改变时或发现了新的危害时进行。

b. HACCP 体系的验证活动：检查产品说明和生产流程图的准确性；检查 CCP 是否按 HACCP 的要求被监控；监控活动是否在 HACCP 计划中规定的场所执行；监控活动是否按照 HACCP 计划中规定的频率执行；当监控表明发生了偏离关键限值的情况时，是否执行了纠偏行动；设备是否按照 HACCP 计划中规定的频率进行了校准；工艺过程是否在既定的关键限值内操作；检查记录是否准确和是否按照要求的时间来完成等。

(10) 建立文件和记录保持体系。需要保存的记录主要包括 CCP 监控记录、纠偏记录、验证记录和 HACCP 计划实施过程中发生的所有记录等。最后将后几项录入 HACCP 计划表。HACCP 计划表的格式可以参考表 5-3 所示例的格式。

表 5-3 HACCP 计划表

关键控制点	显著危害	关键限值	监控				纠偏措施	记录	验证
			对象	方法	频率	人员			

注：本表引自食品企业 HACCP 实施指南（中华人民共和国卫生部 2003 年 7 月 19 日公布）。

四、HACCP 体系与 GMP、SSOP、ISO 的关系

1. HACCP 与 GMP、SSOP 的关系

GMP 和 HACCP 系统都是为保证食品安全和卫生而制定的一系列措施和规定。GMP 是适用于所有相同类型产品的食品生产企业的原则，是政府强制性的食品生产、储存卫生法规。SSOP（Sanitation Standard Operation Procedure）是食品加工企业为了达到食品 GMP 的要求，确保加工过程中消除不良的因素，使其加工的食品符合卫生要求而制定的指导性文件。GMP 的规定是原则性的，SSOP 的规定是相对具体的，是对 GMP 的细化。SSOP 具体列出了卫生控制的各项目标，包括了食品加工过程中的卫生、工厂环境的卫生和为达到 GMP 的要求所采取的行动。SSOP 的正确制定和有效执行，对控制危害是非常有价值的。而 HACCP 则依据食品生产厂及其生产过程不同而不同，大部分是自愿性的。GMP 体现了食品企业卫生质量管理的普遍原则，而 HACCP 则是针对每一个企业生产过程的特殊原则。如果 SSOP 实施了对加工环境和加工过程中各种污染或危害的有效控制，那么按产品工艺流程进行危害分析而实施的关键控制点（CCP）的控制就能集中到对工艺过程中的食品危害的控制方面。

从内容上讲，GMP 是全面的，它对食品生产过程中的各个环节各个方面都制定出具体的要求，是一个全面质量保证系统。HACCP 则突出对重点环节的控制，以点带面来保证整个食品加工过程中食品的安全。从 GMP 和 HACCP 各自特点来看，GMP 是对食品企业生产条件、生产工艺、生产行为和卫生管理提出的规范性要求，而 HACCP 则是动态的食品卫生管理方法，GMP 要求是硬性的、固定的，而 HACCP 是灵活的、可调的。

GMP 和 HACCP 在食品企业卫生管理中所起的作用是相辅相成的。HACCP 体系建立在以 GMP 为基础的 SSOP 上。SSOP 可以减少 HACCP 计划中的 CCP 数量。通过 HACCP 系统，我们可以找出 GMP、SSOP 要求中的关键项目，通过运行 HACCP 系统，可以控制这些关键项目达到标准要求。掌握 HACCP 的原理和方法还可以使监督人员、企业管理人员具备敏锐的判断力和危害评估能力，有助于 GMP 的制定和实施。HACCP 的制定和实施必须以 GMP 和 SSOP 为基础和前提，也就是说，如果企业达不到 GMP 法规的要求，或者没有制定 SSOP 或没有有效实施 SSOP，则实施 HACCP 计划将成为一句空话。

2. HACCP 与 ISO

国际标准化组织（International Organization for Standardization，简称 ISO）是目前世界上最大、最有权威性的国际标准化专门机构。1946 年 10 月 14～26 日，中、英、美、法、苏等 25 个国家的 64 名代表集会于伦敦，正式表决通过建立国际标准化组织。

ISO 9000 族标准由国际标准化组织（ISO）制定。2000 版 ISO 9000 族标准核心标准有 4 项，包括 ISO 9000 质量管理体系：基础和术语；ISO 9001 质量管理体系：要求；ISO 9004 质量管理体系：业绩改进指南；ISO 9011 质量管理体系：质量和/或环境管理体系审核指南。

ISO 9000 族标准适用于各种产品，而 HACCP 只应用于食品类行业，强调保证食品的安全卫生。HACCP 是用于分析和确定关键控制点的一项专门管理体系，必须根据产品的生产工艺及设备等因素制定，它需要其他质量管理措施及卫生规范的支持，如供应商质量保证和良好操作规范等。这些均与 ISO 9000 族标准原理相连，使企业向全面质量管理方面发展。一般认为 ISO 9000 族标准与 HACCP 是不同的，但实际上两者有许多共同之处。

共同点在于：均需要全体员工参与，两者均结构严谨，重点明确，目的均是使消费者（用户）信任。

同时，ISO 和 HACCP 也有很大的不同。不同点在于：HACCP 是食品安全控制系统，而 ISO 9000 族标准适用于所有工业整体质量控制体系，可应用于各种行业的质量管理体系标准；ISO 未规定应用的必备条件，而 HACCP 必须以 GMP 和 SSOP 为前提条件。

第二节 ISO 22000：2005 食品安全管理体系

一、概述

食物安全一直受到各国政府和消费者的关注。作为食品企业，也迫切需要一个科学、规范和有效的管理体系标准来指导保障食品安全，以满足各方面的要求。因此，各种食品安全标准应运而生。由于这些法规和标准的不尽统一，给各国食品生产者和出口商带来了极大的困扰，并在一定程度上影响了国际食品贸易。为统一食品安全标准，在丹麦的倡导和支持下，国际标准化组织（ISO）自 2001 年开始起草 ISO 22000——食品安全管理体系要求。

2004 年，ISO 22000：2005 标准起草完毕，并已通过 ISO 技术委员会（TC34）审核，正式标准于 2005 年发布。目前我国已经等同采用了这一标准，由中华人民共和国国家质量监督检验检疫总局和中国国家标准化管理委员会在 2006 年 3 月 1 日联合发布的“GB/T 22000—2006/ISO 22000：2005（食品安全管理体系——食品链中各类组织的要求）”已于 2006 年 7 月 1 日开始实施。

ISO 22000 族系列标准主要由以下标准组成，这些标准有的即将或正在发布。

ISO 22000：2005 食品安全管理体系——食品链中各类组织的要求

ISO/TS 22003：食品安全管理体系——ISO 22000 认证指南

ISO/TS 22004：食品安全管理体系——ISO 22000：2005 应用指南

ISO/TS 22005：饲料和食品链的可追溯性——体系设计和开发的通用原理和指南

ISO 22000：2005 按照 ISO 9001：2000 的框架构筑，同时也覆盖了 CAC 关于 HACCP 的全部要求，它是在广泛吸收了 ISO 9001 的基本原则和过程方法的基础上产生的，丰富和完善了 HACCP。ISO 22000：2005 标准涉及了食品供应链上的各个组织，包括饲料生产者、初级食物生产者、食品制造商、储运经营者、转包商、零售商和餐饮服务企业等，是在整个食品供应链中实施 HACCP 技术的一种工具。ISO 22000：2005 具有如下特点：①ISO 22000：2005 将食品安全管理范围延伸至整个食品链；②ISO 22000 将管理领域先进理念与 HACCP 原理有效融合；③强调相互沟通的重要性；④ISO 22000 将风险控制理论引入食品安全管理体系；⑤ISO 22000 提供了国际间 HACCP 概念交流的平台。

二、ISO 22000：2005 食品安全管理体系的主要内容

ISO 22000 体系总共有 8 个章节、5 大管理模块、28 点一级条款要求，下面就其中的具体内容分别做简要介绍。

1. 范围

ISO 22000 食品安全管理体系适用于希望通过实施该体系以提供稳定的安全产品的所有组织，不论该组织在食品链中所处的位置，也不论其规模的大小，组织可以通过利用内部和/或外部资源来实现 ISO 22000 食品安全管理体系的要求。

ISO 22000 中所有要求都是通用的，适用于在食品链中的所有组织，无论其规模大小和复杂程度如何。体系中规定的直接介入食品链中的组织包括但不限于饲料加工者、收获者、农作物种植者、辅料生产者、食品生产者、零售商、食品服务商、配餐服务组织，提供清洁和消毒服务、运输、储存和分销服务的组织；其他间接介入食品链的组织包括但不限于设备、清洁剂、包装材料以及其他与食品接触材料的供应商。

2. 术语和定义

ISO 22000 中的部分术语引自 ISO 9000：2000，部分引自《国际食品法典卫生学基本读本》，其余部分是 ISO 22000 所特有的。

（1）食品安全。定义：食品在按照预期用途进行制备和（或）食用时不会伤害消费者。

（2）食品链。定义：从初级生产直至消费的各环节和操作的顺序，涉及食品及其辅料的生产、加工、分销、储存和处理。

（3）食品安全危害。定义：食品中所含有的对健康有潜在不良影响的生物、化学或物理因素。

(4) 食品安全方针。定义：由组织的最高管理者正式发布的该组织总的食品安全宗旨和方向。

(5) 终产品。定义：组织不再进一步加工或转化的产品。

(6) 流程图。定义：依据各步骤之间的顺序及相互作用以图解的方式进行系统性表达。

(7) 控制措施。定义：能够用于防止或消除食品安全危害或将其降低到可接受水平的行动或活动。

(8) 前提方案。定义：在整个食品链中为保持卫生环境所必需的基本条件和活动，以适合生产、处置和提供安全终产品和人类消费的安全食品。

(9) 操作性前提方案。定义：通过危害分析确定的、必需的前提方案PRP，以控制食品安全危害引入的可能性和（或）食品安全危害在产品或加工环境中污染或扩散的可能性。

(10) 关键控制点。定义：能够施加控制，并且该控制对防止或消除食品安全危害或将其降低到可接受水平是必需的某一步骤。

(11) 关键限值。定义：区分可接受和不可接受的判定值。

(12) 监视。定义：为评价控制措施是否按预期运行，对控制参数实施的一系列策划的观察或测量活动。

(13) 纠正。定义：为消除已发现的不合格所采取的措施。

(14) 纠正措施。定义：为消除已发现的不合格或其他不期望情况所采取的措施。

(15) 确认。定义：获得通过HACCP计划和操作性前提方案管理的控制措施能够有效的证据。

(16) 验证。定义：通过提供客观证据对规定要求已得到满足的认定。

(17) 更新。定义：为确保应用最新信息而进行的即时和（或）有计划的活动。

3. 食品安全管理体系

组织应按ISO 22000要求建立有效的食品安全管理体系，形成文件，加以实施和保持，并在必要时进行更新。

组织应确定食品安全管理体系的范围，该范围应规定食品安全管理体系中所涉及的产品或产品类别、过程和生产场地。

4. 管理职责

最高管理者应建立、实施食品安全管理体系并持续改进其有效性的承诺提供证据；表明组织的经营目标支持食品安全；向组织传达满足与食品安全相关的法律法规、基本准则以及顾客要求的重要性；制订食品安全方针；进行管理评审；确保资源的获得。

5. 资源管理

组织应提供充足资源，以建立、实施、保持和更新食品安全管理体系。食品安全小组和其他从事影响食品安全活动的人员应是能够胜任的，并具有适当的教育、培训、技能和经验。当需要外部专家帮助建立、实施、运行或评价食品安全管理体系时，应在签订的协议或合同中对这些专家的职责和权限予以规定。

6. 安全产品的策划和实现

组织应策划和开发实现安全产品所需的过程。应实施、运行策划的活动及其更改并确保有效；这些活动和更改包括前提方案以及操作性前提计划和（或）HACCP 计划。

7. 食品安全管理体系的确认、验证和改进

食品安全小组应策划和实施对控制措施和控制措施组合进行确认所需的过程，并验证和改进食品安全管理体系。

三、ISO 22000：2005 与 GMP、SSOP、HACCP 的关系

ISO 22000：2005 标准在 HACCP 的 7 项原理基础上建立了食品安全管理体系，囊括了 HACCP 的所有要求；ISO 22000：2005 标准将 HACCP 与必备方案，如 SSOP 和 GMP 等结合，从不同方面来控制食品危害；ISO 22000：2005 标准既是建立和实施食品安全管理体系的指导性标准，同时也是审核所依据的标准，可用于内审、第二方认证和第三方注册认证；提供了一个全球交流 HACCP 概念、传递食品安全信息的机制。ISO 22000 在某种意义上就是一个国际 HACCP 体系标准。

HACCP 的必备程序是严格执行 GMP 和 SSOP，而在 ISO 22000：2005 标准中，提出了“前提方案”和“操作性前提方案”的概念，它们和 GMP、SSOP 既有区别，又有联系，前提方案和操作性前提方案包括了 GMP、SSOP 的内容，并且与危害分析相联系，通过实施前提方案和操作性前提方案，企业可以控制食品安全危害通过工作环境进入产品的可能性；产品的生物、化学和物理污染，包括产品之间的交叉污染；产品和产品加工环境的食品安全危害水平。表 5-4 描述了 HACCP与 ISO 22000：2005 之间的关系。

表 5-4　HACCP 与 ISO 22000：2005 之间的关系

HACCP 原理	HACCP 实施步骤 a		ISO 22000：2005	
	建立 HACCP 小组	步骤 1	7.3.2	食品安全小组
	产品描述	步骤 2	7.3.3 7.3.5.2	产品特性 过程步骤和控制措施的描述
	识别预期用途	步骤 3	7.3.4	预期用途
	制作流程图、现场确认流程图	步骤 4 步骤 5	7.3.5.1	流程图
原理 1 危害分析	列出所有可能的危害 实施危害分析 考虑控制措施	步骤 6	7.4 7.4.2 7.4.3 7.4.4	危害分析 危害识别和可接受水平的确定 危害评价 控制措施的选择和评价

续表

HACCP原理	HACCP实施步骤a		ISO 22000:2005	
原理2 关键控制点的确定	确定关键控制点	步骤7	7.6.2	关键控制点(CCPs)的确定
原理3 确定关键限值	对每个CCP点确定关键限值	步骤8	7.6.3	关键控制点的关键限值的确定
原理4 建立关键控制点的监视系统	对每个关键控制点建立监视系统	步骤9	7.6.4	关键控制点的监视系统
原理5 当关键控制点失控时,建立纠正措施	建立纠正措施	步骤10	7.6.5	监视结果超出关键限值时采取的措施
原理6 建立验证程序,以确定HACCP有效运行	建立验证程序	步骤11	7.8	验证的策划
原理7 建立上述原理和应用的相关程序和记录	建立记录和文件保持程序	步骤12	4.2 7.7	文件要求 预备信息的更新、描述前提方案和HACCP计划的文件的更新

a参考文献《国际食品法典卫生学基本读本》．联合国粮农组织——世界卫生组织．罗马．2001

注：本表出自GB/T 22000：2006食品安全管理体系——食品链中各类组织的要求。

第三节 ISO 22000：2005食品安全管理体系的建立

一、ISO 22000食品安全管理体系的建立及认证步骤

企业建立ISO 22000食品安全管理体系并进行认证一般经过以下几个步骤。

1. 体系策划

这一阶段企业可聘请咨询专家对ISO 22000标准知识进行全员培训，目的是使全体员工熟悉和理解标准要求。选择有能力和经验的人员组成食品安全小组，在咨询专家指导下按标准要求并结合企业实际建立文件化的食品安全管理体系并运行。

(1) 策划前的准备。当一个企业决定实施ISO 22000食品安全管理体系之后，组织的最高管理者应任命食品安全小组组长，并成立食品安全小组。按照ISO 22000食品安全管理体系的要求，编制工作计划，明确每项工作的责任人和承担部门、协助部门，对相关人员进行必要的培训。

在体系策划之前，必须对照ISO 22000标准和相关法规、标准的要求，对企业正在实行的管理体系进行评价，摸清自己企业的实际情况，通过查找与ISO 22000标准的差距，明白本企业需要努力的方向。

(2) 体系的策划。在体系的策划阶段，食品安全小组根据在准备阶段对自己企

业情况分析的结果，制订相应的食品安全方针、重新明确相关组织机构的职责，之后制订前提方案、进行危害分析、制订操作性前提方案、HACCP 计划等。

对于危害分析、内外部的沟通，前提方案、操作性前提方案、HACCP 计划的制定，将在后面详细叙述。

（3）各种文件的编制。在 ISO 22000 标准中，有关食品安全方针和相关目标的声明；组织为确保食品安全管理体系有效建立、实施和更新所需的文件及其他要求形成文件的程序、记录等都必须形成文件。在编制文件之前，要制订文件编写计划，对每个文件的编写、讨论、审核和批准的人员和要求的完成时间做出规定。

（4）对策划的审核和批准。在 ISO 22000 体系策划，前提方案、操作性前提方案、HACCP 计划的制定，各种文件编制完毕之后，需要对这些方案进行讨论、修改、审核和最后的批准。HACCP 计划需要企业最高管理者批准。

2. 体系运行

所建立的体系必须正式运行 3 个月，在此期间企业经过内审、管理评审等方法对体系进行验证评审，证明体系符合、充分、有效以后正式向认证机构提出认证申请。

（1）运行前的准备。在体系策划制订完毕试运行之前，需要对体系进行再次的确认和人员的培训。试运行前，要对全体员工进行本企业 ISO 22000 食品安全管理体系文件的培训，使每个人明白自己的职责和要求，明白自己要做好哪些方面的准备，做到每个人心中有数。同时，要对实施该体系所需的软件和硬件资源再次确认。

（2）试运行。在体系试运行期间，要做好各个方面的记录，通过分析记录，对所制订的各种方案进行验证，对出现的不符合情况进行不断的改进、纠正。

（3）正式运行。对试运行期间出现的问题纠正和改进后可以正式运行。

（4）体系的保持。体系建立并实施后，工作仍未结束。必须继续保持体系是现行的，并且能够有效控制食品安全危害。体系的保持如果不合适或者频率低，会导致该体系失效，甚至认证被取消。

3. 体系认证

认证机构接受企业申请后，对企业提交的申请材料进行评审，通过评审后，认证机构安排审核组对体系进行审核。通过审核并经认证机构批准认证后，企业可获得食品安全管理体系认证证书。

我国认证认可监督管理委员会在 2007 年 1 月发布的公告中，依据 GB/T 22000《食品安全管理体系食品链中各类组织的要求》（等同 ISO 22000：2005 标准），对食品企业的食品安全管理体系认证程序做出了明确的要求。

二、ISO 22000：2005 前提方案、操作性前提方案的制定

在本章第二节介绍 ISO 22000 的内容时，已经介绍了前提方案和操作性前提方案的定义和内容。前提方案制订的内容决定于组织在食品链中的位置及类型，组织

在食品链中的位置不同、类型不同、前提方案的内容也不同。前提方案等同术语如：良好农业规范（GAP）、良好兽医规范（GVP）、良好操作规范（GMP）、良好卫生规范（GHP）、良好生产规范（GPP）、良好分销规范（GDP）、良好贸易规范（GTP）等。

前提方案涉及的内容主要有：建筑物和相关设施的布局和建设；空气、水、能源和其他基础条件的提供；设备的适宜性及其清洁、保养和预防性维护的可实现性；对采购材料、供给、清理和产品处置的管理；交叉污染的预防措施；清洁和消毒；虫害控制；人员卫生等其他方面的内容。

操作性前提方案是指"通过危害分析确定的、必需的前提方案 PRP，以控制食品安全危害引入的可能性和（或）食品安全危害在产品或加工环境中污染或扩散的可能性。"

1. 前提方案示例（其前提基本包括了这些内容，但不仅限于这些内容）

下面以速冻果蔬生产企业为例，说明实施 ISO 22000 食品安全管理体系时，其前提方案的具体要求，如表 5-5 所示。

表 5-5　速冻果蔬企业前提方案

速冻果蔬企业前提方案的具体要求
1. 范围 本前提方案规定了速冻果蔬生产企业建立实施以 HACCP 为基础的食品安全管理体系所必须达到的基本条件和活动。包括人员要求、设施要求、原辅材料、生产管理、产品标识、追溯和回收等。 2. 规范性引用文件 出口速冻果蔬生产企业注册卫生规范。 食品生产企业危害分析与关键控制点(HACCP)管理体系认证管理规定。 GB 14881 食品企业通用卫生规范。 ISO 22000:2005 食品安全管理体系食品链中各类组织的要求。 除了以上文件之外，对于具体产品，还要参考国家对其相关的法律、法规要求。 3. 术语和定义 (1) 原料。用于加工的无毒、无害、新鲜的蔬菜水果。 (2) 漂烫。为抑制果蔬中酶的活性而用沸水或蒸汽进行适宜的加热处理，并杀死表面微生物的过程。 (3) 金属异物。原料采收过程或加工过程中由于加工机械的金属碎屑脱落或其他途径而导致混入的金属碎片类异物。 (4) 果蔬基地。被适当隔离的，具备一定规模并实行统一管理的水果、蔬菜种植场地(企业)。 (5) 追溯。能够从最终成品完全追踪到种植基地原料的过程。 (6) 清洗。用水除去尘土、残屑、污物或其他可能污染食品之不良物质的操作。 4. 人力资源要求 (1) 食品安全小组。食品安全小组应由多专业的人员组成，包括从事卫生质量控制、生产加工、工艺制定、实验室检验、设备维护、原辅料采购、仓储管理等项工作的人员。 (2)人员能力、意识与培训。影响食品安全活动的人员必须具备相应的能力和技能。 ① 食品安全小组应理解 HACCP 原理和食品安全管理体系的标准。 ② 应具有满足需要的熟悉速冻果蔬生产基本知识及加工工艺的人员。 ③ 从事工艺制订、卫生质量控制、实验室检验工作及从事漂烫、金检等关键工序操作的人员应当经过相关知识培训，具备上岗条件。

续表

④ 生产人员熟悉人员卫生要求，遵守前提方案的相关规范要求。

（3）人员健康和卫生要求

① 从事食品生产、质量管理的人员应符合《中华人民共和国食品卫生法》关于从事食品加工人员的卫生要求和健康检查的规定。与生产有接触的生产、检验、维修及质量管理人员每年应进行一次健康检查，必要时做临时健康检查，体检合格后方可上岗。

② 直接从事食品生产加工人员，凡患有传染性肝炎、活动性肺结核、肠道传染病及肠道传染病带菌者、化脓性或渗出性皮肤病、疥疮、有外伤者及其他有碍食品卫生疾病的人员应调离食品生产、检验岗位。

③ 生产、质量管理人员应保持个人清洁卫生，不得将与生产无关的物品带入车间；工作时不得戴首饰、手表，不得化妆；进入车间时应洗手、消毒并穿着工作服、帽、鞋，离开车间时换下工作服、帽、鞋；不同清洁区加工及质量管理人员的工作帽、服应用不同颜色加以区分，集中管理，统一清洗、消毒，统一发放。不同区域人员不应串岗。

5. 基础设施及维护

（1）企业应建立和保持符合速冻果蔬专业要求的、生产安全产品必需的生产厂房、员工、卫生设施、储存、运输、检验等基础设施，加工场地远离有害场所，至少符合 GB 14881 的有关规定。出口企业还应符合《出口速冻果蔬生产企业注册卫生规范》。

（2）企业应具备符合速冻果蔬生产技术要求的清洗、漂烫、冷却、速冻、包装、冷藏、运输设备和设施。

（3）企业应建立必要的维护保养计划。明确规定对加工设备进行维护保养的频率，对关键工序的设备要及时进行检查、校准，并形成相应的记录。设备的维护保养应确保生产中加工设备不会对食品造成不安全隐患。

（4）企业应具备与生产能力相适应的水、电、气等能源供给及废弃物处理设施。

（5）采购的原料来自未经污染的地区，运输工具与原料仓库不会增加对产品的污染。

（6）原料入口和加工废弃物出口有效分离，标示明确，加工废弃物远离加工间。

（7）加工间输水管道、蒸汽管道、冷库蒸发排管、烟道出口、排风机等不宜存在内部和外部锈蚀；水循环和污水排放系统设计合理、不同用途管道标记清晰、易于辨认。

（8）能源供应和废水、废气排放应符合当地环保要求。锅炉用煤和运送垃圾的途径不会污染加工区。

（9）车间与外界相通的门窗、人员出入口、下水道出口、包装物料间及排气扇等空气出口设置有良好的防蝇蚊设施。

（10）各加工间设计、卫生设施设计、工艺设计和设备材料能够满足产品安全卫生的需要。设备维修所用油和器械不会污染产品。

6. 操作性前提方案

从事速冻果蔬生产的企业应制定书面的卫生标准操作程序（SSOP），明确执行人的职责，确定执行频率，实施有效的监控和相应的纠正预防措施。

制定的卫生标准操作程序（SSOP），内容不少于以下几个方面。

（1）接触食品（包括原料、半成品、成品）或与食品有接触的物品的水和（或）冰应当符合安全、卫生要求。

（2）接触食品的器具、手套和内外包装材料等必须清洁、卫生和安全。

（3）确保食品免受交叉污染。

（4）保证操作人员手的清洗消毒，保持洗手间设施的清洁。

（5）防止润滑剂、燃料、清洗消毒用品、冷凝水及其他化学、物理和生物等污染物对食品造成安全危害。

（6）正确标注、存放和使用各类有毒化学物质。

（7）保证与食品接触的员工的身体健康和卫生。

（8）清除和预防鼠害、虫害。

（9）包装、储运卫生控制，必要时应考虑温度。

7. 产品追溯与撤回

要能够从最终成品追踪到所使用原料的种植基地，包括产品的追溯和撤回。应能够对产品的回收情况做出详细规定，必要时产品能够迅速回收。同时在撤回程序中应规定定期演练的时间。

2. 操作性前提方案案例

操作性前提方案如表 5-6 所示。

表 5-6　××农产品加工公司操作性前提方案

××农产品加工公司操作性前提方案——水的安全

1. 目的:确保生产用水符合规定要求。

2. 职责:动力分厂负责提供卫生的水,品管部负责检查监督。

3. 管理规范

(1) 水源。本公司使用的水源有两个:城市供应自来水及公司内地下深井水,各项指标均符合 GB 5749—85《生活饮用水卫生标准》。

(2) 供水设施。供水设施完好,一旦损坏后立即维修,供水设施要封闭、防尘和安全,管道设计防止冷凝水下滴。

① 生产部负责根据用水管线画出详细的供水网络图和污水排放管道分布图,以便日常的管理与维护。

② 排污水管道及未经处理的井水管道与生活饮用水管道三者严格分开。

③ 车间内使用的软水管为无毒的材料制成,用后盘挂在专用架上或团在干净的地面,水管口不能触及地面。

④ 生产现场洗手消毒水龙头为非手动开关。

⑤ 车间内的各个供水管按顺序编号,冷热水管进行标识。

⑥ 地下深井周围无污水、化粪池及其他污染源,井口应高于地面,防止地面污水倒流井中,使用前经紫外线灭菌或加热处理。

⑦ 废水排放符合国家环保部门及防疫的规定,污水站远离生产车间。下水道应保持排水畅通,无淤积现象。车间内地沟加不锈篦子,与外界接口设有防虫装置。

(3) 供水设施的监控

① 公司生产部负责对供水设施的维护和日常维修。

② 生产部派专人负责对供水设备进行检查,对于检查不符合要求的要立即维修,使供水设施处于完好状态。

③ 检查频率:车间生产之前。

(4) 水质的检测

① 标准:国家饮用水标准(GB 5749—85)35 项(执行标准)。

② 检测项目与方法

微生物:细菌总数、大肠菌群(GB 5750—85)。

余氯:试纸或比色法。

③ 检测频率

a. 每年由县级以上卫生防疫部门对水源进行 2 次全项目检测,并有正本水质检验报告。

b. 品管部检测人员每周 1 次对每口深井水、各生产车间自来水进行微生物项目检测,每天一次按顺序抽取一个包装生产车间的自来水进行余氯检测。

(5) 纠正措施

① 当城市水处理系统损坏或受到污染情况下应立即停水,判定何时损坏的,将本时间内生产的产品进行评估,以确保食品的安全卫生,当水质符合国家饮用水标准时,才可重新生产。

② 当水质检测不合格时,立即停止生产,由品管部组织分析原因,制订纠正方案,并进行连续监控,直至水质经重新检测合格后方可允许继续生产,并对期间所生产的可疑产品进行隔离、评估、检验,直至剔除所有的不合格品。

(6) 相关记录

① 市防疫站提供的《水质检测报告》。

② 检测中心提供的《水质微生物检测记录表》。

③ 检测中心提供的《水质余氯浓度检测记录表》。

④ 生产部提供的《供水系统检查记录表》。

⑤ 生产部提供的供水排水网络图。

三、HACCP 计划的建立

在本章第二节中，对危害分析的预备步骤，实施危害分析，HACCP 计划的建立、更新等做了介绍，在这里以×××速冻果蔬加工企业为例，说明 HACCP 计划建立的过程。

1. HACCP 计划建立的过程

HACCP 计划建立的过程如表 5-7 所示。

表 5-7　×××农产品加工有限公司 HACCP 计划

×××农产品加工有限公司 出口萝卜泥 HACCP 计划
1. 公司简介 ×××农产品加工有限公司是一家日本独资的食品企业，公司于××年×月×日注册成立，现有员工及各类专业技术人员 100 多人。公司的主要产品是 100%出口日本的萝卜泥。
公司拥有两幢共计 4000 多平方米的现代化厂房，配备有从日本进口的萝卜泥生产线，并且拥有 1500 多亩的种植基地，专业种植来自日本的萝卜品种。公司形成了从原料生产到成品销售的一条龙生产模式。公司推行 HACCP 食品卫生管理体系，使公司完全具备了生产符合日本口味和卫生要求的萝卜泥产品的设施条件。
公司秉承“科技领先、营养美味、优质高效、顾客至上”的质量方针和“全员树立卫生质量意识、全员参与卫生管理和监督，卫生质量标准下无特权。力争农场原料、加工产品合格率达到 100%，追求‘零投诉’，顾客满意度 100%”的质量目标，狠抓质量，抓新品，讲信誉，视质量为企业的生命。公司将不断创新来满足广大日本客户的要求，就像公司的企业使命提到的“以提高品质为企业使命，满足人们不断发展的饮食要求”。
地址：江苏省××市××路××号 邮编：（略） 电话：（略） 传真：（略） 2. 颁布令 根据日本厚生省和农林水产省的进口食品卫生要求法规，参照美国的《果蔬汁产品 HACCP 法规》的有关要求，结合本公司萝卜泥生产工艺的实际情况，制订本《出口萝卜泥 HACCP 计划》。 本计划适用于本公司出口萝卜泥生产的全过程。 本计划于 2003 年　月　日起正式实施。 编制：　　　　　　　　审核：　　　　　　　　批准：

2. 食品安全领导小组成员名单及职责

食品安全领导小组成员名单及职责如表 5-8 所示。

表 5-8　食品安全领导小组成员名单及职责表

姓名	组内职务	职　责
A	组长	(1)全面负责公司 HACCP 体系文件的颁布及实施。 (2)负责组织 HACCP 体系运行的审核、验证。 (3)负责公司 HACCP 体系文件制订与撰写。 (4)负责监督检查 HACCP 计划、SSOP 的实施情况

续表

姓名	组内职务	职　　责
B	副组长	(1)负责制订纠偏行动报告。 (2)负责 HACCP 计划中的产品储藏发运,客户对产品的质量反馈等工作。 (3)负责公司 HACCP 体系文件的规范、完善。 (4)负责监督检查 HACCP 计划、SSOP 的实施情况
C	组员	(1)负责 HACCP 计划、GMP 在各车间的分解实施。 (2)负责组织 HACCP 体系知识的员工培训工作。 (3)负责 HACCP 计划中半成品、成品、原辅料等的微生物的化验,水质的检测等工作
D	组员	(1)负责 HACCP 计划在实施中的记录、审核、验证等工作。 (2)负责组织 HACCP 体系知识的员工培训工作。 (3)负责 HACCP 计划中半成品、成品、原辅料等的微生物的化验,水质的检测等工作
E	组员	(1)负责公司 HACCP 体系卫生质量记录的收集、归档。 (2)负责厂区环境卫生的管理。 (3)负责组织 HACCP 体系知识的员工培训工作
F	组员	(1)负责厂区环境卫生的管理。 (2)负责人员健康状况的监督管理。 (3)负责组织 HACCP 体系知识的员工培训工作

注：该职责分工并不是分工到个人，完成认证还需大家发挥团队的精神鼎立合作。

3. 产品描述

产品描述如表 5-9 所示。

表 5-9　产品描述

产品描述
(1) 萝卜泥概述。产品选用日本的上乘萝卜品种,采用先进的生产工艺和技术保留了萝卜的营养成分和鲜美口味,不含色素和防腐剂。该产品为即开即食,用作食用佐料,适宜一般公众在任何场所使用。 (2) 原辅材料、包装材料描述 原、辅材料:原装进口日本的萝卜种子,按要求进行种植。 包装材料规格:萝卜泥包装容器采用 EVOH 五层共挤,易撕盖热封。 包装袋:略 包装箱:略

4. 加工工艺流程图

加工工艺流程图以萝卜泥加工工艺流程为例。萝卜泥加工的工艺流程图如图 5-2 所示。

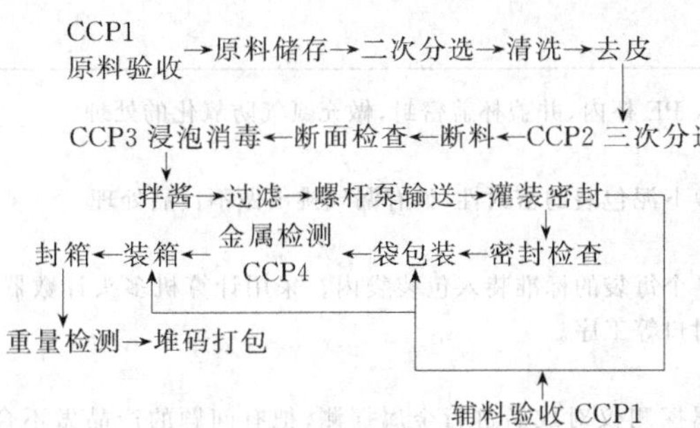

图 5-2　萝卜泥加工的工艺流程

5. 工艺描述

工艺描述以萝卜泥加工工艺描述为例，如表 5-10 所示。

表 5-10　萝卜泥加工工艺描述

1. 原料验收 采用公司农场种植的日本大根萝卜原料，经检验致病菌和农药残留符合要求，不使用其他来历或品种的原料。 2. 原料储存 将原料放置于仓储笼内存放于原料仓库备用。储存时间夏季不能超过 3 天，冬天不能超过 7 天。 3. 二次分选 去除萝卜叶和须根部分，挑选出有霉、烂和机械伤严重的萝卜原料。 4. 清洗 用连续洗净机清洗萝卜表面泥沙、杂质。所用水为符合国家饮用水标准的自来水。 5. 去皮 用超高速去皮机去除萝卜表皮。 6. 三次分选 挑选出未去皮干净的萝卜用手工把皮去净，把未去掉的虫眼、须眼或其他杂质用手工去除。把带有清洗和去皮时遗留下来的刷毛的萝卜清除所带刷毛。切除萝卜的头部和根部并用消毒水冲洗。 7. 断料 萝卜在输送线上通过特制的萝卜切断器将萝卜横、竖分别切开分成四块，按操作规程控制均匀程度。 8. 断料检查 检查萝卜的断面是不是存在黑心、红心、糠心、空心等状态如有立即挑除。 9. 浸泡消毒 萝卜经输送线进入浸泡输送槽浸泡消毒，消毒液采用次氯酸钠（NaClO）和盐酸（HCl）中和生成的复合液，浸泡三分钟。 10. 拌酱 萝卜经输送线进入净化车间的拌酱机内磨碎、拌酱，形成小萝卜颗粒和萝卜汁的混合物。 11. 螺旋输送 萝卜泥经螺旋输送线除去部分水分，达到工艺的标准要求。 12. 螺泵输送 经过拌酱和过滤的萝卜泥经过螺杆泵加入还原水后输送至充填机进行充填。 13. 包装材料验收 包装材料为 PE 杯、包装袋、纸箱，要求安全、卫生、无污染。 14. 灌装密封

续表

充填机把萝卜泥充填入PE杯内，并盖杯盖密封，做充氮气防氧化的处理。 15. 密封检查 检查充填并密封后的萝卜泥包装的密封性，如有漏气挑出做不良品处理。 16. 袋包装 将装杯完的萝卜泥以7个每袋的标准装入包装袋内。采用计算机多头计数器和全自动制袋机，自动完成记数、制袋、打码、装袋、封口等工序。 17. 金属检测 包装机出口处安装金属探测仪对成品进行金属探测，把有问题的产品做不合格品处理。检测范围为Feϕ0.8mm、SUS304ϕ1.5mm。 18. 装箱 操作工对装箱前的包装袋进行检查其密封程度和观察是否有漏封，检验合格的包装以人工方式记数每24袋装一箱。 19. 封箱 装箱完毕后，纸箱经输送线进入封箱机自动封箱、打码。 20. 重量检测 为防止操作工在装箱时出现少装的现象，对封箱、打码完的包装进行重量检测以发现装箱量不足的包装重新补足。 21. 堆码打包 把萝卜泥包装箱在纸制托盘上堆垛，以每个托盘110箱为标准。然后通过托盘缠绕包装机用PE膜缠绕包装，再用电动堆垛车运送至成品冷藏库保存。

6. 危害分析表

危害分析表以出口萝卜泥加工工艺为例，如表5-11所示。

表5-11 出口萝卜泥加工工艺HACCP危害分析表

加工步骤	确定在这工序中引入的控制的或增加的潜在危害	潜在的食品安全危害是显著的吗(是/否)	对第3列的判断提出依据	应用什么预防措施来防止显著危害	这步是关键控制点吗？(是/否)
原料验收	生物的：致病菌和寄生虫污染	否	种植中用的有机肥和生产用水、土壤的污染	清洗、去皮、消毒浸泡可减少到可接受水平	是
	化学的：农药残留	是	农场使用农药治理害虫和病毒，农药残留超标对人体造成危害	农场种植时对防病虫害的农药用量加以控制；及时送样给权威部门检测	
	物理的：泥沙	否	原料夹带	水洗去皮可去掉	
储存	生物的：致病菌增值	否	储存容器及存放时间过长	清洗、去皮、消毒浸泡可减少到可接受水平	否
	化学的：无				
	物理的：腐烂	否	存放时间过长	二次分选和三次分选挑出	

续表

加工步骤	确定在这工序中引入的控制的或增加的潜在危害	潜在的食品安全危害是显著的吗（是/否）	对第 3 列的判断提出依据	应用什么预防措施来防止显著危害	这步是关键控制点吗？（是/否）
二次分选	生物的：致病菌增殖	否	人手、工器具	清洗、去皮、浸泡消毒可减少到可接受的水平	否
	化学的：无				
	物理的：无				
清洗	生物的：无				否
	化学的：无				
	物理的：无				
去皮	生物的：致病菌污染	否	去皮时萝卜的表皮病菌污染萝卜的果肉	浸泡消毒可以控制到可接受水平	否
	化学的：无				
	物理的：无				
三次分选	生物的：致病菌增殖	否	人手、工器具	浸泡消毒可减少到可接受的水平	否
	化学的：无				
	物理的：异物	否	清洗、去皮机掉落的刷毛	人工对原料检查减少到可接受水平	
断料	生物的：无				否
	化学的：无				
	物理的：无				
表面检查	生物的：致病菌增殖	否	人手	浸泡消毒可控制到可接受水平	是
	化学的：无				
	物理的：异物	是	清洗、去皮时的残留物	人工对原料检查减少到可接受水平	
浸泡消毒	生物的：致病菌、寄生虫卵	是	原携带及前段工序增值	控制消毒液浓度和浸泡时间控制到可接受水平	是
	化学的：消毒用化学物质的残留	是	化学药物浓度超标和调制用化学品泄漏	通过 SSOP 严格控制化学物质比例，及时送检权威部门	
	物理的：无				
拌酱	生物的：无				否
	化学的：无				
	物理的：无				

续表

加工步骤	确定在这工序中引入的控制的或增加的潜在危害	潜在的食品安全危害是显著的吗（是/否）	对第3列的判断提出依据	应用什么预防措施来防止显著危害	这步是关键控制点吗?（是/否）
螺旋输送	生物的:无				否
	化学的:无				
	物理的:无				
螺杆输送	生物的:无				否
	化学的:无				
	物理的:无				
罐装密封	生物的:无				否
	化学的:无				
	物理的:无				
密封检查	生物的:无				否
	化学的:无				
	物理的:无				
包装	生物的:无				否
	化学的:无				
	物理的:无				
金属检测	生物的:无				是
	化学的:无				
	物理的:金属异物	是	前几道工序可能出现金属异物残留	设置金属探测仪	
装箱	生物的:无				否
	化学的:无				
	物理的:无				
封箱	生物的:无				否
	化学的:无				
	物理的:无				
重量检测	生物的:无				否
	化学的:无				
	物理的:无				
堆码打包	生物的:无				否
	化学的:无				
	物理的:无				
辅料验收	生物的:微生物污染	是	生产和运输过程中的微生物污染	每批检验必要时送检权威部门	是
	化学的:无				
	物理的:杂质	是	生产过程中残留的杂质	每批抽检	

表 5-12　萝卜泥生产 HACCP 计划表

关键控制点	显著危害	每个预防措施的关键极限	监控				纠偏措施	记录	验证
			监控什么	怎么监控	监控频率	谁来监控			
CCP1 原料验收	农药残留	农药残留符合标准要求	供应商提供的质量保证书所规定的项目	每批原料验收供应商提供的质量保证书	每批次	质管科	拒收无质量保证书的原料；经检验不合格的原料，依据不合格品控制程序的规定执行；对原料进行质量评审及反馈	原物料检验单	每天审查记录
CCP2 表面检查	异物、杂质	不得检出异物、杂质	监控萝卜表面是否存在异物、杂质	感官检查萝卜表面	每个萝卜	线上操作工	去除可见的异物、杂质；检查清洗机及去皮机的刷毛是否牢固，必要时更换刷毛	表面检查记录	每天审查记录
CCP3 浸泡消毒	1. 微生物及寄生虫卵。 2. 余氯残留	消毒剂浓度不低于 50μL/L 和高于100μL/L；pH 值控制在 6.7±0.3；浸泡时间不短于 3min	消毒剂浓度和 pH 值输送带传输速度	1. 人为监控。 2. 定时送质管科检测	每班次	质管科及线上操作员	隔离并评价关键限值偏离期间生产的产品； 检查消毒剂发生装置，恢复其正常工作状态； 调整输送带运转速度	消毒水监控记录表	每天审查原始记录； 定时抽样检测
CCP4 金属探测	金属异物	不得检出大于 ϕ0.8mm 的铁和 ϕ1.5mm 的 304 型不锈钢的金属异物	大于关键限值的金属碎屑存在	金属探测仪	连续	工序操作员	发现超过关键限值的产品进行纠正或销毁处理	金属检测记录	每天开机前用铁和不锈钢的测试物测试金属探测器是否正确。每周记录复查
CCP5 辅料验收	1. 微生物 2. 杂质	杯膜及杯体内壁的细菌总数不得超过 1000 个/cm^2，不得检出杂质	供应商提供的质量保证书所规定的项目	每批辅料验收供应商提供的质量保证书	每批次	质管科	拒收无质量保证书的辅料； 经检验不合格的原依据不合格品控制程序的规定执行； 重新评价供应商资格	原物料检验单	每天审查记录

根据以上出口萝卜泥各加工工艺HACCP危害分析可以看出，出口萝卜泥加工工艺中有效控制和消除危害因素的关键控制点包括以下五个方面：①原料验收（CCP1）；②表面检查（CCP2）；③浸泡消毒（CCP3）；④金属检测（CCP4）；⑤辅料验收（CCP5）。

7. HACCP计划表

根据危害分析，制订对每个关键控制点进行预防、监控措施以及纠偏和验证的方法。HACCP计划表以萝卜泥生产为例，结果如表5-12所示。

四、食品安全管理手册、程序文件、作业指导书及记录的编制

食品安全管理手册在编制时，最好对照ISO 22000标准的要求书写，做到层次清晰，简明扼要。程序规定了进行某项活动所经过的途径或过程，程序文件是规定食品安全管理手册活动方法和要求的文件，也是管理手册的细化和支持性文件。所以，程序文件的编写一定要以管理手册为依据。为确保程序文件的可操作性，有人提出了编写的“5W1H”原则，即编写每一个程序文件时，首先考虑以下几个方面：规定做的事（what）、明确每一项活动的实施者（who）、规定活动的时间（when）、说明在何地实施（where）、为什么要做（why）、规定具体实施的办法（how）。

程序文件明确规定了每个活动过程的输入、转换、输出，以及活动之间的接口关系，且规定了失控时的纠正方法，确保了整个体系的运行具有最佳的秩序和最佳的效果。所以，在制定时程序文件要参考以往实行的经验，使其具有可操作性。

作业指导书是当程序文件不能满足活动或过程的特定要求时，所制定的操作性文件，是比程序文件更加细化的文件，作业指导书对某个工序或岗位的作业条件、操作步骤、参数、注意事项等做出了明确的要求。

记录是提供组织所完成活动的证据的文件，是提供产品、过程、质量管理体系是否符合要求的见证性文件。记录一定要真实、具有可追溯性。下面分别就食品安全管理手册、程序文件、作业指导书及记录的编制，用案例加以说明。

1. 食品安全管理手册示例

食品安全管理手册内容较多，在此仅就目录和部分内容加以示例见表5-13、表5-14，以供读者参考。

表5-13 食品安全管理手册目录

某食品企业食品安全管理手册目录
0 前言
0.1 质量和食品安全方针、目标颁布令
0.2 管理者代表和食品安全小组组长任命书
0.3 质量和食品安全手册发布令
0.4 公司简介
0.5 公司体系组织机构图

续表

1　范围
2　规范性引用文件
3　术语和定义
4　质量和食品安全管理体系
4.1　总体要求
4.2　文件要求
4.2.1　总则
4.2.2　质量和食品安全管理手册
4.2.3　文件控制
4.2.4　记录控制
5　管理职责
5.1　管理承诺
5.2　以顾客为关注焦点
5.3　质量和食品安全方针
5.4　策划
5.4.1　质量和食品安全目标
5.4.2　质量和食品安全管理体系策划
5.5　职责、权限和沟通
5.5.1　职责与权限
5.5.2　管理者代表和食品安全小组组长
5.5.3　内部沟通
5.5.4　外部沟通
5.6　管理评审
5.6.1　总则
5.6.2　评审输入
5.6.3　评审输出
5.7　应急准备和响应
6　资源管理
6.1　资源提供
6.2　人力资源
6.3　基础设施
6.4　工作环境
7　产品和安全产品的实现
7.1　产品和安全产品实现的策划
7.1.1　总则
7.1.2　前提方案
7.1.3　实施危害分析的预备步骤
7.1.4　危害分析
7.1.5　操作性前提方案的建立
7.1.6　HACCP计划的建立
7.1.7　食品安全预备信息的更新、描述前提方案和HACCP计划的文件的更新
7.1.8　食品安全验证的策划
7.2　与顾客有关的过程
7.3　设计和开发
7.4　采购
7.4.1　采购过程

续表

7.4.2 采购信息 7.4.3 采购产品的验证 7.5 生产和服务提供 7.5.1 生产和服务提供的控制 7.5.2 生产和服务提供过程的确认 7.5.3 标识和可追溯性 7.5.4 顾客财产 7.5.5 产品防护 7.6 监视和测量装置的控制 8 食品安全管理体系的确认、验证和改进 8.1 总则 8.2 监视和测量 8.2.1 顾客满意 8.2.2 内部审核和食品安全管理体系的验证 8.2.3 过程的监视和测量 8.2.4 产品的监视和测量 8.3 不合格和潜在不安全产品控制 8.4 数据分析

表 5-14 食品安全管理手册部分内容

××食品公司质量和食品安全方针颁布令 公司各部门、全体员工： ——各部门、全体员工应按以下方针要求开展质量和食品安全管理体系方面的工作： 沟通合作，创新奉献；新鲜营养，安全卫生；顾客满意，持续改进。 本方针与公司总体经营宗旨相适应、协调，它是公司经营方针的重要组成部分。体现了公司对质量和食品安全的核心追求，体现了公司满足要求和持续改进的承诺，同时为制订质量和食品安全目标提供了框架。 全体员工应深入理解质量和食品安全方针的内涵并落实到工作实践中去，为提高公司质量水平而努力。 为确保质量方针的贯彻和实施，公司制订的质量和食品安全目标是： 产品一次交付合格率：理化指标≥____%，微生物指标____%； 顾客投诉率：≤____% 顾客满意度：≥____分； 食品卫生安全事故：____； 上级机关产品抽查卫生指标合格率：____%； 卫生要求达标率：____%。 公司承诺：出厂产品在符合要求的储存条件下、保质期内，因产品质量和食品安全问题，一律包退、包换。 总经理： ××年××月××日

2. 程序文件编制示例

程序文件编制示例如表 5-15、表 5-16 所示。

表 5-15 不合格品和潜在不安全产品控制程序

不合格品和潜在不安全产品控制程序

1 目的

确保不符合产品要求的产品得到识别和控制，以防止非预期的使用或交付。

2 范围

适用于原料、辅料（含包装材料）、半成品、成品及出厂产品所发生的不合格品的控制。

3 职责

3.1 采购部负责不合格的辅料、包装材料与供方的联络工作。

3.2 ____负责不合格品和潜在不安全产品的识别和处置措施的制订。

3.3 ____负责不合格品的处置的实施。

3.4 ____负责 A、B 类不合格品的处置批准；____负责 C 类合格品的处置批准。

4 工作程序

4.1 不合格品的分类

不合格品分为如下三类。

A 类不合格品：产品的极重要特性不符合规定，或产品质量特性极严重不符合规定。

B 类不合格品：产品的重要特性不符合规定，或产品质量特性严重不符合规定。

C 类不合格品：产品的一般特性不符合规定，或产品质量特性轻微不符合规定。

4.2 不合格品的识别

4.2.1 原、辅料不合格品的识别

(a)____不合格品按《____验收规程》的规定进行识别。

(b)辅料不合格品按相应的《验收规程》或国家/行业标准的规定进行识别。

4.2.2 不合格半成品的识别

关键控制点按具体产品《HACCP 计划》规定的关键限值进行识别。

其他半成品按相应的《检验规程》或《操作规程》进行识别。

4.2.3 不合格成品的识别

按相应的《成品检验规程》或《企业标准》进行识别。

4.2.4 出厂不合格品的识别

对出厂产品在交付或使用后发现的问题，由____组织相关部门根据产品标准和复检结果进行识别。

4.3 不合格品的标识与隔离

识别出的不合格品，都应依据《产品标识和可追溯性控制程序》进行标识，并在可能的情况下进行隔离。

4.4 不合格品的处置

4.4.1 原、辅料不合格品的处置

4.4.1.1 原料不合格品的处置

4.4.1.2 辅料不合格品的处置

对识别为 A 类和 B 类的不合格品，需立即办理退货，由____开具《不合格品处置单》，经授权人批准后，由采购部联系供方退货；

对 C 类不合格品，由____开具《不合格品处置单》，处置方案经授权人批准后，由相关部门实施；确定做拣用时，应对挑选后的产品重新检验；做让步接收的应在《采购产品验证记录单》上做详细记录，并对本批产品单独存放和标识。

4.4.2 不合格半成品、成品的处置

当发现不合格半成品、成品时：

出现的批量不合格品或异常不合格产品，由____填写《不合格品处置单》，上报____，处置方案经授权人批准后，由相关部门实施；处置方案有报废、移作他用、返工、让步放行；返工产品应重新进行检验；让步放行产品应详细记录，并应单独存放和标识。

当在生产线上各段发现个别不合格品，由____确认后作出处置，处置方案有：报废、移作他用、返工，并应在相应的《检验记录单》上作详细记录；返工产品应重新进行检验。

续表

报废产品需放置到报废区，按规定作好标识，由____决定如何处理。 4.4.3　交付或使用后发现不合格品的处置 4.4.3.1　交付或使用后发现的一般不合格品，由____处置，并在《顾客反馈意见登记表》中记录。 4.4.3.2　交付或使用后顾客提出产品有严重质量问题时，由____在《不合格品处置单》中填写"不合格描述"，并报管理者代表。 4.4.3.3　管理者代表接到《不合格品处置单》后，组织有关部门评审，对其可能造成的后果进行判断，填写处置意见，并上报____，由____批准后，通知____负责及时与顾客联系处理；必要时启动《产品回收控制程序》。 4.5　不合格品应由检验员登记在《不合格品汇总登记表》上。 4.6　潜在不安全产品的处理 4.6.1　在超出关键限值条件下生产的产品由关键控制点监视人员直接识别潜在不安全产品，对其进行标识和隔离。 4.6.2　不符合操作前提方案条件下生产的产品，现场生产人员先行将其标识和隔离。通知质检人员评价不符合的原因和对由此对食品安全造成的后果，满足如下情况的取消标识和隔离，否则应更改标识为潜在不安全产品。 相关的食品安全危害已降至规定的可接受水平。 相关的食品安全危害在产品进入食品链前将降至确定的可接受水平。 尽管不符合，但产品仍能满足相关食品安全危害规定的可接受水平。 4.6.3　对潜在不安全产品由质检人员从如下方面获得证据可作为安全产品放行，否则应作为不合格产品处理： 除监视系统外的其他证据证实控制措施有效； 证据显示，特定产品的控制措施的整体作用达到预期效果(即达到确定的可接受水平)； 充分抽样、分析和(或)充分的验证结果证实受影响的批次产品符合被怀疑失控的食品安全危害确定的可接受水平。

表 5-16　食品安全管理体系确认和验证程序

食品安全管理体系确认和验证程序
1. 目的 规定确认和验证的活动及其方法，确保对食品安全管理体系的单独要素和整体绩效进行验证，以对食品安全管理提供信任。 2. 范围 适用于食品安全管理体系相关的管理要素和管理体系整体绩效的验证活动的策划、执行和对结果的分析、利用。 3. 职责 3.1　食品安全小组负责食品安全管理体系的确认和验证及结果的分析利用。 3.2　食品安全小组组长负责食品安全管理体系的确认和验证的组织及结果的审核，结果利用的批准。 3.3　各部门参与和配合完成食品安全管理体系的确认和验证。 4. 程序 4.1　验证的策划 4.1.1　单项验证的策划具体按下规定： 前提方案和操作性前提方案的验证按《前提方案和操作性前提方案控制程序》的有关规定。 危害分析的输入持续的验证按《危害分析控制程序》的有关规定。 HACCP 计划中要素得以实施且有效的验证按《HACCP 计划控制程序》的有关规定。 危害水平在确定的可接受水平之内的验证按《产品的监视和测量管理程序》和《终产品验证抽样检验计划》的有关规定。

续表

食品安全管理的其他程序和文件得以实施且有效的验证按《内部审核程序》规定进行。

4.1.2 当验证是基于终产品的测试，且测试的样品不符合食品安全危害的可接受水平时，受影响批次的产品按照《不合格品和潜在不安全产品控制程序》规定处置，并且执行《纠正和预防措施管理程序》。

4.2 控制措施组合的确认

在实施包含于操作性前提方案 OPRP 和 HACCP 计划的控制措施之前，及在变更后，应确认：

(a)所选择的控制措施能使其针对的食品安全危害实现预期控制。

(b)控制措施和(或)其组合时有效，能确保控制已确定的食品安全危害，并获得满足规定可接受水平的终产品。

具体按《前提方案和操作性前提方案控制程序》和《危害分析控制程序》的有关规定。

当确认结果表明不能满足一个或多个上述要素时，应对控制措施和(或)其组合进行修改和重新评价，按《危害分析控制程序》的有关规定。

修改可能包括控制措施[即生产参数、严格度和(或)其组合]的变更，和(或)原料、生产技术、终产品特性、分销方式、终产品预期用途的变更。

4.3 单项验证结果的分析

4.3.1 应对所策划的验证(4.1)的每个结果进行系统地评价，可结合整体食品安全管理体系的初始确认进行。

4.3.2 当验证不能证明与策划的安排相符合时，应采取包括但不限于以下措施：

对当前的危害分析的预备信息、更新程序和沟通渠道进行评审。

对危害分析结论进行评审，必要时重新分析。

对(操作性)前提方案和 HACCP 计划进行评审，必要时对控制措施进行调整。

人力资源管理和培训活动有效性的评价。

4.3.3 保持采取任何措施的记录。这些记录在食品安全小组中得到沟通。

4.3.4 当验证是基于终产品的抽样检测(如 4.2)，且该测试的样品表明不满足食品安全危害的可接受水平时，受影响批次的产品应作为潜在不安全产品按《不合格品和潜在不安全产品控制程序》规定处理。

4.4 验证活动结果的分析

4.4.1 食品安全小组应分析验证活动(4.1)的结果，包括内部审核的结果。通过分析，以达到下述目的：

证实体系的整体运行满足策划的安排、标准的要求和管理体系的要求。

识别食品安全管理体系改进或更新的需求。

识别表明潜在不安全产品高事故风险的趋势。

建立信息，便于策划与受审核区域状况和重要性有关的内部审核方案。

提供证据证明已采取纠正和纠正措施的有效性。

4.4.2 验证活动结果的分析可通过以下方式进行：

食品安全管理体系的初始确认，在体系的运行的初期进行。

周期性确认，在每次内部审核时进行。

特殊情况下的确认，包括管理体系不明原因的失误如大批量不合格品的产生，过程、产品或包装发生的重大变化，以及确定的新危害。

4.4.3 食品安全管理体系的确认应建立《食品安全管理体系确认表》，记录分析的结果和由此产生的活动，并向厂长报告，作为管理评审和管理体系更新的输入，也是本厂与公共卫生主管部门和顾客沟通的重要信息。

4.4.4 整体食品安全管理体系的确认应包括控制措施组合的确认。证实控制措施组合能够达到已确定的食品安全危害控制所要求的预期水平，否则，应对控制措施进行修改和重新评价。

4.5 单项验证的分析和验证活动结果的分析显示体系有不符合或需要改进、更新情况，按《纠正和预防措施管理程序》要求处理。

4.6 食品安全验证表明对一些危害控制的不适当，且通过修改控制措施是不可行时，应当考虑通过适当的信息或标签将信息充分地提供给顾客。

5 相关文件

记录控制程序

续表

前提方案和操作性前提方案控制程序 危害分析控制程序 HACCP计划控制程序 内部审核程序 产品的监视和测量管理程序 不合格品和潜在不安全产品控制程序 纠正和预防措施管理程序 终产品验证抽样检验计划 6　记录 《食品安全管理体系确认表》 产品检验记录

3. 作业指导书编制示例

作业指导书和程序文件相似，略。

4. 记录的编制示例

在ISO 22000体系中，要求保存的记录主要有管理评审记录；食品安全小组记录；前提方案验证和更改记录；实施危害分析记录；流程图记录；食品安全危害评估的结果记录；对控制措施选择和分类的记录；关键控制点的监视系统记录；验证结果记录；可追溯性系统记录；不符合控制记录；纠正措施记录；产品撤回记录；监视、测量设备校准和检定记录；食品安全管理体系的验证记录等。以下用部分记录编制为例，说明记录的编写要求，见表5-17～表5-22所示。

表5-17　终产品描述表

编号：

加工类别： 产品类型：	
1. 产品名称	
2. 使用原料	
3. 成分及产品特性 (化学、生物和物理特性)	
4. 预期用途及适宜的消费者	
5. 食用方法	
6. 包装类型	
7. 储存条件	
8. 预期的保质期	
9. 与食品安全有关的标识或处理、制备及使用的说明书	
10. 销售、运输要求	

表 5-18　危害分析预备步骤确认记录单

存档编号：

产品名称		
确认项目	项目编号	确认记录
确认意见及措施：		
确认人(签名)： 年　月　日		

表 5-19　半成品和成品抽查记录表

日期：　　年　月　日　　　　存档编号：

产品名称	状　态	生产批次	抽查数量	抽查结果	抽查者	审核者	备　注
				□合格　□不合格			
				□合格　□不合格			
				□合格　□不合格			
				□合格　□不合格			
				□合格　□不合格			
				□合格　□不合格			

表 5-20　金属监测记录

产品名称：　　　　存档编号：

日　期	时　间	生产批号	监测数量	监测结果	监测者	备　注
				□正常　□不正常		
				□正常　□不正常		
				□正常　□不正常		
				□正常　□不正常		
				□正常　□不正常		
				□正常　□不正常		

表 5-21 纠偏记录表 存档编号：

产品名称：			记录日期：	
生产批次：			关键点：	
纠偏项目	关键限值	实际值	操作人员	检查人员
偏离情况描述：				
纠偏措施：				
部门：	人员：		时间：	
验证结果：				
部门：	人员：		时间：	

表 5-22 生产用水监测记录表

统计日期： 年 月 存档编号：

日 期	是否澄清	pH 值	余氯含量	监测人	备 注
1 日	□是 □否		□正常 □不正常		
2 日	□是 □否		□正常 □不正常		
3 日	□是 □否		□正常 □不正常		
4 日	□是 □否		□正常 □不正常		
5 日	□是 □否		□正常 □不正常		
6 日	□是 □否		□正常 □不正常		
7 日	□是 □否		□正常 □不正常		
8 日	□是 □否		□正常 □不正常		
9 日	□是 □否		□正常 □不正常		
10 日	□是 □否		□正常 □不正常		
11 日	□是 □否		□正常 □不正常		
12 日	□是 □否		□正常 □不正常		
13 日	□是 □否		□正常 □不正常		
14 日	□是 □否		□正常 □不正常		

续表

日　期	是否澄清	pH 值	余氯含量	监测人	备　注
15 日	□是　□否		□正常　□不正常		
16 日	□是　□否		□正常　□不正常		
17 日	□是　□否		□正常　□不正常		
18 日	□是　□否		□正常　□不正常		
19 日	□是　□否		□正常　□不正常		
20 日	□是　□否		□正常　□不正常		
21 日	□是　□否		□正常　□不正常		
22 日	□是　□否		□正常　□不正常		
23 日	□是　□否		□正常　□不正常		
24 日	□是　□否		□正常　□不正常		
25 日	□是　□否		□正常　□不正常		
26 日	□是　□否		□正常　□不正常		
27 日	□是　□否		□正常　□不正常		
28 日	□是　□否		□正常　□不正常		
29 日	□是　□否		□正常　□不正常		
30 日	□是　□否		□正常　□不正常		
31 日	□是　□否		□正常　□不正常		

每半个月进行微生物抽样检验：

日　期	检　验　结　果	报告单编号	检验人	备　注
上月底记录 月　日	总菌群：　个/mL			
	大肠菌群：　个/mL			
本月中检验 月　日	总菌群：　个/mL			
	大肠菌群：　个/mL			
本月底检验 月　日	总菌群：　个/mL			
	大肠菌群：　个/mL			

五、体系的内部审核

审核（audit）是指为获得审核证据并对其进行客观的评价，以确定满足审核准则的程序所进行的系统的、独立的并形成文件的过程。

上述审核的定义表明审核是指一项正式、有序的活动。其中外部审核是按照合同进行的，内部审核需经授权，它还是有组织、有计划按规定程序进行的。“独立的”是指审核是一项客观、公正的活动，依据审核准则进行，尊重事实和证据，不屈服于任何压力，不迁就任何不合理要求；审核人员不应审核自己的工作，在第三方审核时不应对受审核方既提供咨询又进行审核。审核过程形成文件是指审核过程形成一系列文件，包括审核计划、检查表、审核记录、不符合（合格）报告、审核报告等。以下以食品安全管理体系集中式审核计划表、食品安全管理体系内部审核检查表、内审报告为例，如表 5-23～表 5-25 所示。

表 5-23 食品安全管理体系集中式审核计划表示例

<table>
<tr><td>审核目的</td><td colspan="2"></td></tr>
<tr><td>审核范围</td><td colspan="2"></td></tr>
<tr><td>审核依据</td><td colspan="2"></td></tr>
<tr><td>审核组人员组成</td><td colspan="2"></td></tr>
<tr><td>审核日期</td><td colspan="2">第一次内审：
第二次内审：</td></tr>
<tr><td>备注</td><td colspan="2"></td></tr>
<tr><td>编制人：
日期：</td><td>审核人：
日期：</td><td>批准人：
日期：</td></tr>
</table>

表 5-24 食品安全管理体系内部审核检查表示例

<table>
<tr><td>受审核部门：</td><td>审核时间</td><td>审核人员：
陪同人员：</td></tr>
<tr><td>审核准则</td><td>检查项目及方式</td><td>检查结果</td></tr>
<tr><td></td><td></td><td></td></tr>
<tr><td></td><td></td><td></td></tr>
<tr><td>编制人：
日期：</td><td>审核人：
日期：</td><td>批准人：
日期：</td></tr>
</table>

表 5-25 内审报告示例

<table>
<tr><td>审核目的：</td></tr>
<tr><td>审核范围：</td></tr>
<tr><td>审核准则：</td></tr>
<tr><td>内审组成员：
组长：　　　　成员：</td></tr>
</table>

续表

审核日期：		
内审总结：		
审核结论：		
编制人： 日期：	审核人： 日期：	批准人： 日期：

1. 食品安全管理体系内部审核的目的

① 验证本企业食品安全管理体系的前提方案和操作性前提方案是否为体系的运作建立了良好的基础。

② 危害分析是否科学、合理和完善。

③ 关键控制点的判定是否合理以及对其实施的监控是否有效。

④ 验证是否在运行中体系能够不断自我完善。

⑤ 产品全过程是否能够得到控制。

⑥ 对该食品生产企业食品安全小组人员的能力评价。

⑦ 为迎接来自外部的第二方审核和认证审核做好各项准备。

2. 食品安全管理体系审核的原则

在 ISO 22000 食品安全管理体系的审核过程中，要遵循如下原则。

① 授权性原则。不论是内部审核还是外部审核事先都要经过授权。

② 可信性原则。不同的、彼此独立的审核组对同一对象的审核应得出类似的结论，审核的全过程应形成文件化，审核结论应具备可信性。

③ 能力性原则。审核应由具备相应工作能力并取得相关资质证明的人员进行。

④ 一致性原则。在审核之前，应就审核的范围、目的和审核准则达成一致意见。

⑤ 审核应保持公正性。

⑥ 审核的核心原则是客观性、独立性和系统性。

⑦ 保密性原则。审核是一种信任活动。

3. 内部审核的实施过程

ISO 22000 食品安全管理体系内部审核的步骤主要概括如下。

① 确定内审。主要是企业根据要求确定进行内审、明确各次审核目的，并确定审核范围。

② 内审准备。组成内审小组，分配审核任务，编制内审计划，内审员按分工各自编制检查表，准备审核工作文件。

③ 审核实施。首次见面会议，现场审核（收集审核证据，得出审核发现，做出公正判断），内审小组会议，总结会议。

④ 内审报告。编制内审报告，报告分发、存档。

⑤ 跟踪验证。向受审方提出纠正、纠正措施要求，受审方制订并实施纠正措施，验证纠正措施实施有效性并记录。

六、管理评审

管理评审为企业最高管理者评估组织在满足食品安全方针的有关目标的绩效和整个食品安全管理体系的有效性提供了一个机会。一般情况下，最高管理者应在不超过 12 个月的时间间隔内评审质量和食品安全管理体系，包括评价质量和食品安全管理体系改进的机会和变更的需要，形成并保持相关的记录，确保质量和食品安全管理体系持续的适宜性、充分性和有效性。

1. 评审输入

管理评审会议应对以下事项进行评审分析。

① 对质量和食品安全管理体系的内、外部审核结果。

② 内、外部沟通活动，包括顾客反馈信息，以及相关方的意见。

③ 质量和食品安全管理体系运行的绩效，包括质量和食品安全管理体系的方针和目标实现情况，产品实现过程和产品质量控制措施和结果。

④ 纠正和预防措施状况。

⑤ 以往管理评审会议的跟踪措施。

⑥ 可能影响质量和食品安全管理体系有效性的内、外部环境变化情况。

⑦ 对质量和食品安全管理体系提出的改进建议。

⑧ 外部产品检验，食品安全的验证活动结果的分析。

⑨ 紧急状况、事故和撤回。

⑩ 体系更新活动的评审结果。

2. 评审输出

管理评审结束后，一般情况下，记录管理评审过程并编制《管理评审报告》作为评审输出，《管理评审报告》内容应包括如下方面。

① 质量和食品安全管理体系方针、目标的修订。

② 对质量和食品安全管理体系及其过程有效性采取的必要改进措施。

③ 与顾客要求有关的产品的必要改进措施。

④ 食品安全的保证。

⑤ 由于上述改进措施而导致的资源（包括设施）要求的变化。

《管理评审报告》应分发各部门实施，并由管理者代表组织对实施效果进行验证。

复　习　题

1. 简述 HACCP 体系的基本原理。
2. HACCP 计划的一般模式是什么？
3. 简述 HACCP 体系与 GMP、SSOP、ISO 的关系。
4. 简述 ISO 22000：2005 与 GMP、SSOP、HACCP 的关系。
5. ISO 22000：2005 食品安全管理体系的主要内容有哪些？
6. 简述 ISO 22000 食品安全管理体系的建立及认证步骤。
7. 在 ISO 22000 体系中，要求保存的记录主要有哪些？
8. 食品企业内部审核的实施过程有哪些？
9. 试制订某一食品的 HACCP 计划。
10. 试制订某一食品的前提方案和操作性前提方案。

第六章　ISO 14000 环境管理体系

ISO 14000 环境管理系列标准是为响应联合国环境与发展大会提出的“可持续发展”目标而推出的一套重要管理标准。与 ISO 9000 一样，ISO 14000 将对经济发展、技术交流和贸易交往产生重要影响，并已引起了各国的重视。

第一节　ISO 14000 环境管理系列标准的产生与发展

随着社会与经济的发展，工业化、城市化进程的加快，人类赖以生存的环境正在发生着急剧的变化，承受着越来越大的压力，出现了一些全球性的问题。国际社会在总结过去环境保护发展的经验教训后，明确提出了可持续发展的战略，将环境保护与人类社会的经济发展联系起来。

可持续发展要求满足当代人需要的同时，又不会对后代满足其需要的能力构成危害。它包含两方面的含义，一是发展必须满足世界上所有人的基本需求，并不断提高生活质量；二是对环境满足当前和将来的需求能力加以限制，维护对自然资源的持续利用，避免持续地损害环境。

一、环境保护与环境管理的发展

环境保护是指人类为解决现实的或潜在的环境问题，协调人类活动与环境的关系，保护社会经济的可持续发展为目的而采取的各种行动的总称。

环境管理是指在环境容量容许的条件下，以环境科学技术为基础，运用法律的、经济的、行政的、技术的和教育等手段对人类影响环境的活动进行调节和控制，规范人类的环境行为，其目的是为了协调社会经济发展与环境的关系，保护和改善生活环境和生态环境，防治污染和其他公害，保护人体健康，促进社会经济的可持续发展。

环境管理已逐步发展成为一个专门的管理学科，作为解决环境问题的管理方式。环境管理的发展经历了以下 3 个发展阶段。

第一阶段：无为阶段。人们还没有意识到环境对人类社会发展的重要性，对环境没有采取任何措施，而是让其自然发展。

第二阶段：治理阶段。企业管理者事先并未采取任何措施，当其环境因素所造成的环境影响已严重威胁到周围的生态环境时，才不得不对被破坏的环境进行治理。此时企业并未认真分析产生环境影响的真正原因，而是等问题发生后被动地进行治理。

第三阶段：预防阶段。当社会发展到一定阶段，企业管理者已意识到环境问题将会给企业发展带来不利的影响时，环境问题才引起企业管理者足够的重视。在预防阶段，企业在生产前就会对重大的环境问题进行预防，并制订相应的对策。

二、ISO 14000 环境管理系列标准的产生与发展

1. ISO 14000 环境管理系列标准产生的背景

当今时代，人类在创造和享受越来越丰富的物质文明的同时，也不可避免地对人类赖以生存的环境造成了污染和破坏，特别是现代工业的迅速发展，对自然和环境更是造成了日趋严重的破坏，这也在某种程度上应验了恩格斯的预言："不要过分陶醉于人类对自然界的胜利，对每一次这样的胜利，自然界都对我们进行了报复。"

基于一系列环境问题的出现，世界各国日益意识到环境污染已成为世界性的公害，于是纷纷通过立法的方式来保护环境，联合国也制定了相关的国际环境法来保护人类共同的生存环境。1967 年日本颁布《公害对策基本法》，并依据这部基本法建立了一系列环境保护及管理的法规、政策和标准。1972 年世界各国在瑞典首都斯德哥尔摩举行的第一次联合国人类环境大会上通过了《人类环境宣言》(即斯德哥尔摩宣言）和《人类环境行为计划》等文件，并成立了联合国环境规划署（UNEP)，把每年的 6 月 5 日定为"世界环境日"。1977 年德国首先制定出了"蓝色天使"计划，那些与同类产品相比更符合环境保护要求的产品被授予环境标志，由德国质量保证及标签协会（RAL）领导的环境标志评审委员会制定标准并组织实施。之后，许多国家也陆续实施了环境标志制度。1978 年联合国颁布了保护臭氧层的《关于臭氧层行动世界计划》。1987 年挪威总理布伦特兰（联合国环境规划署主席）发表了《我们共同的未来》的著名报告。该报告为未来的发展确定了以下七项目标：重新发展；改进发展的质量；保护并增加资源；确保适度的人口数量；提高技术水平，降低控制风险；在市场决策中纳入环境和经济的考虑；改变国际经济关系。

1990 年国际标准化组织和国际电工委员会出版了《展望未来—高新技术对标准化的需求》一书，其中"环境与安全"被认为是目前标准化工作最紧迫的四个课题之一。1992 年在联合国环境与发展大会上，一百多个国家就长远发展的需要，一致通过了关于国际环境管理纲要，环境与可持续发展成为各国研究的重要议事课题。

英国于1992年颁布了BS 7750—1992《环境管理体系规定》标准，该标准参考了英国《环境保护条例》和欧共体《环境管理审核规则》（FMAS）的要求，目的是使任何组织在本标准指导下建立有效的环境管理体系和参与“环境审核”。欧共体于1993年7月10日以EECN01836/93指令正式公布《工业企业自愿参加环境管理和环境审核联合体系的规则》，简称《环境管理审核规则》（EMAS），并规定于1995年4月开始实施。1992年联合国环发大会之后，ISO为了实现环发大会有关环境管理标准化的要求，于1993年6月正式成立了ISO/TC 207（环境管理技术委员会）。

20世纪80年代以来，一些系统化环境管理方法和标准相继产生。例如，环境标志、清洁生产审计、生命周期分析、环境管理方法和标准（例如英国的BS 7750与欧盟的环境和生态审核计划）等。

ISO 14000环境管理系列标准就是在这样的背景下应运而生的。

2. ISO/TC 207

TC 207环境管理技术委员会自1993年6月正式成立以后，就开始了制定ISO 14000环境管理系列国际标准的工作。TC207环境管理技术委员会成员规模是空前的，截止到1995年6月（即出台ISO 14000系列标准的时间），由来自五大洲80个成员国及16个国际组织组成，中国也是成员国之一。

ISO/TC 207环境管理技术委员会的宗旨是通过制定和实施一套环境管理国际标准来减少人类各项活动所造成的环境污染，节约资源，改善环境质量，促进社会可持续发展。其核心任务是研究制定ISO 14000系列标准，规范环境管理的手段，以标准化工作支持可持续发展和环境保护，同时帮助所有组织约束其环境行为，实现其环境绩效的持续改进。主要工作范围是环境管理工具和体系方面的标准化，但不包括：污染物的测试方法，这方面的标准化工作主要由ISO/TC 147“水质”、ISO/TC 90“固定质量”和ISO/TC 43“声学”负责，目前已有国际标准350多项。

第二节　ISO 14000的主要内容

一、ISO 14000系列标准的特点

ISO 14000系列标准是国际标准化组织于1993年在举世瞩目的联合国环境与发展大会后决定开始制定的标准。这是国际标准化组织针对巴西里约环发大会通过的全球21世纪议程和可持续发展战略而采取的一项具体行动措施。ISO 14000系列标准包括环境管理体系、环境审计、环境评价、产品生态标志、产品寿命周期分析和产品具体环境要求等各个方面，是目前世界上最为全面和系统的环境管理的国

际化标准。它吸收了世界各国多年来在环境管理方面的经验，是各 ISO 成员国对人类可持续发展的贡献和结晶。

制定 ISO 14000 系列标准的指导思想有三点：ISO 14000 系列标准应不增加贸易壁垒；ISO 14000 系列标准可用于各国对内对外的认证，注册；ISO 14000 系列标准必须摒弃对改善环境无帮助的任何行政干预。

ISO 14000 系列标准以广泛的内涵和普遍的适用性，在国际上引起了极大的反响，其特点主要包括如下方面。

1. 标准的自愿性

企业进行自身环境管理的动力逐渐由政府的强制管理转向社会的需求、相关方和市场的压力。ISO 14000 系列标准正是为适应这种环境管理的主动自愿形式和满足企业环境管理的需要而设计和制定的，以便为企业提供自我约束的手段，改进企业的环境绩效。

2. 标准的灵活性

标准将建立环境行为标准的工作留给了组织自己，而仅要求组织在建立环境管理体系时必须遵守国家的法律法规和相关的承诺。实施 ISO 14000 系列标准的目的是帮助组织实施或改进其环境管理体系。该系列标准没有建立环境行为标准，它们仅提供了系统地建立并管理行为承诺的方法。也就是说它们关心的是“如何”实现目标，而不注重目标应该是“什么”。

3. 标准的广泛适用性

ISO 14000 系列标准的龙头 ISO 14001 标准在引言中指出，该体系适用于任何规模的组织，并适用各种地理、文化和社会条件。标准的内容十分广泛，可以适用于各类组织的环境管理体系及各类产品的认证。任何组织，无论其规模、性质、所处的行业领域，都可以建立自己的环境管理体系，并按标准所要求的内容实施，也可向认证机构申请认证。

4. 标准的预防性

这一系列标准突出强调以预防为主，强调从污染的源头削减，强调全过程污染控制，加强企业生产现场的环境因素管理，建立严格的操作控制程序，保证企业环境目标的实现。生命周期评价和环境效果评价则将产品的环境影响及企业的绩效评估也纳入环境管理之中，可在产品最初的设计阶段和企业活动策划过程中，比较、评价其产品或活动的环境特性，为决策提供支持。

二、ISO 14000 系列标准的构成及相互关系

（一）ISO 14000 系列标准的构成

ISO 14000 系列标准是一个系列的环境管理标准，它包括了环境管理体系、环境审核、环境标志、生命周期评价等国际环境领域内的许多热点问题。ISO 给 ISO

14000系列标准预留了100个标准号，编号为ISO 14001～ISO 14100。根据ISO/TC 207的各分技术委员会的分工，这100个标准号分配如表6-1所示。

表6-1 ISO 14000系列标准标准号分配表

分技术委员会	任　务	标　准　号
SC1	环境管理体系(EMS)	14001～14009
SC2	环境审核(EA)	14010～14019
SC3	环境标志(EL)	14020～14029
SC4	环境绩效评价(EPE)	14030～14039
SC5	生命周期评价(LGA)	14040～14049
SC6	术语和定义(T&D)	14050～14059
WG1	产品标准中的环境因素	14060
	备用	14061～14100

这一系列标准以ISO 14001为核心，针对组织的产品、服务、活动逐渐展开，向所有组织的环境管理提供了一整套全面、完整的支持科学环境管理的工具手段，体现了市场条件下“自我环境管理”的思路和方法。

（二）ISO 14000系列标准之间的关系

ISO 14000系列标准是一个庞大的标准系统，由若干个子系统构成，这些系统可以按标准的性质和功能区分，标准关系如图6-1所示。

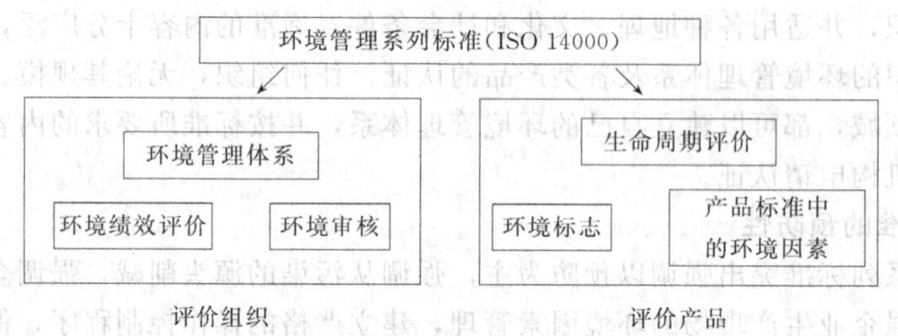

图6-1 ISO 14000系列标准之间的关系

1. 按标准的性质分类

（1）基础标准子系统。环境管理方面的术语与定义。

（2）基本标准子系统。环境管理体系标准和产品标准中的环境因素导则。

（3）技术支持系统。包括环境审核标准；环境绩效评价标准；生命周期评价标准。

2. 按标准的功能分类

（1）评价组织的标准。包括环境管理体系标准；环境审核标准；环境绩效评价标准。

（2）评价产品的标准。包括环境标志标准；生命周期评价标准；产品标准中的环境因素导则。

ISO 14001 是 ISO 14000 系列标准中的主体标准。ISO 14001 环境管理体系—规范及使用指南是由国际标准化组织于 1996 年 9 月 1 日正式颁布的环境管理体系标准。它规定了组织建立、实施并保持环境管理体系的基本模式和 17 项基本要求。作为环境管理体系的认证性标准，ISO 14001 在 ISO 14000 系列标准中具有特殊的地位与作用。

三、ISO 14000 基本术语及体系要素

（一）基本术语及定义

1. 环境（environment）

环境是指组织运行活动的外部存在，包括空气、水、土地、自然资源、植物、动物、人以及它们之间的相互关系。环境是指围绕某一中心事物的外部客观条件的总和。对食品生产企业来说，环境应包括所有与食品生产、运输及销售有关的外部客观条件。

2. 环境因素（environment aspect）

环境因素是指一个组织的活动、产品或服务中能与环境发生相互作用的要素。如食品企业排出的废水、废气等都是环境因素。

3. 环境影响（environment impact）

环境影响是指全部或部分地由组织的活动、产品或服务给环境造成的任何有害或有益的变化。

4. 环境方针（environment policy）

环境方针是指组织对其全部环境行为的意图与原则的声明，它为组织的行为及环境目标和指标的建立提供了一个框架。环境方针是组织在环境保护、改善生活环境和生态环境方面的宗旨和方向，是实施与改进组织环境管理的推动力。制订组织的环境方针时应考虑使该环境方针适合于组织的活动、产品或服务对环境的影响；应在环境方针中对持续改善和防止污染做出承诺，并对遵守有关法律、法规和遵守组织确认的其他要求做出承诺。

为使已制订的环境方针得以落实，组织在环境方针制订后应提供建立和评审环境目标和指标的框架；将该环境方针文件化，让全体员工了解并付诸实施，予以保持；将该环境方针公之于众。这些工作是通过随后要素的实施而得以落实。

5. 环境目标（environment objective）

环境目标是组织依据其环境方针规定自己所要实现的总体环境目标，如可行应予以量化。

6. 环境指标（environment target）

环境指标是直接来自环境目标，或为实现环境目标所需规定并满足的具体的环境行为要求，它们可适用于组织或其局部，如可行应予以量化。

7. 环境管理体系（environment management system）

环境管理体系是组织整个管理体系的一个组成部分，包括为制订、实施、实现、评审和保持环境方针所需的组织机构、计划活动、职责、惯例、程序、过程和资源。环境管理体系是一种运行机制，是通过相关的管理要素组成具有自我约束、自我调节、自我完善的运行机制来实现企业的环境方针、目标和指标的需求。

8. 环境管理体系审核（environment management system audit）

环境管理体系审核是客观地获取审核证据并予以评价，以判断组织的环境管理体系是否符合所规定的环境管理体系审核准则的一个以文件支持的系统化验证过程，包括将这一过程的结果呈报给管理者。

9. 污染预防（prevention of pollution）

污染预防旨在避免、减少或控制污染而对各种过程、惯例、材料或产品的采用，也可包括再循环、处理、过程更改、控制机制、资源的有效利用和材料替代等。

10. 持续改进（continual improvement）

持续改进是强化环境管理体系的过程，目的是根据组织的环境方针，实现对整体环境效果的改进。

11. 环境效果（environment performance）

组织基于其环境方针、目标和指标，对它的环境因素进行控制所取得的可测量的环境体系成果。

（二）ISO 14001 环境管理体系要素

ISO 14001 是 ISO 14000 系列标准中的龙头标准，ISO 14001 环境管理体系采用的是典型的 PDCA 系统化管理模式，即策划—实施—检查—评审。这一模式适用于任何类型的组织。标准化的环境管理体系是由 5 大部分，17 个核心要素所构成的，它们相互作用，共同保证体系的有效建立和实施。

1. 环境方针

作为建立环境管理体系的最初工作之一，组织应根据自身的特点确立环境方针。环境方针反映了组织的环境发展方向及其总目标，并具有对持续改进和污染预防以及对符合法律法规和其他要求两项基本承诺，环境方针为组织制订具体的指标提供了一个框架。

2. 规划

环境管理体系的规划活动包括以下几个方面。

（1）确定重大环境因素。建立环境管理体系的最终目的，是控制本组织的环境问题以实现环境行为的持续改进。为达到此目的，在体系建立之初，首先应全面系统地调查和评审本组织的总体环境状况，识别出其环境因素。其次在全面识别出其环境因素的基础上，还应对其进行评价，确定出重大环境因素，作为设立目标指标的依据。

(2) 识别法律法规和其他要求。要符合所在国家和地区的法律法规是 ISO 14001 的基本要求，并确保这些要求在体系的运行过程中被遵守和保持。

(3) 设立环境目标指标和管理方案。应根据法律法规的要求，技术能力，财政经营情况，相关方的要求等诸多方面，设立有层次的环境目标。为了完成每一项指标，应有详细的实施方案予以支持，包括规定相应的职责，采用的方法、步骤、时间进度表等。

3. 实施与运行

目标指标和相应的环境管理方案的成功实施需要有一系列的管理要素支持。包括以下几方面。

(1) 确定组织机构和明确职责分工。成功地建立环境管理体系的关键之一是使全体人员，从最高管理者到生产线上的工人都积极参与并承担相应的责任。让所有人员明确他们对实现环境方针和目标能做出什么贡献，应担负什么环境责任，拥有什么权力。环境专职机构的设置和职能分工应当与其他管理体系相一致。

(2) 提供必要的培训。培训是手段，目的是提高全体员工的环境意识并使其达到担任相应的环境职责的能力。培训工作是否充分有效，是能否成功建立并保持体系的关键因素之一。

(3) 建立通畅的内部和外部信息沟通途径。信息沟通的职能，一方面是把组织内部的活动统一起来，另一方面是使组织与其外部环境协调一致。

(4) 建立文件化的体系并采取必要的文件控制措施。文件化是环境管理体系的特点之一，文件化的体系有助于维持组织活动的长期一致性和连贯性，同时也是进行体系审核和评审的依据。

(5) 对关键活动进行控制。要保证环境方针和目标指标的实现，组织应当对与所确定的重要环境因素相关的运行和活动规定文件化的管理程序，避免非程序化的操作或活动导致重大环境因素失控，产生非预期的不良环境影响。

(6) 建立紧急准备与反应程序。环境管理体系特别要求设立专门的程序确定潜在的事故和紧急情况，一方面预防事故的发生，另一方面如果事故发生了，能够及时、有效地采取控制措施使环境事故影响降到最小。

4. 检查与纠正措施

不论策划工作多么完美无缺，由于执行人员的素质、技术能力和其他一些不可预见的因素，在实施过程中很可能发生对方针目标的偏离，因此需要有自我检查和纠正机制对不符合情况及时纠正，同时对体系的整体运行情况进行评价。体系的检查、评审和纠正措施包括如下方面。

① 对组织日常运行和活动的监控、测量，需由专门的内审员来审核。

② 由内审员按照规定的程序对体系整体的符合性和有效性进行内部审核。

③ 对于无论是监测和测量，还是体系内审所发现的问题，都应按规定的程序及时采取适当的纠正和预防措施。

④ 体系运行的有关活动应予以记录，作为审核和评审的依据。

5. 管理评审和持续改进

管理评审是组织的最高管理者在内审的基础上对体系的持续适用性、充分性和有效性进行评价。通过管理评审，组织可确定其环境管理体系中存在的主要问题和有可能改进的领域，并以此作为环境管理体系下一次循环进行持续改进的基础。

四、ISO 14000 系列其他标准简介

1. ISO 14004 环境管理体系原则、体系和支持技术通用指南

本标准简述了环境管理体系的五项原则，为建立和实施环境管理体系、加强环境管理体系与其他管理体系的协调提供可操作的建议和指导。它同时也向组织提供了如何有效地改进或保持的建议，使组织通过资源配置、职责分配以及对操作惯例、程序和过程的不断评价（评审或审核）来有序而一致地处理环境事务，从而确定并实现其环境目标，达到持续满足国家或国际要求的能力。

本指南不是一项规范标准，目的是为环境管理体系的实施以及强化它和组织全部管理工作的关系提供帮助，不适用于环境管理体系的认证和注册。

环境管理体系是组织全部管理体系的一个有机组成部分，环境管理体系的设计是一个不断发展和交互作用的过程，实施环境方针、目标和指标所需的组织结构、职责、操作惯例、程序、过程及资源应与其他管理领域的现行工作协调一致（包括质量、职业健康安全）。

2. ISO 14010 环境审核指南通用原则

环境审核是验证和帮助改进环境绩效的一项重要手段。ISO 14010 标准给出了环境审核的定义及有关术语，并阐述了环境审核通用原则，旨在向组织、审核员和委托方提供各种环境审核的一般原理。

本指南是关于环境审核的系列标准之一。

3. ISO 14011 环境审核指南

本标准提供了进行环境管理体系审核的程序，包括审核目的、启动审核直至审核结束一系列步骤要求，以判定环境管理体系是否符合环境审核准则。本标准适用于实施环境管理体系的一切类型和规模的组织。

4. ISO 14012 环境审核指南

本标准提供了关于环境审核员的资格要求，它对内部审核员和外部审核员同样适用。内部审核员与外部审核员都需具备同样的能力，但由于组织的规模、性质、复杂性和环境因素不同，组织内有关技能与经验的发展水平不同等原因，不必满足

本指南规定的所有具体要求。以上 ISO 14001、ISO 14004、ISO 14010、ISO 14011、ISO 14012 等 5 个标准围绕环境管理体系与环境管理体系审核展开，各自有不同的作用，互为补充。其中 ISO 14001 环境管理体系标准是唯一据以认证的标准。

5. ISO 14040 环境管理标准

这一标准于 1997 年 6 月 1 日正式颁布，是 ISO 14000 系列标准中的工具性标准。此标准将一个产品完整的环境生命周期评价工作分为四个基本阶段：目的与范围的确定、清单分析（即分析产品从原材料获取到最终废置整个生命过程各个阶段中的环境投入与产出及其影响的清单）、影响评价（根据清单分析的结果，分析产品各生命阶段对环境的影响，或比较类似产品对环境的影响）、结果释义（将得到的结果与所确定的目的进行比较，确定潜在的改进方向）。

本标准规范了生命周期分析方法，并给出了“生命周期评价”过程所涉及的概念定义和具体方法要求。

6. ISO 14020 环境管理标准

该标准规定了适用环境标志的通用原则。目前存在 3 种类型的环境标志，都应遵循该标准规定的基本原则。这些原则包括如下内容。

① 环境标志的准确性、可验证性、相关性和非误导性。

② 不产生国际贸易壁垒。

③ 以科学的方法学为基础。

④ 所需信息的可获得性。

⑤ 对产品生命周期的考虑。

⑥ 对改进的宽容性。

⑦ 不因不必要的附加要求而对正常使用环境标志造成限制。

⑧ 制订环境标志过程的开放性。

⑨ 环境标志的使用者提供有关信息的义务。

以上原则普遍适用于 3 种类型的环境标志。同时，ISO 14020 也指出，对于具体的环境标志类型，该系列中其他标准若有更加详细或自身的特殊规定时，还应满足该标准提出的要求。

7. ISO 14024、ISO 14021 和 ISO 14025

ISO 14024、ISO 14021 和 ISO 14025 分别对Ⅰ、Ⅱ、Ⅲ型环境标志的授予和使用做了规定。ISO 14024 规定了授予Ⅰ型环境标志的原则和程序，以及与认证和符合性有关的要求和说明。Ⅰ型环境标志是一种自愿采用的、基于多重准则的标志。一种产品经第三方机构评价，认为其满足所规定的环境准则，即可授权它使用相应的环境标志。进行评价时要求对产品的全部生命周期过程予以考虑（但不要求必须进行生命周期评价）。产品的生命周期是指从原材料中摄取，经历生产、销售、使用直至最终处置整个过程。之所以如此，是为了保证产品对环境压力的减轻不是以将其转移到其他媒体为代价。

Ⅱ型环境标志和声明是对产品的环境优越性进行自我声明的环境标志。该标准规定了与使用此类环境标志和声明有关的要求，包括对产品进行评价的要求和环境声明的措辞和符号的要求。由于是用于自我声明的环境标志，这些要求主要是为了保证提供正确的、不引起误导的信息。此外，它还提供了一些目前在进行自我声明时使用较为广泛的评价性术语，并详细说明了它们的实际含义和适用条件。

在开始制订时，把Ⅱ型环境标志的标准分成了 3 个，分别为 ISO 14021、ISO 14022和 ISO 14023，在 1997 年的 TC 207 年会上才将它们合而为一。因而现在后两个标准号是空号。

8. ISO 14031 环境管理标准

环境表现评价（EPE）是一种用于内部管理的环境管理工具，它收集并形成关于组织环境表现的可靠的和可验证的信息，并以此作为依据，以实现其持续改进。EPE 在运作上把和环境表现（行为）有关的种种因素都归结为一系列环境表现参数（EPI），有关管理的要素，如环境方针、环境目标与指标、程序、文件管理等，转化为相应的管理表现参数；对各种运行活动，如设计、生产、供应、废物处置等，也都转化为运行表现参数。

9. 生命周期评价系列标准

产品的生命周期是指从获取原材料、生产、使用直到最终处置（即所谓“从摇篮到坟墓”）的产品生命全过程。ISO 14040 是该系列（LCA 标准）中的第一个标准，它规定了开展生命周期评价研究的原则和框架。该标准依次说明了 LCA 研究中各阶段的方法和要求。这些阶段是：①确定研究的目的和范围；②编制并分析产品系统中有关输入与输出的清单；③评价与输入输出相关的潜在环境影响；④解释与研究目的相关的清单分析和影响评价结果。

ISO 14041、ISO 14042 和 ISO 14043 是该系列中的补充性标准。它们更详细地提供了生命周期评价各阶段的研究方法和要求。

第三节　国内外推行 ISO 14000 系列标准的情况

一、我国推行 ISO 14000 系列标准的情况

1. 我国实施 ISO 14000 环境管理体系的必要性

ISO 14000 系列标准对贯彻国家的环境方针、政策，提高全民的环境意识，改善环境质量具有重要的作用。它符合保护人类生存环境、维持社会持续发展的客观要求，与我国的环境保护基本国策也是一致的。

ISO 14000 系列标准的实施，有利于我国企业规范环境行为，提高全民的环境

意识，建立规范化的环境管理手段，使经济发展和环境改善同步进行；有利于提高我国的环境保护能力。

ISO 14000 系列标准适用于第一产业、第二产业、第三产业及科研机构、机关团体、学校等，当然也适用于各类大、中、小型企业。实施 ISO 14000 系列标准会给企业带来众多的直接利益和潜在利益，例如：消除绿色壁垒；节能、降低消耗、提高劳动生产率；减少环境污染，改善公共关系；促进企业良性地长期发展等。

正是由于上述的利益，ISO 14000 系列标准一经正式颁布，立即得到全世界100 多个国家的热烈响应，其发展趋势超过了当初 ISO 9000 族标准颁布时的势头。可以说，ISO 14000 认证已经成为企业进入国际市场的绿卡，今后没有取得 ISO 14000 认证的企业，将很难立足于国际市场。

加入 WTO 后，传统的关税壁垒将被新的非关税壁垒所取代，其中有关环保的“绿色壁垒”将会占据重要的地位。近年来，我国部分出口产品及其包装，因不符合发达国家的环境法规及相应环境指标的要求，而蒙受巨大经济损失。面对这种情况，在我国实施 GB/T 24000—ISO 14000 系列环境管理体系标准，就成为必须解决的问题。这个问题若能得到解决，将能帮助企业化解来自国际市场强大的贸易压力，提高企业在国际市场上的竞争力，为中国产品开拓更广阔的市场，并带来更多的经济利益。

2. 我国实施 ISO 14000 系列标准的进展

ISO 14000 系列标准从“预防为主”的原则出发，通过环境管理体系和管理工具的标准化，规范从政府到企业等所有组织的环境表现，达到降低资源消耗、改善全球环境质量的目的；它对实现各国的环境方针、政策，提高全球的环境意识，改善环境质量都具有重要作用；它符合保护人类环境、维持社会可持续发展的客观要求，也与中国的环境保护基本国策一致。

不仅如此，随着全球环境问题受到各国的普遍重视，以及 ISO/TC 207 的成立和 ISO 14000 环境管理系列标准的制定，国际上已形成了实施 ISO 14000 环境管理标准的气候，这对发展中的中国产生了极大的影响。我国历来非常重视环境管理工作，多次提出了中国的发展决不能以牺牲环境为代价，必须采取“边发展经济，边治理环境”的方针，在这种思想方针的指导下，国家技术监督局自 1992 年就开始跟踪国际标准化组织（ISO）有关环境管理标准化的动向，支持 ISO/T C207 制定 ISO 14000 系列标准，连续四年以观察员身份参加 ISO/TC 207 的年会和各项活动，并于 1995 年 5 月开始筹建与 ISO/TC 207 相对应的国内环境管理标准化机构，经过广泛协调，于 1995 年 5 月正式成立中国“全国环境管理标准化技术委员会” CSBTS/TC 207。

在 ISO 公布第一批环境管理标准后不久，我国就决定将这五项国际标准等同转化，并于 1997 年 4 月 1 日由国家技术监督局作为国家标准正式发布，编号为

GB/T 24000 系列。同时，为有效贯彻实施环境管理体系系列标准，我国于 1997 年 5 月经国务院办公厅批准成立了中国环境管理体系认证指导委员会，负责统一指导和管理我国的环境管理体系认证的宣传、实施和推广工作。

1998 年 11 月 11 日，中国环境管理体系认证指导委员会新闻发布会在北京召开，会上宣布了首批 549 名环境管理体系审核员通过国家注册，全国 6 家环境管理体系认证机构通过现场评审，准予开展认证工作。11 家环境管理体系咨询机构获得国家环境总局备案资格，在不同工业类型的 50 多家企业进行的试点认证工作顺利完成。

截止到 1999 年 4 月，中国已有 110 余家企业通过了 ISO 14001 认证，这表明 ISO 14001 环境管理体系的实施及认证工作已经步入了正式的轨道。

二、世界各国推行 ISO 14000 系列标准的情况

ISO 14000 系列标准颁布后，引起了世界各国工业界的重视和广泛兴趣，掀起了环境管理体系认证的热潮。北欧各国、德国、荷兰及日本在改进社团企业环境政策及行动方面起着率先作用，包括在其战略中增加具有环境意识的技术及产品，以利于日后的工业竞争。德国在这方面的领先地位对欧盟其他国家的发展也颇有影响力。它们意识到国际贸易、技术优势及高质量的就业前景越来越受环境问题的影响。世界上著名的跨国公司都纷纷对供应商规定了通过 ISO 14000 系列标准的时间限制，否则将取消合约。

欧共体（EC）早在 1993 年 7 月就颁布了《环境管理审核规则》（EMAS），并已于 1995 年 4 月开始实施。由于意识到国际贸易越来越受到环境问题的影响，加之欧洲的环境基础好，许多企业已经申请了 EMAS 认证，目前，欧盟各国企业正积极申请 ISO 14001 认证。日本企业界也接受了当年未积极申请 ISO 9000 族标准认证而导致被动的教训，在 ISO/TC 207 制定 ISO 14000 系列标准时，日本就多次派代表参加会议，之后又以最快的速度等同转化为国家标准，目前，日本获得 ISO 14001 认证的企业数量名列前茅。与日本类似，美国也吸收了 ISO/TC 176 制订 ISO 9000 族标准时不积极参与的教训，对 ISO 14000 系列标准采取了积极支持的态度，仅工业界就有约 4000 名代表参与 ISO 14000 系列标准的制定。

第四节　食品企业环境管理体系的建立与实施

ISO 14001 环境管理体系标准通过相关的管理要素组成一个有机的整体，形成环境管理体系，它的有效实施将会给组织提供一套能自我约束、自我调节、自我完善的运行机制，对规范组织的环境行为，改善企业的环境具有促进作用。

当食品生产企业要求建立和实施环境管理体系时应注意，环境管理体系应充分根据管理评审的结果，采取措施改善企业环境管理体系的有效性，结合企业的特点，应与企业现行的管理体系相结合。环境管理体系建立与实施要经过前期的准备工作、初始环境评审、环境体系策划、环境管理体系文件编制、环境管理体系试运行、环境管理体系内部审核、环境管理体系申请认证等几个阶段。

一、前期的准备工作

前期的准备工作包括最高管理者的承诺、任命管理者代表、提供资源保证和培训等内容。

1. 最高管理者的承诺

环境管理体系是组织环境管理体系发展到预防阶段的必然产物，是企业自愿的环境行为，实施的关键是组织最高管理者的承诺。组织管理者应对持续改进、污染预防做出承诺；对遵守环境法律、法规及其他要求承诺，并确定组织实现环境方针的目标和指标。

2. 任命管理者代表

管理者代表的职责是依据企业的特点建立和保持环境管理体系，定期进行环境管理体系的内部审核；向最高管理者汇报环境管理体系的运行情况，为管理评审、改进企业的环境管理体系提供依据。

3. 提供资源保证

企业为了建立和实施环境管理体系，需要投入一定的人力、物力、财力及相应的技术保障，应抽调一批既掌握技术又懂管理的员工组成工作班子。

4. 培训

为了有效地实施 ISO 14000 环境管理体系，企业应针对不同情况对员工进行培训。培训的主要内容是 ISO 14000 标准的培训，包括文件建立和控制技能的培训、环境因素识别和评估技能的培训、检查技能和检查员资格的培训等。

二、初始环境评审

初始环境评审的目的是为了了解企业的环境现状和环境管理现状，评审的结果是企业建立和实施环境管理体系的基础。

1. 初始环境评审的主要内容

调查并确定企业在活动、产品或服务过程中已造成或可能造成环境影响的环境因素；结合企业的类型、产品特点，以及针对企业识别出的环境因素，搜集整理国家、地方及行业所颁布的法律、法规及污染物排放标准；评价企业现行的环境管理机构设置，职责和权限以及管理制度的有效性；评价企业的环境行为与国家、地方及行业标准的符合程度；评价企业环境行为对市场竞争的风险与机遇；了解相关方对企业环境管理工作的看法和要求等。

2. 初始环境评审的方法

初始环境评审应根据企业自身的特点选择适当的方法，常用的方法主要有以下几种。

（1）查阅文件及记录。包括企业的环境管理文件；与企业相关的法律、法规、环境标准及其他要求的文件；企业在生产过程中废物的产生、排放、处理及运输记录；企业运行记录及事故报告；相关方的要求及投诉。

（2）利用检查清单或调查表。检查表或调查表常用于企业的内部，预先设计好的调查表分发给各职能部门及生产现场，按规定的内容填写，对调查的结果进行整理分析，得出结论。

（3）现场检测。企业内部或请环境检测部门对企业生产过程中的一些产生环境影响较大的控制点直接测量，搜集相关信息，以掌握企业的环境现状。

（4）现场调查。通过面谈、专家座谈会、问卷调查等形式来了解企业的环境现状。

3. 识别环境因素

环境因素是企业生产过程中与环境发生相互作用的要素，为了确定这些要素，就要对企业初始环境评审所界定的评审范围内的全部活动或过程进行分析，确定环境因素，编制环境因素清单。对于食品生产企业来说，可从以下几方面进行分析来确定其环境因素：原材料、半成品的采购；产品的生产工艺；产品包装；设备的维修与保养、更新；检验设施；产品的使用；售后服务；产品的回收、利用及处置。

企业在确定环境因素时，应考虑企业的整个发展进程中对环境造成重大影响的环境因素。同时不仅要考虑正常情况下对环境的影响，更要考虑异常和紧急状态下对环境的影响。除考虑生产过程中直接产生的环境因素外，还应考虑环境管理工作的不足而产生的间接影响环境的环境因素。将识别出的环境因素按部门或生产流程进行登记，按环境问题进行分类，可以比较清楚地显示出企业的环境问题，有助于确定企业的环境方针、目标和指标。

4. 环境因素评价

通过对识别出的环境因素进行分析比较和评价，找出对环境有重大影响的环境因素，从而确定解决问题的先后顺序，并以此为目标对企业的环境管理体系进行策划。环境因素主要从环境、技术、经济等方面进行评价。

（1）环境方面。包括对环境影响的程度及范围；影响的时间和频率；与现行法律及环境标准的符合程度。

（2）技术方面。包括环境因素的可控制性；改变环境影响的代价；改变环境影响的技术上的可行性。

（3）经济方面。包括社会的关注程度及对企业形象的影响；对企业市场竞争力的影响程度；给企业可能带来的经济利益。

5. 初始环境评审报告

初始环境评审是一个收集数据、信息的过程，经过对数据的分析整理，可为企业进行环境策划提供依据。初始环境评审报告的主要内容包括：初始环境评审的目的，评审的范围；企业的环境状况；企业环境管理现状；初始环境评价中发现的重大问题，可能造成的环境影响，环境管理中存在的主要问题；根据初始评审结果，提出企业制订环境方案的建议和目标、指标框架的建议；确定改善企业环境问题的先后顺序等。

三、环境管理体系策划

1. 环境方针的制订

环境方针是企业在环境管理工作中大的宗旨，应体现企业最高管理者对环境问题的指导思想。制订环境方针要依据初始环境评审的结果；企业的经营战略及战略方针；有关的法律、法规；企业的产品类型、生产规模及生产水平；企业的其他方针，如企业总的经营方针、质量方针等；其他相关方的意见等。

制订环境方针时应遵循一定的原则，即环境方针应与企业所处环境区域相适应，应反映企业的特点，体现企业在一定时期内的奋斗目标；要有针对性；环境方针是动态的，随着客观条件的改变，要不断更新企业的环境方针；制定环境方针时，要使企业员工及相关方易于理解。

2. 制订环境目标和指标

企业为了具体落实环境方针中的承诺，需要确定企业的具体的环境目标和指标。环境管理体系目标和指标应有以下内容：列出需要解决的重要环境因素的环境目标和指标的要求；实现目标和指标的措施和实施方案；主要的责任人及经费预算；实施进度表等。

3. 环境管理实施方案

环境管理实施方案是实现环境目标和指标的实施方案，是对初始评审中的重要环境因素提出具体的解决办法。环境管理实施方案应具有技术上的可行性、经济合理性及可操作性等。环境管理实施方案一般包括项目计划书、所需的资源清单、管理方案的实施进度表等。

4. 组织结构和职责

企业为了实现其制订的环境方针，应在组织上予以保证。在组织结构上要做到合理分工、相互协作、明确各自的职责和权限，做到事事有人负责。对原有的组织结构进行必要的调整使之适应环境管理体系的需要；结合企业的实际情况，设置环境管理体系运行的管理部门，具体负责管理体系的建立和实施；落实和完善各职能部门的职责和相互关系。

四、环境管理体系文件的编制

环境管理体系文件是企业实施环境管理工作的文件，必须遵照执行。编制管理文件时要遵循以下原则：该说到一定要说到，说到的一定要做到，运行的结果要留有记录。

环境管理体系文件一般分为 3 个层次：环境管理手册；环境管理体系程序文件；环境管理体系其他文件（作业指导书、操作规程等）。

1. 环境管理手册

环境管理手册是环境管理体系文件总体性的描述，是企业在保护和改善环境方面的宗旨，是企业向社会在遵守法律、法规、污染预防等方面的承诺。管理手册是一个纲领性文件，是企业申请环境管理体系认证的重要依据。

环境管理手册的主要内容包括：企业的环境方针；环境目标；环境管理实施方案；组织机构及环境管理的职责和权限；根据标准的要求，对环境要素实施要点的描述；手册的审核及修订情况的说明等。

2. 环境管理体系程序文件

程序文件是进行某些活动所规定的途径，即为实施环境管理体系要素所规定的方法。程序文件是环境管理手册的支撑性文件，具体明确了企业实施环境管理工作的程序、方法和要求。

编写程序文件时，要整理和分析企业原有的规章制度，对一些行之有效的内容按程序文件的要求进行改写，对无关的条款做删除处理；要编制程序文件明细表，明确程序文件的主管部门及相关部门的职责，确定哪些文件需重写，哪些需改写或进一步完善，并制订完成的计划；组织管理要素的管理部门进行程序文件编写时要依据标准的要求，并结合企业现有的有关规定；要组织相关人员对程序文件初稿进行讨论和修订，进一步完善程序文件，使之适应标准的要求，通过讨论也使相关人员进一步了解和掌握管理体系标准的要求。

3. 环境管理体系其他文件

五、管理体系审核

环境管理体系审核是企业建立和实施环境管理体系的重要组成部分，是评价企业环境管理体系实施效果的手段。通过审核可以发现问题，纠正和改进环境管理体系。环境管理体系审核按其目的的不同可分为内部审核和外部审核。

1. 内部审核

内部审核是企业在建立和实施环境管理体系后，为了评价其有效性，由企业管理者提出，并由企业内部人员或聘请外部人员组成审核组，依据审核规则对企业的环境管理体系进行审核。内部审核的主要目的有：保证企业建立的环境管理体系能够有效的运行并不断地改进企业的环境管理；为企业申请外部审核做准备。

2. 外部审核

外部审核又分为合同审核和第三方认证。

(1) 合同审核。合同审核是指需方对供方环境管理体系的审核。以判断供方的环境管理体系是否符合要求。

(2) 第三方认证。第三方认证是由国家认可委员会认可的审核机构对企业进行的审核。审核的依据是标准中规定的审核准则，按照审核程序实施审核，根据审核的结果对受审核方的环境管理体系是否符合审核规则的要求给予书面保证，即合格证书。

申请环境管理体系认证时应具备的条件：环境管理体系已按 GB/124001—ISO 14001 标准的要求建立，环境管理体系文件已编制，并已由企业最高管理者颁布实施。环境管理体系已进行了 3～6 个月的试运行，并对运行中发现的问题进行了改进；完成了环境管理体系的内部审核，对体系试运行阶段所发现的不符合项实施了纠正措施，对体系的符合性和有效性进行评价；进行了管理评审，全面评价了环境管理体系的适宜性、充分性和有效性。

复　习　题

1. ISO 14000 的主要内容有哪些？
2. ISO 14000 系列标准有何特点？
3. ISO 14000 系列标准的基本术语有哪些？
4. 环境管理体系建立与实施要经过哪些阶段？

第七章 食品质量检验

第一节 概 述

一、质量检验制度

1. 质量检验的定义

质量检验是指采用一定的检验测试手段和检查方法，测定产品的质量特性，然后把测定的结果同规定的质量标准进行比较，从而对产品做出合格或不合格的判断。它是食品质量管理中一个十分重要的组成部分，也是食品生产现场质量保证体系的重要内容，对保证和提高食品质量具有重要意义。

2. 质量检验的步骤

质量检验是一个过程，一般包括如下几个步骤。

(1) 明确质量要求。根据产品技术标准和考核指标，明确检验的项目及其质量标准；在抽样检验的情况下，要明确采用什么样的抽样方案，什么是合格品或合格批，什么是不合格品或不合格批。

(2) 检测。用一定的方法和手段检测产品，得到质量特性值和结果。

(3) 比较。将测试所得数据同质量标准比较，确定是否符合质量要求。

(4) 判定。根据比较的结果，判定单个产品是否为合格品，批量产品是否为合格批。

(5) 处理。对单个产品是合格品的放行，对不合格品打上标记，隔离存放，另作处置；对批量产品决定接收、拒收、筛选、复检等。

(6) 报告。将记录的数据和判定的结果向上级或有关部门做出报告，以便促使各个部门改进质量。

3. 质量检验的职能

质量检验的职能就是严格把关、反馈数据、预防、监督和保证出厂产品的质量，促使产品质量的提高。具体可分为以下三项职能。

(1) 保证职能。即把关的职能，通过检验，保证不合格原材料不投产，不合格半成品不转入下道工序，不合格成品不出厂，严格把关，保证质量，维护声誉。

(2) 预防职能。通过检验，收集和积累反映质量状况的数据和资料，从中发现规律性、倾向性的问题和异常现象，为质量控制提供依据，以便及时采取措施，防止同类问题再发生。

（3）报告职能。通过对检验结果的记录和分析，对产品质量状况做出评价，向上级或有关部门做出报告，为改进设计、加强管理和提高质量提供必要的信息和依据。

4. 质量检验的方式

质量检验的方式可分为以下几类，如表 7-1 所示。

表 7-1　质量检验的方式分类

分类标准	检验方式	分类标准	检验方式
按生产流程分	进货检验	按检验形式分	首件检验
	工序检验		自检
	成品检验		自动化检验或试验
按检验地点分	固定检验		在固定检验站进行检验
	流动检验		巡回检验
按检验数量分	免检	按判别方法分	计数检验
	全数检验		计量检验
	抽样检验	按检验的程序分	一次检验
按检验的预防性分	首件检验		两次检验
	统计检验		多次检验
按检验项目分	感官检验		序贯检验
	理化检验	按检验的内容分	认定检验
	微生物检验		性能检验
	安全性检验		可靠性检验
按是否有破坏性分	破坏性检验		极限检验
	非破坏性检验		分解检验

（1）进货检验。是指加工之前对原材料、辅料和半成品进行的检验。包括对供货单位提供的首件（批）样品的检验和成批供货的入厂检验。目的是以合格的原材料投入生产，保证生产正常运行。

（2）工序检验。是指在产品生产过程中，由专职检验人员在工序间对成品、半成品进行的检验，目的在于剔除生产过程中的不合格品，预防大批废品的产生，并防止废品流入下道工序。

（3）成品检验。也称最终检验，是对最终完工产品入库前进行的一次全面检验，目的是剔除废次品，保证出厂产品的质量。

（4）固定检验。是指在固定的地点进行的检验。它是利用技术检验装备对关键工序的产品质量进行检查，其作用是保证产品的关键质量特性。

(5) 流动检验。又称巡回检验，是专职检验员到操作者的工作场地所进行的检验。检验时，检验员按一定的检验路线和巡回次数，对有关工序加工的半成品、成品的质量，操作工人执行工艺的情况，工序控制图上检验点的情况，以及废次品的隔离情况进行检查。以便及时发现生产过程中的不稳定因素并加以纠正，防止产生成批不良品，同时也便于专职检验员对操作者进行指导。

(6) 全数检验。是对提交检验的产品逐件进行的检验，它的检验对象是每个产品。全数检验能较好地把好质量关，但检验工作量较大。它适于加工技术复杂、精度要求较高的产品，批量较小的产品，对下道工序或成品质量影响较大的关键工序。

(7) 抽样检验。是在整批检验对象中抽取一定数量样品进行检查，并根据这部分产品的抽检结果对整批检验对象的质量进行判断、处理的检验方式。它的处理对象是批。一般只适合于批量较大，工序处于比较稳定状态的情况。对于需要进行破坏性试验的产品也采用抽样检验。

(8) 首件检验。是指在更换操作者，更换加工对象，调整设备与工艺装备，工艺方法有较大变动以后，对加工出来的第一件或头几件产品进行的检验。通过检验可及时发现系统性缺陷，防止成批报废。

(9) 统计检验。是运用概率论和数理统计原理，借助统计检验图表进行的检验。它只适用于大量大批生产的中间工序。若工序能力能够满足产品质量要求，而且从控制图等图表中反映出工序处于受控状态，专职检验部门对这批加工件就可判定为合格。

二、质量检验组织

为使质量检验工作顺利进行，食品企业首先要建立专职质量检验部门并配备具有相应专业知识的检验人员。

1. 组织机构

我国企业的机构设置中，一般都设有检验部门，由总检验师领导，各检验员共同承担检验工作。质量检验部门的组织结构要根据企业的具体情况来定。一般按生产流程可分为进货检验、工序检验、成品检验等。在这个检验流程上可设立检验站(科)、计量站等，如图 7-1 所示。

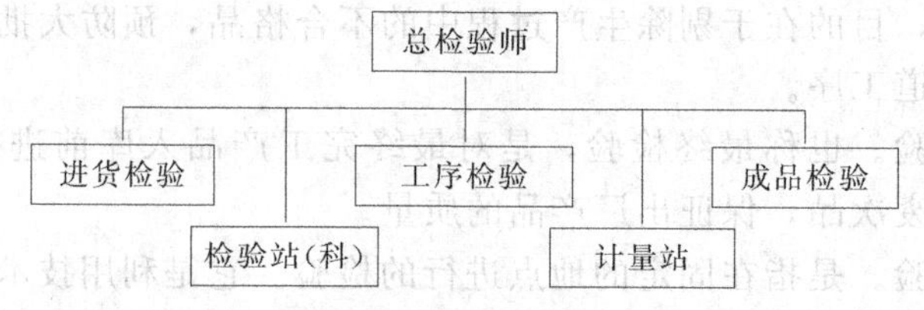

图 7-1 检验部门的组织结构形式

检验部门的职责主要有：参与制订检验计划，编制检验人员所用的全部手册和检验程序；制订产品及工序的检验标准；制订人员、设备和供应等方面的部门预算；参与设计检验场地，选择设备和仪表，设计工作方法。分配检验人员的工作，监督和评定他们的工作成绩。以及与其他部门协作；对不合规格产品及存在着不合规格迹象的工序进行复核，并参与研究处置方法；制订和批准有关质量方面必需的文件。

2. 检验人员应该具备的条件

检验人员应该具备较高的检验水平和较强的分析问题的能力。即应该具备如下条件：①具有较高的文化程度，掌握 TQC 的基本知识，有较强的分析、判断能力；②必须基本掌握与所承担的检验任务相适应的生产技能，责任心强，办事公正，敢于碰硬；③能正确使用量具仪表，熟练掌握相应的测试技术；④受过专门训练，已取得资格认证；无色盲、高度近视等眼疾。检验员的分析能力具体表现为是否善于“用数据讲话”，是否能通过数据的变化预示质量的趋势，如果产生了质量问题能否找到成因等。

3. 检验人员工作质量的指标

（1）检验准确性百分率。其计算式为

$$\text{检验准确性百分率}=\frac{d-\mathrm{k}}{d-\mathrm{k}+b}\times 100\%$$

式中　d——检验员检出的不合格品数；

　　k——复核检验时从不合格品中校出的合格品数；

　　b——复核检验时从合格品中校出的不合格品数。

由此可见，$d-\mathrm{k}$ 是检验员所发现的真正不合格品数，$d-\mathrm{k}+b$ 是产品中实际存在的真正不合格品数。

例如：某检验员检验果汁 100 瓶，发现有 45 瓶不合格品，经过复核检验，发现 45 瓶不合格品中有 5 瓶合格品，而在合格品中又发现 10 瓶是不合格品，

按上式计算检验准确性百分率为

$$\text{检验准确性百分率}=\frac{d-\mathrm{k}}{d-\mathrm{k}+b}\times 100\%=\frac{45-5}{45-5+10}\times 100\%=80\%$$

（2）错检百分率。若复核检验时从合格品中检不出不合格品，即 $b=0$，那么上式中无论 k 值为多大，检验准确性始终为 100%。为了克服上述公式可能出现“宁错勿漏”的不足，可用下式计算错检百分率为

$$\text{错检百分率}=\frac{\mathrm{k}}{n-d-b+\mathrm{k}}\times 100\%$$

式中　n——检验产品的件数，则 $n-d-b+\mathrm{k}$ 是产品中实际存在的真正合格品数；

　　k——检验员将合格品误判为不合格品的数目。

据上例数据，其错检百分率为

$$错检百分率=\frac{k}{n-d-b+k}\times100\%=\frac{5}{100-45-10+5}\times100\%=10\%$$

(3) 错检率（误废率，P_1）。是指检验员误将合格品判为不合格品的百分比，即

$$P_1=\frac{k}{d}\times100\%$$

仍据上述数据，其错检率 P_1 为

$$P_1=\frac{k}{d}\times100\%=\frac{5}{45}\times100\%=11.1\%$$

(4) 漏检率（误收率，P_2）。是指检验员将不合格品判为合格品的百分比，即

$$P_2=\frac{b}{n}\times100\%$$

将上述数据代入，得其漏检率为

$$P_2=\frac{b}{n}\times100\%=\frac{10}{100}\times100\%=10\%$$

三、质量检验计划

1. 质量检验计划的编制

质量检验计划就是对检验涉及的活动、过程和资源做出规范化的书面文件规定，以便指导检验活动，使其能正确、有序、协调地进行。

检验计划是生产企业对整个检验工作进行系统策划和总体安排。一般以文字或图表形式明确地规定检验点（组）的设置，资源配备（包括人员、设备、仪器、量具和检具），检验方式和工作量，它是指导检验人员工作的依据，是企业质量工作计划的一个重要组成部分。

编制质量检验计划可使分散在各个生产单位的检验人员熟悉和掌握产品及其检验工作的基本情况和要求，指导他们的工作，更好地保证检验的质量。同时可保证企业的检验活动和生产作业活动密切协调和紧密衔接。

质量检验计划的内容包括：

① 编制质量检验流程图，合理设置检验点，确定适合生产特点的检验程序；

② 编制检验指导书（检验规程、细则或检验卡片）；

③ 编制检验手册。

2. 检验流程图的编制

检验流程图是指从原料或半成品投入到最终生产出成品的整个过程，安排各项检验工作的一种图表。其作用是明确检验重点和检验方式，掌握生产过程中对检验工作的各种需要，以便采取相应措施来实现这些需要。

检验流程图一般包括检验点设置、检验项目、检验方式、检验手段、检验方法

和检验数据处理等内容。

（1）检验点设置。即确定在哪些工序或环节进行检验。检验点设置是企业检验计划工作的重要内容。

（2）检验项目。根据产品技术标准、工艺文件所规定技术要求，列出质量特性表，并按质量特性缺陷严重程度对缺陷进行分级，以此作为检验项目。

质量特性的重要程度一般可分为如下 3 级。

① 关键质量特性：符号记为“A”。这种质量特性如果达不到要求，可造成致命缺陷，对使用、维修或保管产品的人造成危险性，对产品的基本功能有致命影响。

② 重要质量特性：符号记为“B”。这种质量特性如果达不到要求，可造成重缺陷。使产品造成故障或严重降低产品的实用性能。

③ 一般质量特性：符号记为“C”。这种质量特性如果达不到要求，可造成轻缺陷。这种缺陷只对产品的实用性能有轻微影响或几乎没有影响。

（3）检验方式。根据工序和质量特性的重要程度明确自检、专检、定点检和巡回检等。

（4）检验手段。明确是理化检验，还是感官检验。

（5）检验方法。明确检验的具体方法和操作步骤。

（6）检验数据处理。规定如何搜集、记录、整理、分析和传递质量数据。

某产品的检验流程图，如图 7-2 所示。

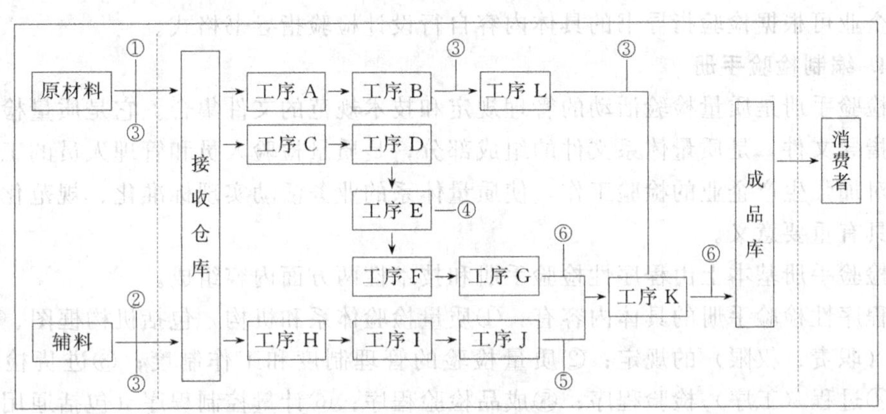

注：□为各工序。〇为检验点，其中①为供货单位产品质保书；②为供货单位产品合格证；③为抽样验收；④为巡回检验；⑤为统计检验；⑥为全数检验。

未标明检验点的工序表示由操作工人自检、互检。

图 7-2　某产品检验流程图

（引自　陈宗道等主编. 食品质量管理.）

3. 编制检验指导书

检验指导书又称检验规程或检验卡片，是产品生产制造过程中，用以指导检验人员正确实施产品和工序检验的技术文件，是产品检验计划的一个重要部分。在指导书上应明确规定需要检验的质量特性及其质量要求、检验手段、抽样的样本容量等。检验员通过检验指导书可明确检验项目以及如何检验，以便质量检验工作正常进行。对关键的、重要的质量特性都应编制检验指导书。检验指导书的内容如表 7-2 所示。

表 7-2　××厂检验指导书

产品名称	工序名称					发出日期	
序　号	质量特性要求	重 要 度			检验方式	检测手段	巡检频次
		A	B	C			
示意图							
编制		校对			批准		

注：引自　陈宗道等主编. 食品质量管理。

企业可根据检验指导书的具体内容自行设计检验指导书格式。

4. 编制检验手册

检验手册是质量检验活动的管理规定和技术规范的文件集合。它是质量检验工作的指导文件，是质量体系文件的组成部分，是质量检验人员和管理人员的工作指南，对加强生产企业的检验工作，使质量体系的业务活动实现标准化、规范化、科学化具有重要意义。

检验手册基本上由程序性检验手册和技术性两方面内容组成。

程序性检验手册的具体内容有：①质量检验体系和机构，包括机构框图、机构职能（职责、权限）的规定；②质量检验的管理制度和工作制度；③进货检验程序；④过程（工序）检验程序；⑤成品检验程序；⑥计量控制程序（包括通用仪器设备及计量器具的检定、校验周期表）；⑦检验有关的原始记录表格格式、样式及必要的文字说明；⑧不合格产品审核和鉴别程序；⑨检验标志的发放和控制程序；⑩检验结果和质量状况反馈及纠正程序。

技术性检验手册可因不同产品和过程（工序）而异。其主要内容有：①不合格产品严重性分级的原则和规定；②抽样检验的原则和抽样方案的规定；③各种材料规格及其主要性能及标准；④工序规范、控制、质量标准；⑤产品规格、性能及有关技术资料，产品样品、图片等；⑥试验规范及标准；⑦索引、术语等。

检验手册由专职检验部门编制，由熟悉产品质量检验管理和检测技术的人员编写，并经授权的负责人批准签字后生效。

第二节　食品感官评价

一、概述

感官指标一般规定食品的色泽、气味或滋味和组织状态。食品感官是食品质量的第一要素，它反映出食品的类别、属性、品格和新鲜程度，从美学和心理学角度讲，也满足消费心理的需要，恰当地表述，定性地评价，有助于对食品质量的全面反映。食品感官评价适用于肉及其制品、奶及其制品、水产品及水产制品、蛋及蛋制品、冷饮与酒类、调味品与其他食品。作为检验食品质量的有效方法，感官评价可以概括为以下优点。通过对食品感官性状的综合性检查，可以及时、准确地检验出食品质量有无异常，便于早期发现问题，及时进行处理，可避免对人体健康和生命安全造成损害。方法直观、手段简便，不需要借助任何仪器设备和专用、固定的检验场所。感官评价方法常能够察觉其他检验方法所无法检验的食品特殊性污染或微量变化。

1. 食品感官评价的依据

《中华人民共和国食品卫生法（试行）》第四条规定："食品应当无毒、无害、符合应当有的营养要求，具有相应的色、香、味等感官性状。"第七条规定了禁止生产经营的食品，其中第一项有："腐败变质、油脂酸败、霉变、生虫、污秽不洁、混有异物或者其他感官性状异常，可能对人体健康有害的食品。"

在关于食品质量和食品卫生的有关标准中，第一项内容往往都是感官指标，也说明感官指标是一项很重要、必不可少的指标。执行国家食品质量和卫生法规时，各级监督员检验员依据有关标准对食品质量进行感官检验，可以有效地对食品的质量状况进行判定裁决。

此外，国家有关部门和地方人民政府颁发的有关食品质量的法规、部门规章等，对食品的感官性状也做了相应规定。因此，感官检验对判断食品的质量是有效的，也就是说，食品的感官性状用感官方法检验是有法律依据的。

2. 食品感官评价的原则

①《中华人民共和国产品质量法》、《中华人民共和国食品卫生法》、国务院有关部委和省、市、自治区行政部门颁布的食品质量法规和卫生法规是检验各类食品能否食用的主要依据。

② 食品已明显腐败变质或含有过量的有毒有害物质（如重金属含量过高或霉变）时，不得供食用。达不到该种食品的营养和风味要求以及假冒伪劣食品，不得

供食用。

③ 食品由于某种原因不能直接食用，必须加工复制或在其他条件下处理的，可提出限定加工条件和限定食用及销售等方面的具体要求。

④ 食品某些指标的综合评价结果略低于卫生标准，而新鲜度、病原体、有毒有害物质含量均符合卫生标准时，可提出要求在某种条件下供人食用。

⑤ 在检验指标的掌握上，婴幼儿、病人食用的食品检验指标要严于成年人、健康人食用的食品。

⑥ 检验结论必须明确，不得含糊不清，对附条件可食的食品，应将条件写清楚。对于没有检验参考标准的食品，可参照有关同类食品在当地检验。

⑦ 为得到正确的判断，在进行食品质量综合性检验前，应向有关单位或个人收集该食品的有关资料，如食品的来源、保管方法、储存时间、原料组成、包装情况以及加工、运输、储藏、经营过程中的卫生情况等。

二、食品感官评价的分类、方法和评价结论

1. 感官评价分类

感官评价可分为以下几种。

(1) 视觉评价法。是用人的视觉器官对食品的外观形态、色泽和透明度等进行观察，从而对食品的新鲜度、食品是否有不良变化，以及蔬菜、水果的成熟度等做出评价的方法。

视觉评价是判断食品质量的一个重要手段。评价应在白昼的散射光线下进行，以免灯光阴暗发生错觉。评价时应注意整体外观、大小、形态、块形的完整程度、清洁程度，表面有无光泽、颜色的深浅等。对于液态食品，评价时要将它注入无色的玻璃器皿中，透过光线来观察；也可将瓶子颠倒过来，观察其中有无夹杂物下沉或絮状物悬浮。

(2) 嗅觉评价法。是用人的嗅觉器官对食品的气味进行识别、评价食品质量(如纯度、新鲜度或伪劣程度) 的方法。

在进行嗅觉评价时常需稍稍加热，但最好是在15～25℃的常温下进行，因为食品的气味是一些具有挥发性的物质形成的，挥发性气味物质常随温度的高低而增减。对于液态食品，检验时可将其滴在清洁的手掌上摩擦，以增加气味的挥发。识别畜肉等大块食品时，可将一把尖刀稍微加热刺入深部，拔出后立即嗅闻气味。

食品气味检验的顺序应当是先识别气味淡的，后识别气味浓的，以免影响嗅觉的灵敏度，并且检验前禁止吸烟。

(3) 味觉评价法。是用人的味觉器官品尝食品的滋味和风味来鉴别食品品质优劣的方法。感官检验食品质量时，常将滋味分为酸、甜、苦、辣、涩、浓淡、碱味及不正常味等。

味觉评价对于辨别食品品质的优劣非常重要。因为味觉器官不但能品尝到食品的滋味如何，而且对于食品中极轻微的变化也能敏感地察觉，其敏感性与食品的温度有关。因此在进行食品的滋味检验时，最好使食品处在20～45℃之间，以免温度的变化增强或减低对味觉器官的刺激。在对几种不同味道的食品进行感官评价时，应当按照刺激性由弱到强的顺序，最后检验味道强烈的食品。在进行大量样品检验时，中间必须休息，每检验一种食品之后必须用温水漱口。

(4) 触觉评价法。是指凭借人的触觉（手、皮肤）所产生的反应来鉴别食品的膨、松、软、硬、弹性（稠度）、干湿、凉热、黏度等以评价食品品质优劣的检验方法。如评价动物油脂的品质时，常需检验其稠度等；根据鱼体肌肉的硬度和弹性，常常可以判断鱼是否新鲜或腐败。在感官测定食品的硬度（稠度）时要求温度应在15～20℃之间，因为食品的状态与温度有关。

(5) 听觉评价法。听觉检验师凭借人的听觉器官对声音的反应来检验食品品质的方法。听觉鉴定可以评判食品的成熟度、新鲜度、冷冻程度及罐头食品的真空度等。

2. 感官评价的方法

我国颁布的GB/T 12310—12316等七个关于感官分析方法的国家标准——成对比较检验、三点检验、味觉敏感度的测定、风味刨面检验、不能直接感官分析的样品制备准则、排序法、“A”—“非A”检验等，为食品感官评价的实践提供了标准化、科学化的指南。在食品感官评价中应参照执行。

感官评价方法主要有差别评价、标度与类别评价法和描述性评价法三类。

(1) 差别评价法。是对两种样品进行比较的检验方法，用于确定两种产品之间是否存在感官特性差别。属于这种方法主要有成对比较检验、三点检验和“A”—“非A”。

(2) 标度与类别评价法。用于估计产品的差别程度、类别和等级。主要方法有：排序法、分类法、评分法和分等法等。

(3) 描述性评价法。描述性评价能用于对一个或更多的样品定性和定量的描述其一个或更多的感官特性。属于这类检验的主要有两种：简单描述检验、定量描述和感官刨面检验。

3. 评价结论

评价结论有如下4种情况。

(1) 正常食品。食品经检验感官性状正常，符合国家的质量标准和卫生标准，可供食用。

(2) 无害化食品。食品经感官评价发现存在一些对人体健康有一定危害问题，但经处理后，危害可被清除或控制，不会再影响到食用者的健康。如高温加热、加工复制等。

(3) 附条件可食食品。食品经感官评价后，确定其在特定的条件下才能供人食用。如有些食品已接近保质期，必须限制出售和限制供应对象。

(4) 危害健康食品。食品经感官评价发现其对人体健康有严重危害，不能供给食用。但可在保证不扩大蔓延并对接触人员安全无危害的前提下，充分利用其经济价值，如改作工业使用。但对严重危害人体健康且不能保证安全的食品，如患强烈性传染病的畜、禽，或被剧毒毒物或被放射性物质污染的食品，必须在严格的监督下毁弃。

第三节 食品理化检验

一、概述

食品理化检验是运用现代科学技术和检测分析手段，监测和检验食品中与营养及卫生有关的化学物质，指出这些物质的种类和含量，说明是否合乎卫生标准和质量要求，是否存在危害人体健康的因素，从而决定有无食用价值及应用价值的检验方法。其目的在于根据测得的分析数据对被检食品的品质和质量做出正确客观的判断和评定。

食品理化检验的主要内容是各种食品的营养成分及化学性污染问题，包括动物性食品（如肉类、乳类、蛋类、水产品、蜂产品）、植物性食品、饮料、调味品、食品添加剂和保健食品等。其目的是对食品进行卫生检验和质量监督，使之符合营养需要和卫生标准，保证食品的质量，防止食物中毒和食源性疾病，确保食品的食用安全；研究食品化学性污染的来源、途径、控制化学性污染的措施及食品的卫生标准，提高食品的卫生质量，减少食品资源的浪费。因此，食品理化检验是一项极为重要的工作，它在保证人类健康和社会进步方面有着重要的意义和作用。

二、食品理化检验的基本程序

（一）样品的采集和保存

1. 样品的采集

所谓样品的采集（采样）就是根据一定的原则，借助于一定的仪器工具从被检对象中抽取有代表性的一部分（分析样品）的过程。在食品的检验中，样品的采集是第一步，也是极为重要的一个步骤。样品的种类不同，采样的数量及采样的方法也不一样。但是，采样总的要求是采集得到的一切样品必须具有代表性，即所采集的样品能够代表食物的所有成分。

(1) 采样原则。采样时必须注意生产日期、批号和样品的代表性、均匀性，采样数量应能反映该食品的卫生质量和满足检验项目对试样量的需要，一般要求一式3份，分别供检验、复验及备查用，每份不少于500g。

① 外地调入的食品应注意运货单、卫生证明、商检机关或卫生部门的化验单，了解起运日期、来源、数量、品质及包装情况。在工厂、仓库或商店采样时，应了解食品批号、制造日期、厂方化验记录及现场卫生状况，同时注意其运输、保管条件、外观、包装等情况。

② 液体、半流体食品，如植物油、鲜乳、酒或其他饮料，应先行充分混匀后再采样或分层采样。样品应分别盛放在3个干净的容器中，盛放样品的容器不得含有待测物及干扰物。

③ 粮食及固体食品应自每批食品堆垛的上、中、下3层的不同部位及每层的四角和中央，分别采取部分样品混合后按四分法取样。

④ 肉类、水产等食品应按分析项目要求分别采取不同部位的样品混合后取样。

⑤ 罐头、瓶装食品或其他小包装食品，应根据批号随机取样。同一批号取样件数：250g以上的包装不得少于3个；250g以下的包装不得少于6个。

⑥ 要认真填写采样记录，写明采样单位、地址、日期、样品批号、采样条件、包装情况、采样数量、检验项目及采样人。无采样记录的样品，不得接受检验。

⑦ 样品应按不同检验目的要求妥善包装、运输、保存，送实验室后应尽快进行检验。

另外，当怀疑发生食物中毒时，应及时收集可中毒源食品或餐具，同时收集病人的呕吐物、粪便或血液等。当怀疑某一动物产品可能带有人兽共患病病原体时，应结合畜禽传染病学的基础知识，采取病原体最集中、最易检出的组织或体液送实验室检验。

(2) 采样方式

① 随机抽样。使总体中每份样品被抽取的概率都相等的抽样方法。适用于对被测样品不大了解时以及检验食品合格率及其他类似情况。

② 系统抽样。已经了解样品随空间和时间变化规律，按此规律进行采样的方法。如大型油脂储池中油脂的分层采样、随生产过程的各环节采样、定期抽测货架陈列样品的采样等。

③ 制订代表性产品。用于检测有某种特殊检测重点的样品的采样。如对大批罐头中的个别变形罐头采样；对有沉淀的啤酒的采样等。

(3) 采样方法

① 直接采样。对于单相液体和均匀粉末状食品，如瓶装饮料、奶粉等小包装食品有一定的均匀性，各包、各瓶相仿，因此按抽验方案随机取样就能代表这批食品。

② 混匀采样。有些食品看似均匀，但实际未必，体积很大时尤其这样。如对于未分装的液体和粉末状食品应先混匀后再行采样。

③ 四分法采样。采样时每次将样品混匀后，去掉1/4，将剩下的3/4样品混匀后又去掉1/4，这样反复进行，直到剩余量达到所需测定数量为止。此法较适于颗粒状和粉末状食品。

④ 分级采样。整车、整仓、整船的大量不均匀又不能搅拌的散装或包装食品可以按采样方案先采得大样，再从已取样品中再次取样，这样得到了一连串逐渐减少了的制备样品，分别叫一级、二级、三级……样品，检验用样品可从最末一级样品中制备。如粮食、油料、蔬菜、鱼、肉等的采样。

⑤ 几何采样。当对所采食品的全部性质不了解时可采用这种方法。此法是把整个一堆食品看成一种有规则的几何体，取样时把这个几何体想像地分为若干体积相等的部分，从这些部分分别取得支样，再从混合的支样中取得样品。它只能适用于大堆食品的取样。

⑥ 流动采样。这种方法是在食品生产或装卸过程中，根据抽验方案每隔一定时间取出适量的样品。取出的样品可直接进行检验，也可混匀后从中再次取样后用于化学分析等用量少的检验项目。

⑦ 分档采样。在食品品质相差很大、不宜混匀的情况下，可根据现场调查观察食品堆积形状大小和感官差异等进行分类分档，再从各档食品分别采取若干样品送检。

(4) 对采样用具的要求

① 所有的采样工具和容器应清洁、干燥、无异味。不能用装过不洁物的废纸和塑料薄膜及容器包装盛放样品，也不能用不洁物做瓶塞。

② 供作微生物检验的采样用具，宜选用耐消毒的材料加玻璃、陶瓷、搪瓷、铝、不锈钢、棉布、牛皮纸等制作，以便清洁灭菌。

③ 对于微量与超微量分析，应对盛装样品的容器进行预处理，例如检验食品中的铅含量需在盛样前对容器进行去铅处理。

④ 对于液体食品或饮料的采样，可用被采食品或饮料将其冲洗数次，以减少容器对样品的污染。对罐头、汽水、奶粉等小包装食品，采样时可用整罐、整瓶、整袋原装食品作样品。

⑤ 盛装样品的容器大小应适合所采样品。盛装液体样品的容器宜用小口或磨口具塞玻璃瓶或聚乙烯塑料瓶，以免样品溢出或被污染。

⑥ 塑料薄膜袋应具有一定透气性。不宜长期存放样品，特别是吸附性或挥发性及易变质的样品。

(5) 采样注意事项

① 采样前应调查被检验食品过去的状况，包括文字记录等，一般应有食品种类、批次、生产或储运日期、数量、包装堆积形式、货主、来源、存放地、生产流通过程以及其他一切能揭示食品发生变化的材料。外地运入食品应审查该批食品所有证件，如货运单、质量检验证明书、兽医卫生证明、商品检验和卫生检验机关的

检验报告等。采样完毕后应开具证明和收据交货主并注明样品名称、数量、采样时间和经手人等。

② 样品封缄。采样最好应有 2 人在场共同封缄，以防在送样过程中偷换、增减、污染、稀释、消毒、溢漏、散失等，从而保证样品的真实性和可靠性。

③ 样品运送。采好的样品应尽快送实验室或分析室检验。运送途中要防止样品漏溢散失、挥发吸潮、氧化分解、毁损、丢损和污染变质，以防样品在检验前发生变化。实验室接到样品后，应尽快检验，否则应妥善保存。

④ 样品保留。对于重大事件所采集的样品以及可能需要复验及再次证明的样品，应封存一部分并妥当保存一段时间。样品保留时间的长短，视检验目的、食品种类和保存条件而定。

⑤ 要认真填写采样记录。写明采样单位、地址、日期、样品批号、采样条件、包装情况、采样数量、检验项目及采样人。无采样记录的样品，不得接受检验。

2. 样品的保存

由于食品中含有丰富的营养物质，有的食品本身就是动植物，在合适的温度、湿度条件下，微生物能生长繁殖，使其组成和性质发生变化。为了保证食品检验结果的正确性，食品样品采集后，在运输储存过程中应该避免待测成分损失和污染，保持样品原有的性质和形状，尽快分析。样品保存（preservation of sample）原则和方法为：稳定待测成分；防止污染；防止微生物变质；稳定水分。

对于检验后的样品，一般应保存一个月，以备需要是复检。保存适应加封并尽量保持原样，已变质的样品不易保存。

（二）样品的处理

食品的组成复杂，其中各成分之间在分析过程中常常产生干扰。因此，应在测定前加以处理，以满足分析化验的需要。经预处理后，可使样品中的被测成分转化为便于测定的状态，消除共存成分在测定过程中的影响和干扰，浓缩富集被测成分。

样品预处理时，按照食品的类型、性质、分析项目，可采取不同的措施和方法。

（1）溶剂提取法。利用样品各组分在某一溶剂中溶解度的不同，将之溶解分离的方法，称为溶剂提取法。溶剂提取法有浸泡法、萃取法、盐析法等，所用溶剂可以是水、有机溶剂，也可是酸溶液、碱溶液或氧化剂溶液、还原剂溶液等。

（2）有机物破坏法。当食品中待测成分与有机物共存时，可将有机物转化为无机状态或生成气体逸出。常采用方法有两种：干法灰化法和湿法灰化法。

（3）蒸馏法。利用液体混合物各组分沸点的不同而将样品中有关成分进行分离或净化的方法称为蒸馏法。根据样品中有关成分性质的不同，可采取常压蒸馏、减压蒸馏、水蒸气蒸馏以及分馏等方式以达到分离净化的目的。

（4）色层分离法。

（5）磺化法和皂化法。这是处理油脂和含脂肪样品经常使用的分离方法。油脂经浓硫酸磺化或强碱皂化，由憎水性转变为亲水性，而使样品中要测定的非极性成分被非极性或弱极性溶剂提取出来。

（三）检验测定

确立食品理化检验方法必须以中华人民共和国国家标准食品卫生检验方法——理化检验部分为依据。食品理化检验常用方法有：比重（密度）分析法、重量（质量）分析法、滴定分析法、层析分析法、可见分光光度法、荧光光度法、原子吸收分光光度法、火焰光度法、电位分析法和气相、液相色谱法等。

食品理化检验方法的选择是质量控制程序的关键之一。选择检验方法的原则是：精密度高、重复性好、判断正确、结果可靠。在此前提下根据具体情况选用仪器灵敏、价格低廉、操作简便、省时省力的分析方法。

（四）数据处理与报告

1. 检验结果的数据处理

通过测定结果获得一系列有关分析数据以后，需按以下原则记录、运算和处理。

(1) 记录。食品理化检验测定的量一般都用有效数字表示，在测定值中只保留最后1位可疑数字。

(2) 运算规则。食品理化检验中的数据计算均按有效数字计算法则进行。

(3) 计算及标准曲线的绘制。食品理化检验中多次测定的数据均应按统计学方法计算其算术平均值、标准差、标准误、变异系数。同时用直线回归方程式计算结果并绘制标准曲线。

(4) 检验结果的表示方法。检验结果的表示方法应与食品卫生标准的表示方法一致。

2. 理化检验报告

食品理化检验的最后一项工作是写出检验报告。写报告时应该做到认真负责、一丝不苟、实事求是、准确无误，按照国家标准进行公正仲裁。检验报告的格式可参照表7-3制作。

表7-3　食品理化检验报告单

送验单存根	送检单	食品理化检验报告
样品名称______	样品名称______	报告日期______　原始记录编号______
样品数量______	样品数量______	检验项目及结果______
检验项目______	检验项目______	
说明______	说明______	
送检单位______	送检单位______	
收检者______	收检者______	
送检日期______	送检日期______	核验者______　核对______　检验章

第四节 食品微生物检验

一、概述

食品微生物检验是运用微生物学的理论与方法，检验食品中微生物的种类、数量、性质及其对人的健康的影响，以判别食品是否符合质量标准的检验方法。它是食品质量管理必不可少的重要组成部分，主要原因如下。

① 它是衡量食品卫生质量的重要指标之一，也是判定被检食品能否食用的科学依据之一。

② 通过食品微生物检验，可以判断食品加工环境及食品卫生情况，能够对食品被细菌污染的程度做出正确的评价，为各项卫生管理工作提供科学依据。

③食品微生物检验能很好地贯彻“预防为主”的卫生方针，可有效防止或者减少食物中毒和人畜共患病的发生，保障人们的身体健康。

二、食品微生物检验的范围和指标

1. 食品微生物检验的范围

食品微生物检验的范围如下。

（1）生产环境的检验。如车间用水、空气、地面、墙壁等。

（2）原辅料检验。如包括食用动物、谷物、添加剂等一切原辅材料。

（3）食品加工、储藏、销售诸环节的检验。如包括食品从业人员的卫生状况检验、加工工具、运输车辆、包装材料的检验等。

（4）食品的检验。如对出厂食品、可疑食品及中毒食品的检验。

2. 食品微生物检验的指标

我国卫生部颁布的食品微生物指标有菌落总数、大肠菌群、致病菌等。

（1）菌落总数。菌落总数是指食品检样在严格规定的条件下（样品处理、培养基及其 pH、培养温度与时间、计数方法等）培养后，单位重量（g）、容积（mL）或表面积（cm^2）上，所生成的细菌菌落总数。

（2）大肠菌群。包括大肠杆菌和产气杆菌及其一些中间类型的细菌。这些细菌是寄居于人及温血动物肠道内的常居菌，它随着大便排出体外。食品中大肠菌群数越多，说明食品受粪便污染的程度越大。

（3）致病菌。致病菌即能引起人们发病的细菌。对不同的食品和不同的场合，应选择一定的参考菌群进行检验。例如，海产品以副溶血性弧菌作为参考菌群，蛋与蛋制品以沙门氏菌、金黄色葡萄球菌、变形杆菌等作为参考菌群，米、面类食品以蜡样芽孢杆菌、变形杆菌、霉菌等作为参考菌群，罐头食品以耐热性芽孢菌作为参考菌群等。

(4) 霉菌及其毒素。我国还没有制订出霉菌的具体指标，鉴于很多霉菌能够产生毒素，引起食物中毒及其他疾病，故应对产毒霉菌进行检验。例如，曲霉属的寄生曲霉、黄曲霉等，青霉属的橘青霉、岛青霉等，镰刀霉属的禾谷镰刀霉、串珠镰刀霉等。

(5) 其他指标。微生物指标还包括病毒，如肝炎病毒、猪瘟病毒、鸡新城疫病毒、马立克氏病毒、口蹄疫病毒、狂犬病病毒，猪水泡病毒等；另外，从食品检验的角度考虑，寄生虫也应列为微生物检验的指标：如旋毛虫、猪肉孢子虫、囊尾蚴、蛔虫、弓形虫、肺吸虫、螨、中华分枝睾吸虫、姜片吸虫等。

三、食品微生物检验的一般程序

食品微生物检验的一般步骤，可按图 7-3 的程序图进行。

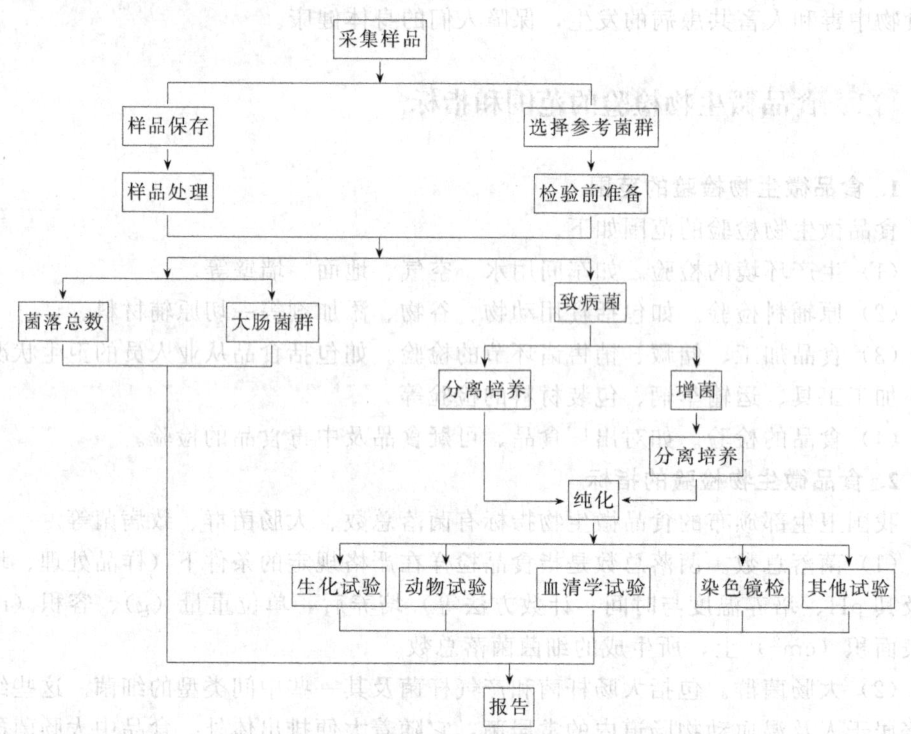

图 7-3 食品微生物检验的一般程序

1. 样品送检

① 采集好的样品应及时送到食品微生物检验室，一般不应超过 3h，若路途遥远，可将不需冷冻的样品保持在 1～5℃的环境中，勿使冻结，以免细菌遭受破坏。

② 样品送检时，必须认真填写申请单，以供检验人员参考。

③ 检验人员接到送检单后，应立即登记，填写序号，并按检验要求，立即将样品放在冰箱或冰盒中，并积极准备条件进行检验。

2. 样品处理

样品处理应在无菌室内进行，若是冷冻样品必须事先在原容器中解冻，解冻温度为2～5℃不超过18h或45℃不超过15min。

一般固体食品的样品处理方法有以下几种。

(1) 捣碎均质方法。将100g或100g以上样品剪碎混匀，从中取25g放入装有225mL稀释液的无菌均质杯中于8000～10000r/min下均质1～2min。

(2) 剪碎振摇法。将100g或100g以上样品剪碎混匀，从中取25g进一步剪碎，放入装有225mL稀释液和适量Φ5mm左右玻璃珠的稀释瓶中，盖紧瓶盖，用力快速振摇50次，振幅不小于40cm。

(3) 研磨法。将100g或100g以上样品剪碎混匀，取25g放入无菌乳钵充分研磨后再放入带有225mL无菌稀释液的稀释瓶中，盖紧盖后充分混匀。

(4) 整粒振摇法。有完整自然保护膜的颗粒状样品（如蒜辨、青豆等）可以直接称取25g整粒样品置入装有225mL无菌稀释液和适量玻璃珠的无菌稀释瓶中，盖紧瓶盖，用力快速振摇50次，振幅在40cm以上。冻蒜瓣样品若剪碎或均质，由于大蒜素的杀菌作用，所得结果大大低于实际水平。

3. 检验

每种指标都有1种或几种检验方法，应根据不同的食品、不同的检验目的来选择恰当的检验方法。通常所用的常规检验方法首选现行国家标准，但除了国家标准外，国内尚有行业标准（如出口食品微生物检验方法）、国外尚有国际标准（如FAO标准、WHO标准等）和每个食品进口国的标准（如美国FDA标准、日本厚生省标准、欧共体标准等）。

一般阳性样品发出报告后3日（特殊情况可适当延长）方能处理样品；进口食品的阳性样品，需保存6个月方能处理。阴性样品可及时处理。

4. 结果报告

样品检验完毕后，检验人员应及时填写报告单，签名后送主管人核实签字，加盖单位印章，以示生效，并立即交给食品卫生质量管理人员处理。

第五节 食品安全性评价

一、概述

为了研究食品污染因素的性质和作用，检测其在食品中的含量水平，控制食品质量，确保食品安全和人体健康，需要对食品进行安全性评价。食品安全性评价主要是阐明某种食品是否可以安全食用，食品中有关危害成分或物质的毒性及其风险大小，利用毒理学资料确认该物质的安全剂量，以便通过风险评估进行风险控制，确定该组分究竟能否为消费者所接受，据此制订相应的标准。

食品安全性评价是食品安全质量管理的重要内容，其目的是保证食品的安全可靠性。这里所谓的“安全”是相对的，即指在一定条件下，经权衡某物质的利弊后，其摄入量水平对某一社会群体是可以接受的。换言之，对任何个人来说，摄入这一剂量，也只意味着相对安全。安全性评价的组分包括正常食品成分、食品添加剂、环境污染物、农药、转移到食品中的包装成分、天然毒素、霉菌毒素以及其他任何可能在食品中发现的可疑物质。

食品安全性评价的适用范围如下。

① 用于食品生产、加工和贮藏的化学和生命物质、食品添加剂、食品加工用微生物等。

② 食品生产、加工、运输、销售和保藏等过程中产生和污染的有害物质和污染物，如农药、重金属和生物毒素以及包装材料的溶出物、放射性物质和食品器具的洗涤消毒剂等。

③ 新食品资源及其成分。

④ 食品中其他有害物质。

现代食品安全性评价除了必须进行传统的毒理学评价外，还需要进行人体研究、残留量研究、暴露量研究、膳食结构和摄入风险性评价等。需要强调的是，食品安全性评价工作是一个新兴的领域，对其评价方法仍然在不断研究、完善之中，在实际应用中可能会存在一些不同的观点。

二、食品安全性评价程序

按照1994年我国卫生部颁发的《食品安全性毒理学评价程序和方法》标准以及目前的进展，食品安全性毒理学评价需要进行以下几种试验，如图7-4所示。

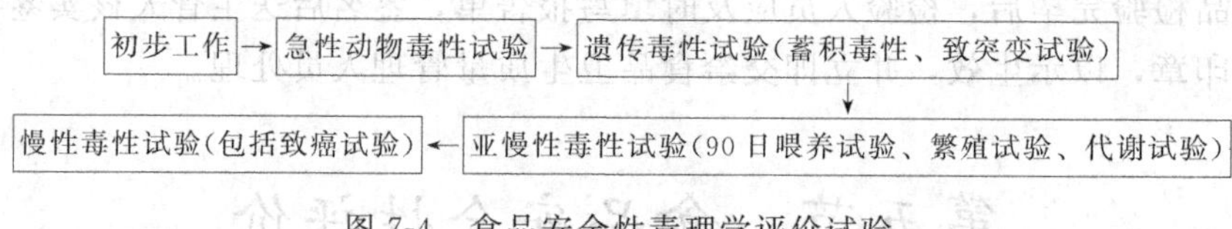

图7-4　食品安全性毒理学评价试验

1. 初步工作

试验前的初步工作包括两方面的内容：首先需要解决的问题是对可能进入食品的生物、化学或物理性因素进行定性和定量评价。要求受试物必须能代表人体进食的样品。其次需要估计人体的可能摄入量，如每人每日的平均摄入受试物数量或可能摄入情况和数量，某些人群最高摄入量等。进行这些测量的方法之一是进行全膳食分析，通过分析可以计算出某一种特定食物成分的年人均消耗量或暴露量。获得这些资料后，就可以根据动物试验的结果评价受试物对人体的可能危害程度如何。如果动物试验的无作用水平比较大，而最高摄入量很小，亦即摄入量远远小于无作用水平，这些受试物就可能被允许使用。反之，如果最高摄入量甚至平均摄入量接近无作用水平，则这类受试物就很难被接受。

2. 急性动物毒性试验

急性动物毒性是指一次给予受试物或在短期内多次给予受试物，观察引起动物毒性反应的试验方法。其主要目的是确定受试物使实验动物死亡的剂量水平，即定出受试物经口对动物的50%致死剂量（LD_{50}），了解受试物的毒性强度和性质。为进一步蓄积性和亚慢性毒性试验的剂量选择提供依据。

3. 遗传毒性试验（蓄积毒性、致突变试验）

遗传毒性试验的首要目的是确定被检化学物质诱导供试生物发生突变的可能性。以致突变试验来定性表明受试物是否具有致突变作用或潜在的致癌作用。遗传毒性试验的组合必须考虑原核细胞和真核细胞、生殖细胞和体细胞、体内与体外试验相结合的原则。它包括蓄积毒性试验和致突变试验。蓄积毒性试验的目的是为了了解受试物在体内的蓄积情况。致突变试验的目的是对受试物是否具有致癌作用的可能性进行筛选。

4. 亚慢性毒性试验

在遗传毒理学及一些前期的试验难以做出明确评价时需要进行亚慢性毒性试验。包括90日喂养试验、繁殖试验、致畸试验和代谢试验。其目的是用受试物以不同剂量水平较长期喂养动物，确定对动物的毒性作用性质和靶器官，并确定最大无作用剂量，了解受试物对动物繁殖及子代的致畸作用；为慢性毒性和致癌试验的剂量选择提供根据；为评价受试物能否应用于食品提供依据。

5. 慢性毒性试验

慢性毒性试验（包括致癌试验）是在实验动物生命周期中的关键时期。用适当的方法和剂量给动物饲喂被检物质，观察其累计的毒性效果，有时可包括几代的试验。致癌试验是检验受试物或其代谢产物是否具有致瘤或诱发肿瘤作用的慢性毒性试验。试验目的是为了发现只有长期接触受试物后才出现的毒性作用，尤其是进行性或不可逆的毒性作用以及致癌作用，确定最大无作用剂量，对最终评价受试物能否应用于食品提供依据。

慢性毒性试验是到目前为止评价受试物是否存在进行性或不可逆反应以及致癌性的唯一适当的方法。对不同的物质进行毒理学评价时，可根据具体情况选择全部或部分试验。凡属我国创新的物质，特别是其化学结构提示有慢性毒性、遗传毒性或致癌作用的，或产量大、使用面广、摄入机会多的，必须进行全部4个阶段的毒理学试验。同时，在进行急性毒性，90日喂养试验及慢性毒性（包括致癌）试验时，要求用两种动物。

凡属已知物质（指经过安全性评价并允许使用者）的化学结构基本相同的衍生物或类似物，则可进行前三阶段试验，并根据试验结果决定是否需要进行第四阶段试验。

凡属我国仿制而又有一定毒性的已知化学物质，世界卫生组织对其已公布每人每日允许摄入量（ADI）的，同时我国的生产单位又有资料证明其产品质量规格与国外产品一致时，则可以先进行第一、第二阶段试验，如果产品质量或试验结果与国外资料一致，一般不要求继续进行毒性试验。如果产品质量或试验结果与国外资料不一致，还应进行第三阶段试验。对农药、添加剂、高分子聚合物、新食品资源、辐照食品等还有更详细的要求。

三、食品中有害物质容许量标准的制定

1. 目的和意义

食品卫生标准是对食品中与人类健康相关的安全、营养与保健等质量要素及其评价方法所做出的规定。它是国家提出的各种食品都必须达到的统一卫生质量要求，我国的食品卫生标准是国家授权卫生部统一制定的。食品中有害化学物质的食品卫生标准是按食品毒理学的原则和方法制定的。

2. 食品卫生标准的制定程序

食品卫生标准的制定程序如图 7-5 所示。

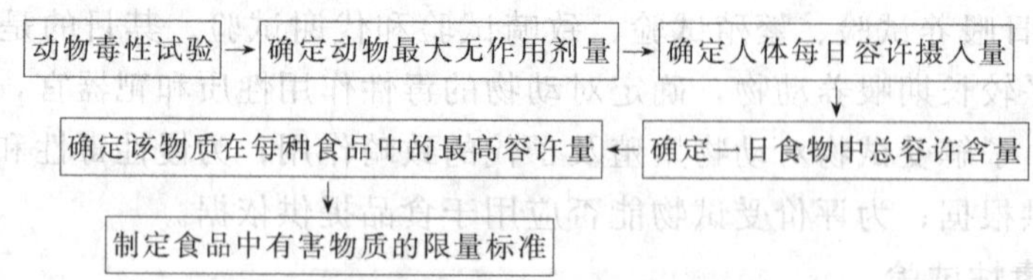

图 7-5 食品卫生标准的制定程序

（1）动物毒性试验。进行动物毒性试验，一般首先测定出该毒物的 LD_{50}，然后进行亚急性及慢性毒性试验。亚急性毒性试验是在相当于动物生命的 1/10 左右的时间内（例如 3～6 个月），使动物每日或反复多次接触被检化学物质，其剂量则根据 LD_{50} 等来确定，一般为 LD_{50} 的 1/10 以下。慢性毒理学试验是使试验动物的生命大部分的时间或终生接触被检化学物质（一般为 6 个月以上到 2 年）；亚急性和慢性试验最常用的动物是大白鼠。进行这一系列试验的目的是确定动物的最大无作用量。

（2）确定动物最大无作用量（maximal no-effect level，简称 MNL）。该剂量是指某一物质在试验时间内，对受试物不显示毒性损害的剂量水平。有时也用无明显作用水平或无明显损害水平表示。应采用动物最敏感的指标或最易受到毒性损害的

指标。

(3) 确定人体每日容许摄入量。人体每日容许摄入量（acceptable daily intake，简称 ADI)，是指人类终生每日摄入该物质后对机体不产生任何已知不良效应的剂量，以人体每公斤体重的该物质摄入量（mg/kg）表示。ADI 可理解为人体的理论最大无作用剂量。这一剂量不可能在人体实际测量，主要根据 MNL，按千克体重换算而来。在换算中，必须考虑人和动物的种间差异和个体差异。为安全起见，常考虑一定的安全系数，一般定为 100，可以理解为种间差异和个体差异各为 10，10×10=100。所以，

$$ADI = MNL/100\ (mg/kg)$$

例：某农药的动物 MNL 为 10mg/kg，则此农药的人体 ADI=10mg×1/100=0.1mg/kg 体重。如果一般成人体重以 60kg 计，则此农药成人每日最高摄入量不应超过 0.1×60=6mg/人/日。

(4) 确定一日食物中总容许含量。是指容许人体每日膳食的所有食品中含有该物质的总量。这一数值是根据 ADI 推算而来。由于人体每日接触的有害物质不仅来源于食品，还可能来源于空气、饮水或由于职业原因的皮肤接触等。所以，当按 ADI 考虑该物质在食品中的最高容许量时，须先确定在人体摄入该物质的总量中来源于食品的该物质所占的比例。

例：已知上述农药的人体 ADI 为每日 6mg/人/日，据调查，此物质进入人体总量的 80%来自食品，则人体每日由食物的摄入量不应超过 6mg/kg×80%=4.8mg/kg 如果某物质除食品外，并无其他进入人体的来源，则 ADI 即相当于每日摄取的各种食品中该物质容许摄入量的总和。

(5) 确定该物质在每种食品中的最高容许量。为确定某种化学物质在人所摄取的各种食品中的最高容许量各为多少，首先要经过人群的膳食调查，了解含有该种物质的食物种类，以及各种食品的每日摄取量。

例：上述农药可能有下列两种情况。

第一种情况：含该农药的食品只有某种粮食，此种粮食正常成人摄取量为 500g/天，则该粮食此种农药的最高容许量=4.8mg×1000/500=9.6mg/kg

第二种情况：含该农药的食品除某种粮食外还有蔬菜，人体每日摄取粮食和蔬菜的量分别为 500g 和 300g，则粮食和蔬菜中该农药最高容许含量平均为 4.8mg×1000/(500+300)=6mg/kg

不论含有该种农药的食品有多少种，均可如此推算。

(6) 制定食品中有害物质的限量标准。按照上述方法计算出的各种食品中该有害物质的最高容许量只是该物质在各种食品中允许含有的最高限度，是计算出的理论值。因此，还应根据实际情况做适当调整，调整的原则是在确保人体健康的前提下，兼顾需要与可能两个方面。

容许量标准还要根据以下情况来制定，即该物质在人体内是易于排泄、解毒，

还是蓄积性甚强；是仅仅具有一般易于控制的毒性，还是能损害重要的器官功能或有“三致”作用；是季节性食品，还是长年大量食用食品；是供一般成人普遍食用食品，还是专供儿童、病人食用的食品；该物质在食品烹调加工中易于挥发破坏，还是性质极为稳定等。凡属前者的，可以略予放宽；属于后者的，应从严掌握。

复 习 题

1. 什么是质量检验？质量检验的职能是什么？
2. 检验人员的工作指标有哪些？
3. 质量检验计划的内容有哪些？
4. 食品感官评价有哪些方法？
5. 食品理化检验的基本程序是什么？
6. 什么是食食品微生物检验？食品微生物检验的程序是什么？
7. 什么是食品安全性评价？食品安全性评价的程序是什么？
8. 食品卫生标准制定的程序是什么？

附录一　食品卫生通则［国际食品法典委员会(CAC)］

CAC/RCP1-1969，Rev. 3（1997），1999 年修订

导　言

人们有权利期望所食用的食品是安全和适于消费的。食源性疾病和食源性损伤都是人所不愿的，甚至是致命的，而且也会带来一些其他后果。食源性疾病的蔓延不仅会破坏贸易和旅游业，而且会导致收益损失、失业甚至法律诉讼。食品腐败不仅会造成浪费，使人们付出高昂的代价，而且会对贸易和消费者信心产生负面影响。

国际食品贸易和出境旅行的不断增加，带来了重大的社会和经济效益，但同时也使得疾病更易于在世界范围传播。从新食品的生产、制作和分销手段的不断发展可以看出，在过去的 20 年里，许多国家人们的饮食习惯已经发生了巨大的变化。因此，对食品卫生进行有效地控制是避免食源性疾病、食源性损伤和食品腐败影响人们身体健康和社会经济的关键。我们每一个人，包括食物种养殖者、加工和制作者、食品经营者和消费者都有责任保证食用的食物是安全的和适于消费的。

通则为保证食品卫生奠定了坚实的基础，在应用总则时，应根据情况，结合具体的卫生操作规范和微生物标准指南使用。本文件是按食品由最初生产到最终消费的食品链，说明每个环节的关键卫生控制措施，并尽可能地推荐使用以 HACCP 为基础的方法，根据 HACCP 体系及其应用准则的要求，加强食品的安全性。

通则中所述的控制措施，是国际公认的保证食品安全性和消费的适宜性的基本方法，可用于政府、企业（包括个体初级食品生产者、加工和制作者、食品服务者和零售商）和消费者。

1. 目的

食品卫生总则：明确适用于整个食品链（包括由最初生产直到最终消费者）的基本卫生原则，以达到保证食品安全和适于消费的、与前文统一的目的。

推荐基于 HACCP 的方法作为加强食品安全性的手段。

说明应如何贯彻执行这些原则。

为可能用于食品链某一环节、加工过程、零售、加强上述区域的卫生要求的具体的法典提供指南。

2. 范围、使用和定义

2.1 范围

2.1.1 食品链

本文件是按照食品由最初生产者到最终消费者的食品链制订食品生产必要的卫生条件，以生产出安全且适宜消费的产品，也为某些特殊环节应用的其他细则的制订提供了一个基本框架。阅读时应结合本文件和“危害分析与关键控制点（HACCP）”体系及其应用准则的内容。

2.1.2 政府、行业和消费者的任务

政府可参考本文件内容来决定如何才能最好地促进通则的贯彻执行，以达到如下目的：

充分地保护消费者，使其免患由食品引起的疾病或损伤，制定政策时应考虑到人的脆弱性或不同人群的脆弱性；

确保食品适于人们食用；

保证人们对国际贸易食品的信心；

提供健康教育计划，以使企业和消费者都了解食品卫生条例。

行业应用本文件规定的卫生规范，其目的是：

提供安全且适宜食用的食品；

通过食品标识或其他有效的方法，使消费者了解的食品信息清晰、易懂；使消费者可以通过正确的储藏、处置和预处理方法避免食品变质和含有病原菌；

维护人们对国际交易食品的信心。

消费者应明确自身的责任，遵照食品的有关说明并采取适当的食品卫生措施。

2.2 使用

本文件各节就有关食品的安全性和适宜性问题不仅对其应达到的目的进行了说明，而且还对这些目标的基本原理加以说明。

下面的第 3 节内容是有关初级生产及其相关过程的。不同食品的卫生规范可能差别较大，而且根据情况应使用具体的细则，因此本节仅是一个总的指导。后面的第 4～10 节制定了应用于食物链中销售点以前的总的卫生原则；而第 9 节还包括有关消费者信息的内容，以使消费者认识到自己在保证食品的安全性和适宜性方面的重要责任。

不可避免会有这种情况：即本文件所包含的某些特殊要求无法应用。在任何情况下的根本问题是：“究竟什么是对食品消费的安全性和适用性是必要的和恰当的?”

文中用“必要时”或“适当时”等用语指明此类问题易出现的地方。实际上尽管这种要求基本上是适当的和合理的，但就食品的安全性和适宜性而言，还是会出现某些不必要也不恰当的情况。要确定某一要求是否必要和适当，应对其风险性进行评估，最好是在 HACCP 方法的范围内进行。这一方法可以使本文中的要求被灵

活、合理地应用，以达到食品的安全性和适宜性的总体目标。应充分考虑到各种活动的多样性和在生产食品中可能要冒的各种风险。具体的食品法规中有附加说明。

2.3 定义

为便于本法规的使用，现将有关名词定义如下：

清洁——去除泥土、残留食品、污物、油脂或其他不应有的物质；

污染物——任何有损于食品的安全性和适宜性的生物或化学物质、异物或者非故意加入食品中的其他物质；

污染——食品或食品环境带进或出现污染物；

消毒——通过化学试剂和/物理方法使环境里的微生物数量减少到不能损害食品的安全性和适宜性的水平；

加工厂——任何进行食品处理的房屋或场所，在房屋和场所的范围内都实行统一的管理方法；

食品卫生——在食物链的所有环节保证食品的安全性和适宜性所必须具有的一切条件和措施；

危害——可能对健康产生有害影响的食品中的生物、化学或物理因子；

HACCP——对食品安全性可能产生显著影响的危害进行识别、评定和控制的体系；

食品处理者——任何与包装或非包装食品、食品设备和器具或者食品表面直接接触，并因此要遵守食品卫生要求的人；

食品安全性——当根据食品的用途进行烹调或食用时，食品不会对消费者带来损害的保证；

食品的适宜性——根据食品的预期用途，食品可以被人们接受的保证；

初级生产——食品链中诸如收获、屠宰、挤奶、捕获等前期的操作环节。

3. 初级生产

目标：初级生产的管理应根据食品的用途保证食品的安全性和适宜性。必要时将包括：

避免使用其周围环境可能对食品的安全性构成威胁的场所；

采取有效方法控制污染物、害虫和动植物疾病，以使其不对食品的安全性构成危害；

采取有效的方法或措施，以保证食品是在合格的卫生条件下进行生产的。

理由：是为了减少将危害带到食物链的后期阶段的可能性，这些危害可能会对食品的安全性和适宜消费性带来有害影响。

3.1 环境卫生

对周围环境的潜在污染源应加以考察，尤其是对于最初食品的生产加工，应避免在有潜在有害物的场所进行，否则这些有害物在食品中会超出可接受的水平。

3.2 食物源的卫生生产

要始终考虑到初级生产活动可能对食品的安全性和适宜性产生的潜在影响。尤其要包括识别在相关活动中存在被污染可能性较大的特殊点，和采取针对性措施以尽可能减少污染的可能性。以 HACCP 为基础的方法可以有助于采取这种措施——建立 HCCCP 体系及其应用准则。

生产者应尽可能地采取以下措施：

控制由空气、泥土、水、饲料、化肥（包括天然肥料）、杀虫剂、兽药或其他在初级生产中使用的其他试剂产生的污染；

保持动、植物本身的卫生健康，以避免它作为食品对人体健康带来的危害，或者对产品的适宜性带来不利影响；

保护食物源，使之不受粪便或其他的污染。

这里尤其要注意对废弃物的有效管理，并对有害物质合理存放。实现特殊的食品安全目标的农场现场计划正逐渐成为初级生产的重要组成部分，应加以鼓励。

3.3 搬运、储藏和运输

相应程序应是：

将食品及食品配料与那些明显不适于人们食用的物质分开；

按卫生的方法将废弃物处理掉；

在搬运、储藏和运输期间，保护食品及食品配料，使其免受害虫或者化学、物理及微生物污染物或者其他有害物质的污染。

还要注意通过采取适当的措施，包括对温度、湿度的控制和其他控制以尽可能合理、实用地防止食品变质和腐败。

3.4 初级生产中的清洁、维护和个人卫生

采用适当的设施和方法以保证：

清洁和维护工作能有效进行；

保持适当标准的个人卫生。

4. 加工厂、设计和设施

根据操作的特点及其相关的风险，厂房、设备和设施位置的选址、设计和建造应能保证：

使污染降到最低；

厂房、设备和设施的设计与布局应方便维护、清洁和消毒，并使空气带来的污染降到最低；

表面及材料，尤其是与食品相接触的表面及材料，根据其用途，应是无毒的，必要时还应具有适当的耐用性并易于清理和养护；

对温度、湿度和其他控制所需的适当的配套设施；

可有效地防止害虫的进入和隐匿。

理由：注意创造良好卫生条件的设计与建造、适当选址和合适的设施，对于有效控制食品危害是必要的。

4.1 选址

4.1.1 加工厂

在食品加工厂选址时，不仅要考虑潜在的污染源问题，同时也要考虑为保护食品免受污染所采取的一切合理措施的效率问题。加工厂的厂址不能随意选择，在考虑这些保护措施之后，不能将厂址选在有可能会对食品的安全性和适宜性构成损害的场所，尤其应注意的是，加工厂通常都远离以下的地方：

环境遭污染的场所及有严重食品污染性的工业活动区；

易受洪水威胁的地方，除非有充分的防范措施；

易受害虫侵扰的地方；

不能有效消除固体或液体废弃物的地方。

4.1.2 设备

设备摆放应能达到以下目的：

可以进行充分地维护和清洁；

按预期用途可以正常运转；

便于良好的卫生操作，包括卫生监控。

4.2 厂房和车间

4.2.1 设计和布局

食品加工厂的内部设计和布局应满足良好食品卫生操作的要求，包括防止在食品加工生产中或工序间造成食品间的交叉污染。

4.2.2 内部结构及装修

食品加工厂的内部结构应采用耐用材料牢固建造，而且易于维护和清洁，某些地方还应可以进行消毒。对于某些特殊加工间还应满足以下的条件，这也是保证食品的安全性和适宜性所必需的：

根据其用途，墙壁表面、隔板和地面应采用不渗、无毒材料建造；

在符合操作要求的高度内，墙壁和隔板的表面应当光滑；

地面的建造应充分满足排污和清洁的需要；

天花板和顶灯的建造和装饰应能尽量减少积尘、水珠凝结及碎物脱落；

窗户应当易于擦洗，安装窗户时应尽量减少积尘，必要时还应安装可拆卸、可清洗的昆虫防护屏蔽，甚至必要时可将窗户固定死；

门的表面应当光滑、无吸附性并易于清洁，需要时也可以进行消毒处理；

直接与食物接触的表面，其卫生条件应严格要求，经久耐用，并易于清洁、养护和消毒。应采用光滑、无吸附性材料制成，而且在正常操作的条件下，对食品、清洁剂、消毒剂无污染。

4.2.3 临时或移动房屋及自动售货机

这里所说的房屋和结构物主要是指市场柜台、移动售货和街巷售货车以及帐篷、大棚等处理食品的临时性结构物等。

这类房屋和结构物的选址、设计和建造应尽可能合理并切合实际地避免食品污染和避免为害虫提供容身场所。

在这些具体条件和要求的应用中，应对与这些设施有关的食品卫生危害加以全面的控制，以保证食品的安全性和适宜性。

4.3 设备

4.3.1 总体要求

直接与食品接触的设备和容器（不是指一次性容器和包装）的设计与制作应保证在需要时可以进行充分的清理、消毒及养护，以使食品免遭污染。设备和容器应根据其用途，用无毒材料制成，必要时设备还应是耐用的和可移动的或者是可拆装的，以满足养护、清洁、消毒、监控的需要，例如方便对虫害的检查等。

4.3.2 食品控制与监控设备

除上述总体要求之外，在设计用来烹煮、加热处理、冷却、储存和冷冻食品的设备时，应从食品的安全性和适宜性出发，使设计的设备能够在必要时尽可能迅速达到所要求的温度，并有效地保持这种状态。在设计这类设备时还应使其能对温度进行监控，必要时还需要对温度、空气流动性及其他可能对食品的安全性和适宜性有重要影响的特性进行监控。这些要求的目的是为了保证：

消除有害的或非需要的微生物，或者将其数量减少到安全的范围内，或者对其残余及生长进行有效控制；

在适当时，可对以 HACCP 为基础的计划中所确定的关键限值进行监控；

能迅速达到有关食品的安全性和适宜性所要求的温度及其他必要条件并能保持这种状态。

4.3.3 废弃物和不可食用物质的容器

盛装废弃物、副产品和不可食用或危险物质的容器应具有特殊的可辨认性，且结构合理，应用不渗漏材料制成。用来装危险物质的容器应当能被识别，而且适当时可以锁上以防止蓄意或偶发性食品污染。

4.4 设施

4.4.1 供水

饮用水供水系统应配有适当的存储、分配和温度控制设施，必要时能提供充足的饮用水以保证食品的安全性和适宜性。

饮用水应当达到世界卫生组织（WHO）最新出版的《饮用水质量指南》中所规定的标准，或者高于该规定标准。非饮用水（主要用于如消防、生产蒸汽、制冷或者类似的不会沾染食物的其他用途）应有单独的供水系统，非饮用水供水系统应能够识别，且不能连接到或者流入饮用水系统中。

4.4.2 排水和废物处理

应当具有完善的排水和废物处理系统和设施，在设计排水和废物处理系统时应使其避免污染食物和饮用水。

4.4.3 清洁

清洁食品、器具和设备要有完善的清洁设施和适当的标示，这些设施要能在需要时供应充足的冷热饮用水。

4.4.4 个人卫生设施和卫生间

应当配有个人卫生设施以保证个人卫生保持适当的水平并避免污染食品。这些设施应当适当包括：

适当的卫生洗手和干手工具，包括洗手池和热水、冷水（或者适当温度的水）供应；

按适当的卫生要求设计的卫生间；

适当的更衣设施。

这些设施选址要适当，要有适当的标识。

4.4.5 温度控制

根据所进行的食品加工操作性质的不同，要有完善的设施以对食品进行加热、冷却、烹煮、冷藏和冷冻；储藏冷冻或速冻食品，监控食品温度及必要时控制周围环境温度，以保证食品的安全性和适宜性。

4.4.6 空气质量和通风

应具有自然或机械通风手段，尤其为了以下目的：

尽量减少由空气造成的食品污染，例如，由气雾或飞沫造成的污染等；

控制周围环境温度；

控制可能影响食品适宜性的异味；

必要时对湿度加以控制，以保证食品的安全性和适宜性。

通风系统的设计和安装应能避免空气从受污染区流向清洁区，必要时，通风系统可进行彻底地养护和清洁。

4.4.7 照明

应提供充足的自然或人造光线，以保证工作在卫生的方式下进行。照明光线的色彩不应产生误导。光的强度应与食品加工过程的性质相适应。照明灯的固定装置应加以适当的防护，以防止其破损而造成对食品的污染。

4.4.8 储藏

必要时，要有完善的储藏食品、配料和非食物性化学药品（例如，清洁材料、润滑剂、燃油等）的设施。

适当的情况下，食品储藏设施的设计与建造应能达到下述要求：

可进行充分的养护和清洁；

避免害虫侵入和隐匿；

保证食品在储藏期间能够得到有效的保护，免受污染；

必要时，可创造一种能尽量减少食品变质的环境（例如，通过对温度和湿度进行控制）。

必要的储藏设施的类型取决于食品的性质，必要时可以分开存放，对于清洁物和有害物质的存放应有安全的存储设施。

5. 操作控制

通过以下作法生产出安全的和适宜人们消费的食品：

根据食品的原材料组成、加工、销售及顾客的使用情况制订设计要求，这些要求应在某一食品的生产和加工处理中得到满足；

设计、执行、监控和审核有效的控制系统。

理由：通过采取预防性措施来减少不安全食品的风险，并通过对食品危害的控制，保证食品在生产操作的适当阶段的安全性和适宜性。

5.1　食品危害的控制

食品经营者应通过采用诸如 HACCP 等体系来控制食品危害。应当做到：

识别食品生产过程中对食品安全至关重要的所有环节；

在这些环节中实施有效的控制程序；

监控控制程序，以保证其持续有效；

定期或者生产情况有变动时要审核控制程序。

这些体系可用于整个食物链，通过适当的产品和加工设计来控制产品保存期内食品的卫生。控制程序可以很简单，如检查生产线上的校准仪器或者正确安放制冷显示器，在某些情况下，经专家建议和具有文件记录的体系可能更适合。HACCP 体系及其应用指南中对这种食品安全体系模式进行了阐述。

5.2　卫生控制体系的关键

5.2.1　时间和温度控制

食品温度控制不好是导致食品引发疾病和食品腐败最为常见的原因之一。这方面的内容包括对烹煮、冷却、加工和储藏时间和温度的控制。在对食品的安全性和适宜性有重要影响的加工过程中，应有适当的控制体系，以保证对温度进行有效控制。

温度控制系统应考虑以下几个方面：

食品本身的性质，例如食品的水活性、pH 值及食品中微生物的初始指标和种类；

产品的预期保存期；

包装与加工方法；

产品的预期用法，例如需进行再烹调或者加工处理还是即食品。

这种体系还应说明食品对时间和温度变化的允许限度。

要定期对温度仪进行检查并进行精度测试。

5.2.2　特殊的加工步骤

与食品卫生有关的其他加工步骤还包括，例如：

冷凝；

热加工；

辐射；

干燥；

化学保鲜；

真空或气调包装。

5.2.3　微生物及其他特性

在5.1中所述的管理体系为保证食品的安全性和适宜性提供了一个有效的方法。在任何食品控制体系中所使用的微生物、化学和物理的特性，都应具有坚实的科学理论和水平，而且在适当之处还要说明其监控程序、分析方法和作用限值。

5.2.4　微生物交叉感染病原菌可以从一种食品转移到另一种食品中，或是食品的直接接触，或是通过接触食品的人、接触面或空气

原料、未加工食品与即食食品要有效地分离，或是通过物理方式，或是通过时间或按时间进行，并要对中间物进行有效的清洁，适当的时候要进行消毒。

进入加工区域的应当加以限制和控制，进入风险特别高的加工区必须经过更衣设施。可要求人员在进入前必须穿戴包括鞋类在内的干净的保护服和洗手。

与食品加工有关的表面、器具、设备、固定物及装置必须彻底清洁，必要时，在加工处理食品原料，尤其是肉类、禽类之后还应进行消毒。

5.2.5　物理和化学污染

应有适当的体系来防止食品受其他异物诸如玻璃或机器上的金属碎块、灰尘、有害烟气和有害化学物质等污染。如有必要，在生产加工过程中还应配有探测仪和扫描仪。

5.3　外购材料的要求

如果已知某些原料和配料中含有诸如寄生虫、有害微生物、农药、兽药或者有毒物，腐败或者外来异物的成分，而且通过正常的分选和加工又无法使这些成分降到可接受的标准，那么生产厂就不能接受这种原料或配料。在适当的情况下，应该鉴定和使用原材料说明。

在适当的时候，加工前应该对原料或配料进行检验和分选，必要时，可送检验室检验确定是否适于使用。只有质优、适宜的原料和配料方能使用。

应该对原料和配料的库存进行有效的存货周转。

5.4　包装

包装设计和包装材料应能为产品提供可靠的保护以尽量减少污染，防止破损，并配有适当的标识。使用的包装材料或气体在指定的存放和使用条件下必须是无毒的，而且不会对食品的安全性和适宜性带来不利的影响。适当的情况下，对重复使用的包装还要求具有适当的耐用性和易于清洁的特点，必要时，还应能对其做消毒处理。

5.5　水

5.5.1　与食品接触

除下述情况之外，在食品的加工和处理中都应只使用饮用水：

蒸汽、消防及其他不与食品直接相关的类似场合用水。

在特定的食品加工过程中，例如冷凝和某些处理食品的场所，但前提是使用非饮用水不会对食品的安全性和适宜性构成危害（例如使用干净的海水）。

对于反复使用的循环用水要进行处理并保持一定的水质条件，即使用这种条件下的水不会给食品的安全性和适宜性带来风险。没有经过进一步处理的循环水和从食品加工的蒸发和干燥过程中收集的水也可使用，但前提是使用这种水不会对食品的安全性和适宜性构成危险。

5.5.2　作为配料

凡是需要用饮用水的场合必须使用饮用水以避免食品污染。

5.5.3　冰和水蒸气

制冰用水应符合 4.4.1 的要求。冰和水蒸气的生产、处理和存储要加以保护，以防污染。用于与食品直接接触或与食品接触表面相接触的水蒸气不应对食品的安全性和适宜性构成威胁。

5.6　管理与监督

对食品卫生如何管理与监督要取决于其业务规模、业务活动的性质以及所涉及食品的种类。企业经理和监督人员应对食品卫生总则和规范有足够的了解，以便在工作中能正确判断其潜在的危险并采取相应的预防和纠偏行动，保证监控和监督工作的有效进行。

5.7　文件与记录

必要时，有关加工、生产和销售过程中的有关记录应当保留，保留时间一般要超过产品的保质期。文件记录有助于提高食品安全控制体系的有效性和可信度。

5.8　产品回收程序

管理人员应保证有效的程序运行以便于处理任何食品安全危害，并能完全、迅速地从市场将所涉及的食品回收。如果一种产品由于直接的健康危害而被回收，那么就应对在类似生产条件下生产的以及可能对公众健康造成类似危害的其他产品进行安全评估或者也需要将其回收，这时还要考虑发布有关健康警告。

回收的产品在销毁，或改为人类消费以外的其他用途，或在确定对人类消费是安全的，或者以某种方法进行再加工来保证其安全性之前，要在监督之下进行妥善保管。

6. 工厂——维护与卫生

目标：为达到以下目标建立有效的体系。

保证充分、适当的维护和清洁。

控制害虫。

处理废弃物。

监控养护和卫生程序的有效性。

理由：便于对食品危害、害虫和可能污染食品的其他因素做持续、有效的控制。

6.1　维护与清洁

6.1.1　一般要求

工厂和设备应保持在适当的维修状态和条件下，其目的是：

推进所有的卫生程序；

按预计运行，尤其对关键生产环节（参见5.1）；

防止食品污染，例如，防止金属碎屑、墙皮灰尘、渣片和化学制品等污染食品。

清洁时，应去除食品碎渣和灰尘，这些都可能会成为污染源。必要的清洁方法和清洁材料要取决于经营食品业务的性质，清洁之后要进行必要的消毒处理。

清洁用化学品的处理与使用应当小心谨慎，并遵循产品说明。储存时，如果必要，应与食品分开，且应存放在有明显标记的容器内，以避免污染食品的危害。

6.1.2　清洁程序与方法

清洁可以采用某一种物理方法，也可以将几种物理方法结合起来，如加热、擦拭、涡流、真空清洁和其他不用水的物理方法；或者采用化学的方法，如使用清洁剂、碱和酸等。

清洁程序根据具体情况可包括：

清除表面可见残渣；

使用清洁剂溶液松化积垢和细菌膜，并将其泡在溶液或悬浮液中；

用水冲洗（水质应符合第Ⅳ节的要求），去除松弛的积垢和清洁剂残余物；

干燥清洁或采用其他适当的方法去除或收集残余物和碎屑；

必要时应用流水进行消毒，除非厂商的基于科学数据的说明书显示不需要。

6.2　清洁和消毒计划

清洁和消毒计划应该保证对工厂的所有地方进行清洁，当然也包括对清洁设备的清洁。对清洁和消毒计划的适应性和有效性应进行持续有效的监控，必要时应予以记录。

使用书面清洁计划时应当对以下几点加以明确：

要进行清洁的区域、设备和器具名称等；

专项任务的责任；

清洁方法和频率；

监控计划。

根据情况，制订计划时应该向有关专家咨询。

6.3　害虫控制体系

6.3.1　总体要求

害虫对食品的安全性和适宜性构成主要的威胁，害虫的侵扰可能出现在有滋生地和有食品的地方。因此，应采用良好的卫生规范以避免创造易于害虫出现和滋生的环境条件。良好的卫生环境，严格的进货检查和完善的监控手段就可以使害虫对食品造成污染的可能性降到最低，从而也使杀虫剂的使用得到控制。

6.3.2 防止进入

建筑物应保持良好的维修状态和条件以防止害虫的进入，并消除其潜在的滋生地。洞孔、排水口以及害虫可能进入的其他地方应保持封闭。门、窗及通风口的铁丝网屏障可以减少害虫的进入。此外，还要尽可能避免动物进入厂区和食品加工厂内。

6.3.3 栖身和出没

可得到食物和水的地方就易于害虫的栖身和出没，潜在的食物源应储存在防害虫容器内或者离开地面堆放并要远离墙壁，食品存放库的内外都要保持清洁，废料应存放在可防虫害的、有盖的容器内。

6.3.4 监控与检查

对工厂及其周围应定期检查是否有害虫进入的痕迹。

6.3.5 消除隐患

一旦发现害虫出没应立即采取措施予以消灭，不要因此而给食品安全性和适宜性带来有害的影响。使用化学、物理和生物试剂处理时不要对食品的安全性和适宜性构成威胁。

6.4 废弃物管理

对废弃物的清除和存放应有适当的管理措施。废物不允许堆积在食品处理、储存和其他工作区域及其周围，除非不得已的情况，否则应离工作区越远越好。废弃物的堆放地应该保持适当的清洁。

6.5 监控的有效性

监控卫生体系的有效性，通过诸如审核工作前检查，或者在适当的情况下，进行环境和食品接触表面的微生物抽样检查等来定期核实情况，并对其进行定期复查和修改，使之适应情况的发展变化。

7. 工厂、个人卫生

目标：通过以下方法保证直接或间接接触食品的人员不会污染食品。

保持适当水平的个人清洁。

行为和操作适当。

理由：不能保持适当水平个人清洁的人员或患有某些疾病或身体状况不好的人员以及举止行为不当的人员，都可能污染食品或将疾病传染给食品消费者。

7.1 健康状况

被查明或被怀疑患有某种疾病或携带某种疾病的人员，可能会通过食品将疾病传染给他人，如果认为这些人可能会对食品造成感染，就应禁止他们进入食品加工处理区。任何上述人员都应立即向有关管理部门报告疾病或疾病症状。

如果食品操作人员出现临床或流行性疾病征兆时，就应进行医疗检查。

7.2　疾病或受伤

工作人员的疾病或受伤情况应向有关管理部门报告以便进行必要的医疗检查或者考虑将其调离与食品处理有关的岗位。应报告的情况包括：黄疸；腹泻；呕吐；发烧；伴有发烧的喉痛；可见性感染皮肤损伤（烫伤、割伤等）；耳、眼或鼻中有流出物。

7.3　个人清洁

食品操作者应保持高度的个人清洁卫生，需要时要穿戴防护性工作服、帽和鞋。患有割伤、碰伤的工作人员，若允许他们继续工作，则应将伤口处用防水敷料包扎。

当个人的清洁可能影响食品安全性时，工作人员一定要洗手，例如在下述情况下：食品处理工作开始时；去卫生间后；在处理食品原料或其他任何被污染的材料后。

此时若不及时洗手，就可能会污染其他食品。一般情况下，应避免他们再去处理即食食品。

7.4　个人行为举止

从事食品操作工作的人员应禁止那些可能导致食品污染的行为，例如：吸烟；吐痰；咀嚼或吃东西；在无保护食品前打喷嚏或咳嗽。

如果个人佩戴物品，如珠宝首饰、手表、饰针或其他类似物品可能对食品的安全性和适宜性带来威胁，就应禁止工作人员佩戴或携带这些物品进入食品加工区内。

7.5　参观者

进入食品生产、加工和操作处理区的参观人员，在适当的情况下应戴防护性工作服并遵守其他本节中提到的个人卫生要求。

8. 运输

目标：必要时应采取措施，其目的如下。

保护食品不受潜在污染源的危害。

保护食品不受可能使食品变得不适于消费的损伤。

为食品提供一个良好的环境，在这种环境下，可以有效控制食品中病原和致病微生物的滋生以及毒素的产生。

理由：为防止食品在运输过程中被污染，或者防止在达到目的地后，食品的状况已不适于消费，就必须在运输中采取有效的措施，即使在食品链前期就已经采取了充分的卫生控制措施。

8.1　总体要求

食品在运输过程中必须得到充分保护。运输工具或运输箱的类型取决于食品的特性和运输条件。

8.2　要求

必要时，运输工具和集装箱的设计与制造应达到以下要求：

不对食品和包装造成污染；

可进行有效的清洁，必要时可进行消毒；

在运输过程中，必要时可将不同的食品或将食品与非食品有效地分开；

提供有效保护措施避免污染，包括灰尘和烟雾；

能够有效地保持温度、湿度、空气环境及其他必要的条件，以避免食品中有害的或不利的微生物的滋生和食品变质，否则就可能使食品不适合消费；

可以对食品的温度、湿度及其他必要的条件进行检查。

8.3　使用和维护

运输食品的运输工具和运输箱应保持在良好的清洁、维修和工作状态。当使用同一运输工具和运输箱运输不同种类食品或非食品时，在装货前应对运输工具和运输箱进行清洁，必要时还应进行消毒。

在某些情况下，尤其是大批量运输时，运输箱和运输工具应指定和标明“仅限食品使用”，而且只能用于这一目的。

9. 产品信息和消费者的认知

目标：产品应具有适当的信息，以保证下列情况的解决。

为食品链中的下一个经营者提供充分、易懂的产品信息，使其能够对食品进行处理、储存、加工、制作和展示。

对产品批次应易于辨认或者必要时易于撤回。

消费者应对食品卫生知识有足够的了解，以保证消费者：

认识到产品信息的重要性；

做出适合其个人的选择；

通过食品的正确存放、烹饪和使用，防止食品污染和变质，或者防止食品产生的病原菌的残存或滋生。

工业或贸易用食品的产品信息应与提供给消费者的信息有明显的区别，尤其是在食品标签上。

理由：不充分的产品信息或者不正确的食品卫生知识都可能导致在食品链的后期出现食品处理不当的情况。即使在食品链前期已经采取了充分的卫生控制措施，这种不当的食品处理仍有可能带来疾病或者使食品不适于消费。

9.1　批次的标识

对不同批次产品进行标识对产品的召回是最基本的，而且也有助于有效的存货周转。每个食品包装箱都应有永久性的标识，以便于辨认生产厂和生产批次。

9.2　产品信息

所有的食品都应具有或提供充分的产品信息，以便食物链的下一个经营者能够安全、正确地对食品进行处理、展示、储存和制作。

9.3 标识

预包装食品应具有明确的产品说明标识，以保证食品链的下一个经营者能够安全地对食品进行操作处理、展示、储存和使用。

9.4 消费者教育

健康教育计划应包括食品卫生常识，这样的教育计划应能使消费者认识到各种产品信息的重要性，并能够按照产品说明正确地食用和使用食品，或者做出其他明智的选择。消费者尤其应了解与产品有关的时间或者温度的控制与食源性疾病间的关系。

10. 培训

目标：对于从事食品操作并直接或间接与食品接触的人员，应进行食品卫生知识培训和（或者）指导，以使他们达到其职责范围内的食品卫生标准要求。

理由：在任何食品卫生体系中，培训都是十分重要的。

如果没有对所有与食品活动相关的人员进行充分的卫生培训或指导及监督，就可能对食品的安全性和消费的适宜性构成威胁。

10.1 认识与责任

食品卫生培训是十分重要的，每个人都应认识到自己在防止食品污染和变质中的任务和责任。食品加工处理者应有必要的知识和技能，以保证食品的加工处理符合卫生要求。

对于那些使用清洁用的化学品或其他具有潜在危害的化学品的人员还应在安全操作技术方面加以指导。

10.2 培训计划

在评估要求达到的培训水平时应考虑的因素包括：

食品的性质，尤其是承受病原微生物和致病微生物滋生的能力；

加工的深度和性质或者在最终消费前的进一步烹调；

食品储存的条件；

消费前预计的食品保质期。

10.3 指导与监督

对培训和指导计划的有效性应该进行定期的评估，而且还要做好日常的监督和检查工作，以保证卫生程序得以有效的贯彻和执行。

食品加工的管理人员和监督人员应具备必要的食品卫生原则和规范知识，以使他们在工作中能够对潜在的危害作出正确的判断并采取有效的措施修改缺陷。

10.4 回顾性培训

对培训计划应进行常规性复查，必要时可做修订，培训制度应正常运作以保证食品操作者在工作中始终了解保证食品的安全性和适宜性所必需的操作程序。

附录二　美国联邦监督肉类和禽类企业中卫生标准操作规范（SSOP）准则

一、前言

食源性疾病在美国是一个显著的公共健康问题，然而与肉类和禽类产品有关的疾病的资料有限。各种来源的资料表明，食源性微生物致病菌每年导致的病例高达700万个，死亡近7000人，而其中近500万病例和4000例以上的死亡可能与肉类和禽类产品有关。

为提高肉类和禽类产品的安全性FSIS（美国农业部食品安全检查署）正在寻求一种以科学为基础的普遍和长期的战略以更好地保护公众健康。FSIS正在采取措施通过食品生产、加工、分销，逐步改善肉类和禽类产品的安全性。该机构的目标是通过减少致病性微生物的污染，从而达到减少消费肉类和禽类产品对公共健康带来的危险。FSIS的战略着重于建立生产过程中的预防措施。

根据肉类和禽类检验法规的308.7、381.57和381.58节要求，在一个受联邦政府监督的企业里用于加工或处理肉类或禽类车间、厂房、设备和用具必须保持清洁并处于卫生状况。企业负责维持设施、设备和用具的卫生。

卫生意味着保持或恢复一种清洁的状态，防止食源性疾病的危害。卫生会涉及到一个企业的许多部门和工作，即使在停止生产时也是如此。然而，必须提出确定的和日常保持的防止直接污染产品或掺杂的卫生程序。良好的卫生状况对这些部门中食品生产加工的安全是必不可少的。

FSIS要求肉类和禽类企业必须制定和执行卫生标准操作程序（sanitation standard operating procedure，简称SSOP），以便生产卫生安全的肉产品。

新的Part416肉类和禽类检验法规定，一个书面的SSOP包括为生产安全和不掺假的食品而建立的日常保持卫生环境的程序。企业管理者必须制定实施日常SSOP。指定的企业雇员必须监控该SSOP，并记录遵守SSOP和防止直接污染产品或掺杂而采取的任何纠偏措施。这种书面的资料提供给FSIS人员查阅。

FSIS的准则应有助于肉类和禽类企业制定、实施和监控书面的SSOP。

企业制定的SSOP应对日常操作前（加工前卫生）和操作期间（加工卫生）要使用的卫生程序必须详细规定，以防止直接污染产品或掺杂。FSIS人员负责审核企业遵守其SSOP的情况，并在不符合时将采取适当的措施。

这些准则适用于：家畜屠宰者和/或加工企业；禽类宰杀者和/或加工企业；进口检验企业；鉴定的仓库。

当设备和设施、加工、新技术或指定的企业雇员发生变化时，企业应对该SSOP进行修订。

二、加工前卫生

制订的加工前卫生措施，必须使加工前的设施、设备和用具保持清洁。清洁的设施、设备和用具应该不存在任何可能污染肉类或禽类食品的尘土、织物碎片、化学物质和其他有害物质。制订的加工前卫生措施应说明日常定期的卫生措施。卫生措施必须包括设施、设备和用具与产品接触表面的清洁，以防止直接污染产品或掺杂。如说明设备拆卸、清洁后的组装，按照标签说明使用可接受的化学品和清洗方法。

清洗后使用消毒剂对与产品接触的表面进行消毒。使用消毒剂可减少或杀灭清洗过程中可能残存的细菌。

三、加工过程卫生

所有受联邦政府监督的企业必须详细说明为防止直接污染产品或掺杂，企业在加工期间将实施的日常例行卫生措施。建立的SSOP必须按照肉类和禽类检验法规的308与381节的要求，使制备、储存或处理任何肉类或禽类食品处于卫生环境。制定的加工期间的措施可适用的地方包括：在加工期间，如发生故障换班之间和班次中进行器具的清洗一消毒一杀菌；雇员的卫生，包括个人卫生、外衣和手套的清洁、头发整理、手清洗、健康等；在生的和熟悉的生产区域内产品的处理。

制订的加工SSOP会随着企业的不同而发生变化。生产过程较复杂的企业需要更多的卫生措施确保卫生的环境和防止交叉污染。不进行屠宰或加工（如一个进口检验所）的企业应制订它们专门的卫生措施。

四、SSOP的实施和监控

必须明确负责实施和监控SSOP的企业人员（指职务而不是指人员的具体姓名）。指定雇员进行监控和评价SSOP的有效性及在需要时进行纠正。可用下列一种或多种的方法进行评价。

（1）感官的方法（例如，看、触摸、闻等）；

（2）化学的方法（例如，检查氯的含量）；

（3）微生物学的方法（例如，擦拭和培养设备或器具与产品接触的表面上的微生物）。

企业可规定与监控有关的方法、频率和记录保持程序。至少应评价加工前卫生监控，并记录开始生产时使用的所有与产品直接接触的设施、设备和/或器具的清洗效果。操作卫生监控应记录执行SSOP的情况，包括确定和纠正由环境（设施、设备、害虫）或雇员（个人卫生、产品处理等）直接污染产品的实例和情况的活动。企业所有的加工前和操作卫生监控记录，包括防止生产受到直接污染或掺杂采取的纠偏措施。记录必须由企业至少保留6个月并供FSIS人员查阅。48h后，可在现场以外保留。

五、纠偏措施

当 SSOP 中制订的卫生措施发生偏离时，企业必须采取纠偏措施，防止产品直接受到污染或掺杂。应将指示提供给雇员和管理人员以便记录纠偏措施。行动过程必须记录。

附录三　食品安全管理体系认证实施规则

二〇〇七年一月

目　录

1. 目的、范围与责任

1.1　为规范食品安全管理体系认证工作，促进食品等产品的质量安全水平提高，根据《中华人民共和国认证认可条例》、《食品生产企业危害分析与关键控制点（HACCP）管理体系认证管理规定》（认监委 2002 年第 3 号公告）制定本规则。

1.2　本实施规则是认证机构从事食品安全管理体系认证活动的依据。

1.3　本规则规定了从事食品安全管理体系认证的认证机构（以下简称认证机构）实施食品安全管理体系认证的程序与管理的基本要求。

1.4　本规则适用于对直接或间接介入食品链中的一个或多个环节的组织的食品安全管理体系认证。

1.5　本规则中的认证依据不但涵盖了 HACCP 原理的基本要求，而且还对组织的其他管理方面提出了要求。

1.6　认证机构遵守本规则的规定，并不意味着可免除其所承担的法律责任。

2. 认证机构要求

2.1　从事食品安全管理体系认证活动的认证机构，应获得国家认证认可监督管理委员会批准，并符合中国合格评定国家认可委员会（CNAS）《食品安全管理体系认证机构通用要求》及其应用指南等认可规范的要求。

2.2　鉴于食品安全的特殊性，认证机构应在获得国家认证认可监督管理委员会批准后的 12 个月内，通过中国合格评定国家认可委员会针对食品安全管理体系认证能力的认可。超期未获得认可的认证机构，国家认证认可监督管理委员会将暂停其从事食品安全管理体系认证活动的批准资质，直至获得认可。

2.3　认证机构在未获得认可前，只能颁发满足认可需要数量的不带认可标志的认证证书。

3. 认证人员要求

认证检查人员应当具备必要的食品生产、食品安全及认证检查、检验等方面的教育、培训或工作经历，并按照《认证及认证培训、咨询人员管理办法》（质检总局 2004 年第 61 号令）有关规定取得中国认证认可协会的执业注册。

4. 认证依据

4.1 基本认证依据

GB/T 22000《食品安全管理体系 食品链中各类组织的要求》

4.2 专项技术要求

对于罐头、水产品、肉及肉制品、果蔬汁、速冻果蔬、含肉和（或）水产品的速冻方便食品生产企业及餐饮业，认证机构实施食品安全管理体系认证时，在以上基本认证依据要求的基础上，还应将以下专项技术要求作为对相应食品加工/生产类型企业进行认证的依据（注）。

食品安全管理体系 罐头生产企业要求

食品安全管理体系 水产品加工企业要求

食品安全管理体系 肉及肉制品生产企业要求

食品安全管理体系 果蔬汁生产企业要求

食品安全管理体系 速冻果蔬生产企业要求

食品安全管理体系 含肉和（或）水产品的速冻方便食品生产企业要求

食品安全管理体系 餐饮业要求

为提高食品安全管理体系认证的科学性和有效性，本规则未提供专项技术要求的，认证机构在对相应生产企业实施食品安全管理体系认证时，应当依据以上基本认证依据的要求，制定本机构对该类企业的专项技术要求，并作为本机构对该类企业实施食品安全管理体系认证的依据之一。该专项技术要求应当按照《认证技术规范管理办法》备案后方可执行。

5. 认证程序

5.1 认证申请

5.1.1 申请人应具备以下条件：

(1) 取得国家工商行政管理部门或有关机构注册登记的法人资格（或其组成部分）；

(2) 已取得相关法规规定的行政许可文件（适用时）；

(3) 生产、加工的产品或提供的服务符合中华人民共和国相关法律、法规、安全卫生标准和有关规范的要求；

(4) 已按以上基本认证依据和相关专项技术要求，建立和实施了文件化的食品安全管理体系，一般情况下体系需有效运行 3 个月以上。

5.1.2 申请人应提交的文件和资料：

食品安全管理体系认证申请；

有关法规规定的行政许可文件证明文件（适用时）；

食品安全管理体系手册和程序文件；

申请认证产品的生产、加工或服务工艺流程图；

生产、加工或服务过程中执行的相关法律、法规、标准和规范清单；

产品符合卫生安全要求的相关证据和自我声明；

生产、加工设备清单和检验设备清单；

其他需要的文件。

5.2　认证受理

5.2.1　认证机构应向申请人至少公开以下信息：

认证范围；

认证工作程序；

认证依据；

证书有效期；

认证收费标准。

5.2.2　文件评审

认证机构应根据认证依据、程序等要求，及时对申请人提交的申请文件和资料进行评审并保存评审记录，以确保：

认证要求规定明确、形成文件并得到理解；

认证机构和申请人之间在理解上的差异得到解决；

对于申请的认证范围、申请人的工作场所和任何特殊要求，认证机构均有能力开展认证服务。

5.3　现场审核

5.3.1　审核组员应具备的基本条件：

（1）具有大学本科以上的学历和三年以上的食品安全工作经历；

（2）具有相应的执业资格，且其专业能力已经认证机构评定；

（3）具备按照认证要求对申请人的生产、加工、服务或供应产品过程进行危害分析和对确定的关键控制点、关键限值的充分性、适宜性实施科学评价的能力；

（4）身体健康，并有健康证明。

5.3.2　现场审核分两个阶段进行

（1）第一阶段审核的目的是调查申请人是否已具备实施认证审核的条件，第一阶段的审核工作应在现场进行。审核的内容包括：

① 文件的符合性、适宜性和充分性；

② 适用法律、法规的识别情况及在相关文件中落实法律、法规的情况；

③ 申请人所在场所和其生产产品的特殊性，在其内部和食品链上进行沟通的符合性和适宜性，申请人对认证标准要求的理解和对影响产品安全关键过程的识别、危害识别和评价的充分性，及 HACCP 计划制定的可行性，采取的控制措施和可接受水平的合理性；

④ 与申请人就认证范围再次确认，了解申请人为接受第二阶段审核的准备情况，并商定第二阶段的审核安排；

⑤ 申请人内部审核和管理评审的实施情况。

（2）第二阶段审核应在具备实施认证审核的条件下进行，如果第一阶段审核提出影响实施第二阶段审核的问题，这些问题应在第二阶段审核前得到解决。第二阶段审核的目的是通过在申请人的现场进行系统、完整地审核，评价申请人的食品安全管理体系是否满足所有适用的认证依据的要求，是否推荐认证注册。应将前提方案、关键过程控制要求和产品检测（见专项技术要求）列为第二阶段审核的重点。内容包括（但不限于）：

① 食品安全管理体系实施的有效性，包括 HACCP 计划与前提方案的实施、对产品安全危害的控制能力等；

② 与适用法律、法规及标准的符合性；

③ 当法律、法规的要求变更和新的危害产生时能否及时地调整危害分析并有效控制；

④ 有关验证的实施和有关程序的实施；

⑤ 产品实物或服务的安全状况；

⑥ 实现食品安全方针及目标的能力。

5.3.3 产品安全性验证

为验证危害分析的输入持续更新、危害水平在确定的可接受水平之内、HACCP 计划和操作性前提方案得以实施且有效，特别是产品实物的安全状况等情况，适用时，在现场审核或相关过程中需要采取对申请认证产品进行抽样检验的方法验证产品的安全性。认证机构可根据有关指南、标准、规范或相关要求策划抽样检验活动。

抽样检验可采用以下三种方式：

（1）委托具备相应能力的检测机构完成；

（2）由现场审核人员利用申请人的检验设施完成；

（3）由现场审核人员确认由其他检验机构出具的检验结果的方式完成。

当采用利用申请人的检验设施完成检验时，认证机构应提出对所用检验设施的控制要求；当采用确认由其他检验机构出具检验结果的方式完成检验时，认证机构对此应提出以下相应的控制要求：检验结果时效性的合理界定；出具检验结果的检验机构应具备的条件；检验结果中的检验项目不全时的处理方式。

5.3.4 审核时间（审核人数）

认证机构应根据产品生产加工过程复杂程度、申请人的规模、认证要求和其所承担的风险等，策划审核时间，以确保审核的充分性和有效性。

5.4 认证决定

5.4.1 综合评价

认证机构应根据审核过程中收集的信息和其他有关信息，对审核结果进行综合评价，特别是对产品的实际安全状况进行评价。必要时，认证机构应对申请人满足所有认证依据的情况进行风险评估，以做出对申请人所建立的食品安全管理体系能否获得认证的决定。

对于符合认证要求的申请人，认证机构应颁发认证证书。

对于不符合认证要求的申请人，认证机构应以书面的形式明示其不能通过认证的原因。

5.4.2　对认证决定的申诉

申请人如对认证决定结果有异议，可在10个工作日内向认证机构申诉，认证机构自收到申诉之日起，应在一个月内进行处理，并将处理结果书面通知申请人。

5.5　监督

5.5.1　监督频次和覆盖产品

认证机构应根据获证体系覆盖的产品或提供服务的特点以及所承担的风险，合理确定监督审核的时间间隔或频次。当获证组织食品安全管理体系发生重大变更，或发生重大食品安全事故时，认证机构视情况可增加监督的频次。

监督审核的最长时间间隔不超过12个月，季节性产品宜在生产季节进行监督。每次监督审核应尽可能覆盖食品安全管理体系认证范围内的所有产品。由于产品生产的季节性原因，在每次监督审核时难以覆盖所有产品的，在认证证书有效期内的监督审核必须覆盖食品安全管理体系认证范围内的所有产品。

5.5.2　监督审核应包括，但不限于以下内容：

体系保持和变化情况；

顾客投诉情况；

涉及变更的范围；

内部审核与管理评审；

对上次审核时提出的不符合所采取纠正措施的审查；

适当时，其他选定的范围。

5.5.3　适用时，监督审核应对产品的安全性进行验证。

5.5.4　监督结果评价

对于监督审核合格的获证组织，认证机构应作出保持其认证资格的决定；否则，应暂停、撤销或注销其认证资格。

5.5.5　信息通报制度

为确保获证组织的食品安全管理体系持续有效，认证机构应要求获证组织建立信息通报制度，及时向认证机构通报以下信息：

有关产品、工艺、环境、组织机构变化和消费者投诉等情况的信息；

有关周围发生的重大动、植物疫情的信息；

有关食品安全事故的信息；

有关在官方检查或政府组织的市场抽查中，被发现有严重食品安全问题的信息；

不合格品撤回及处理的信息；

其他重要信息。

5.5.6　信息分析

认证机构应对上述信息进行分析，视情况采取相应措施，包括增加监督审核频次在内的措施和暂停或撤销认证资格的措施。

5.6　复评

认证证书有效期前三个月，获证组织可申请复评。复评认证程序与初次认证程序一致。适宜时，复评可不进行第一阶段现场审核。

5.7　获证业务范围的变更

(1) 获证组织拟变更业务范围时，应向认证机构提出申请，并按认证机构的要求提交相关材料。

(2) 认证机构根据获证组织的申请，策划并实施适宜的审核活动，并按照3.4条的要求做出认证决定。这些审核活动可单独进行，也可与获证组织的监督或复评一起进行。

(3) 对于申请扩大获证业务范围的，适用时，应在审核中验证其产品的安全性。

6. 认证证书

6.1　认证证书有效期

食品安全管理体系认证证书有效期为3年。认证证书式样应当符合相关法律、法规要求。

6.2　认证证书的管理

6.2.1　暂停认证证书的使用

获证组织有下列情形之一的，认证机构应当暂停其使用认证证书：

获证组织未按规定使用认证证书；

监督结果证明获证组织的体系或体系覆盖的产品不符合认证依据要求，但不需要立即撤销认证证书。

6.2.2　撤销认证证书

获证组织有下列情形之一的，认证机构应当撤销其认证证书：

监督结果证明获证组织的体系或体系覆盖的产品不符合认证依据要求，需要立即撤销认证证书；

认证证书暂停使用期间，获证组织未采取有效纠正措施；

获证组织出现严重食品安全卫生事故；

获证组织不接受认证机构对其实施的监督。

6.2.3　注销认证证书

获证组织有下列情形之一的，认证机构应当注销其认证证书：

认证依据变更，获证组织不能满足变更后的要求；

认证证书超过有效期，获证组织未申请复评；

获证组织申请注销。

7. 认证收费

食品安全管理体系认证应按照《国家计委、国家质量技术监督局关于印发〈质量体系认证收费标准〉的通知》(计价格［1999］212号）收取认证费用。

参 考 文 献

[1] 国家质量监督检验检疫总局质量司. 质量专业理论与实务（中级）. 北京：中国人民出版社，2001.

[2] 中国质量管理协会教育培训部. 质量管理学. 质量管理原理与理论（第 1 分册）第 2 版. 北京：机械工业出版社，1997.

[3] 吴润. 食品卫生微生物学检验. 兰州：甘肃科学技术出版社，1997.

[4] 李秀峰，王璋瑜等译. 联合国粮农组织食品质量控制手册—食品检验. 北京：中国科学技术出版社，1994.

[5] 博德成，孙瑛. 食品质量感官鉴别指南. 北京：中国标准化出版社，1995.

[6] 刘兴友，刁有祥. 食品理化检验学. 北京：北京农业大学出版社，1995.

[7] 钱和. HACCP 原理与实施. 北京：中国轻工业出版社，2006.

[8] 中华人民共和国国家质量监督检验检疫总局，中国国家标准化管理委员会. GB/T 22000—2006/ISO 22000：2005. 食品安全管理体系——食品链中各类组织的要求.

[9] 张智勇，何竹筠. ISO 22000：2005S 食品安全管理体系认证实战指南. 北京：化学工业出版社，2006.

[10] （荷兰）P. A. Luning，W. J. Marcelis，W. M. F. Jongen 著，吴广枫主译. 食品质量管理　技术-管理的方法. 北京：中国农业大学出版社，2005.

[11] 陈宗道，刘金福，陈绍军主编. 食品质量管理. 北京：中国农业大学出版社，2003.

[12] 国家质量监督检验检疫总局质量管理司，全国质量专业技术人员职业资格考试办公室编. 质量专业综合知识（中级）. 北京：中国人事出版社，2003.

[13] 张建军编. 现代企业经营管理. 北京：高等教育出版社，2000.

[14] 冯叙桥，赵静编著. 食品质量管理学. 北京：中国轻工业出版社，2007.

[15] 缪铨生主编. 概率与数理统计. 上海：华东师范大学出版社，2000.

[16] 汪锋. 国内贸易与市场经济. 北京：中国法制出版社，1997.

[17] 国家技术监督局标准司，全国食品工业标准化技术委员会. 食品标签通用标准实施指南. 北京：中国标准出版社，1994.

[18] 曾庆孝，许磊林. 食品生产的危害分析与关键榨制点（HACCP）原理应用. 广州：华南理工大学出版社，2000.

[19] 舒辉. 标准化理论与实务. 北京：经济管理出版社，2000.

[20] 杨育中. 标准化专业工程师手册. 北京：企业管理出版社，1997.

[21] 林升泉. 标准化计量质量基础知识. 北京：中国计量出版社，1996.

[22] 全国食品工业标准化技术委员会. 食品国家标准和行业标准目录. 北京：中国标准出版社，2001.

[23] 曹洪. 世界贸易与国际标准. 北京：中国标准出版社，2000.

[24] 艾志录. 食品标准与法规. 南京：东南大学出版社，2006.

[25] 刘广第. 质量管理学. 北京：清华大学出版社，1997.

[26] 中国质量管理学会. 国际先进质量管理技术与方法. 北京：中国经济出版社，2000.

[27] 肖智军，高勇，党新民. 品质管理实务. 广州：广州经济出版社，2001.

[28] 林荣瑞. 品质管理. 厦门：厦门大学出版社，2000.

[29] 柴邦衡. ISO 9000 质量保证体系. 北京：机械工业出版社，2000.

[30] 陈志田. 质量管理基础. 北京：中国计量出版社，2001.

[31] 夏延斌，钱和. 食品加工中的安全控制. 北京：中国轻工业出版社，2005.

[32] 李正明，吕林，李秋等. 安全食品的开发与质量管理. 北京：中国轻工业出版社，2004.

[33] 李江蛟. 现代质量管理. 北京：中国计量出版社，2002.